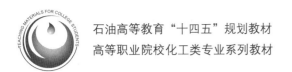

石油高等教育"十四五"规划教材

高等职业院校化工类专业系列教材

燃料油生产技术

主　编　霍宁波　成文文　吕宜春

副主编　桑海峰　王　坤

参　编　李红霞　王　盟　齐　建　郭元山　穆秀全

主　审　胡洪涛

U0273673

中国石油大学出版社
CHINA UNIVERSITY OF PETROLEUM PRESS

山东·青岛

图书在版编目(CIP)数据

燃料油生产技术/霍宁波,成文文,吕宜春主编.
--青岛:中国石油大学出版社,2021.12
ISBN 978-7-5636-7184-7

Ⅰ. ①燃… Ⅱ. ①霍… ②成… ③吕… Ⅲ. ①燃料油
－生产工艺－高等职业教育－教材 Ⅳ. ①TE626.2

中国版本图书馆 CIP 数据核字(2021)第 179192 号

石油高等教育教材出版基金资助出版

书　　　名	燃料油生产技术
	RANLIAOYOU SHENGCHAN JISHU
主　　　编	霍宁波　成文文　吕宜春
责任编辑	岳为超　高　颖(电话　0532-86981532)
封面设计	我世界(北京)文化有限责任公司
出　版　者	中国石油大学出版社
	(地址:山东省青岛市黄岛区长江西路 66 号　邮编:266580)
网　　　址	http://cbs.upc.edu.cn
电子邮箱	shiyoujiaoyu@126.com
排　版　者	我世界(北京)文化有限责任公司
印　刷　者	青岛新华印刷有限公司
发　行　者	中国石油大学出版社(电话　0532-86983437)
开　　　本	787 mm×1 092 mm　1/16
印　　　张	12
字　　　数	301 千字
版 印 次	2021 年 12 月第 1 版　2021 年 12 月第 1 次印刷
书　　　号	ISBN 978-7-5636-7184-7
定　　　价	50.00 元

PREFACE | 前　言

　　进入 21 世纪,世界范围内石油资源重质化、劣质化程度的加深,对清洁、超清洁车用燃料及化工原料需求的日益增加,正使世界炼油技术经历着重大的调整与变革。

　　本书结合油品加工工业生产实际,系统地介绍了典型燃料油即汽油、柴油的生产过程。按照项目导向、任务驱动的要求,本书设置了原油评价、原油蒸馏、催化裂化、催化加氢、气体分馏、催化重整、焦化、燃料油的精制与调和八大项目。基于工作过程,每个项目下分若干任务,全书共设十六个典型任务。每个任务突出体现对学生能力的培养,以适用于"教、学、做"一体化的教学安排。

　　本书既可作为石油炼制相关专业学生的教材,也可作为企业技术人员的培训教材。

　　本书由滨州职业学院霍宁波、成文文及山东化工职业学院吕宜春担任主编,滨州职业学院桑海峰、王坤担任副主编。全书内容中,霍宁波负责编写任务一、任务五、任务七~任务十,成文文负责编写任务二、任务十二、任务十三、任务十六,吕宜春负责编写任务六,桑海峰负责编写任务十四,王坤负责编写任务三、任务四、任务十一、任务十五。全书由滨州职业学院胡洪涛担任主审。此外,滨州职业学院的李红霞、王盟、齐建,以及富海集团有限公司的郭元山、滨化集团股份有限公司的穆秀全等参与了本书部分内容的编写工作。

　　由于编者水平有限,书中不足之处在所难免,敬请广大读者批评指正。

编　者

2021 年 11 月

CONTENTS | 目　录

教学项目一

原油评价

教学目标	知识目标	了解石油的存在和组成,以及我国石油工业的发展;了解石油炼制的目的和方法
	能力目标	通过学习石油的蒸馏知识等,培养学生的推理能力;通过学习石油炼制的目的和方法,提高学生解决实际问题的能力
	素质目标	引导学生关注人类面临的与化学相关的社会问题,如能源短缺、环境保护等,培养学生的社会责任感
教材分析	重　点	原油评价的目的和方法
	难　点	实沸点蒸馏操作
任务分解	任务一	原油含水含盐量的测定
	任务二	原油窄馏分的切割
任务教学设计		
新课导入		简单讲述中东地区战争不断的一个重要原因——石油资源的争夺,引入学习课题——石油炼制、原油质量评价
新知学习		一、思考一 石油是怎样形成的? 石油所含的元素主要有哪些? 石油主要由哪些物质组成? 二、讲　解 从油田开采出的没有经过加工处理的石油称为原油。 三、交流一 煤、石油、天然气在地球上的蕴藏量是有限的。它们是重要的化工原料,仅仅将其作燃料是对资源的一种浪费。石油的成分相当复杂,人们是如何综合利用石油的呢? 四、思考二 石油中含有各种碳原子数不等的烃,怎样对它们进行分离呢? 五、交流二 通过分馏石油获得的汽油、煤油、柴油等轻质油品的产量仅占石油总产量的 25％ 左右,但社会需求的石油产品主要是这些轻质油品,特别是汽油,那么在工业上采用什么方法来提高轻质油品的产量?

新课导入	六、思考三 什么是石油的裂化和裂解？为什么要对石油进行裂化和裂解？ 在一定条件下,使相对分子质量大、沸点高的烃断裂为相对分子质量小、沸点低的烃的过程称为裂化。如: $$C_{16}H_{34} \xrightarrow[\text{加热、加压}]{\text{催化剂}} C_8H_{18} + C_8H_{16}$$ 采用更高的温度,使具有长链的烃分子断裂成短链的气态烃和少量液态烃的过程称为裂解。如: $$C_8H_{18} \xrightarrow[\text{加热、加压}]{\text{催化剂}} C_4H_{10} + C_4H_8$$
任务小结	石油$\begin{cases}\text{成分:烷烃、环烷烃、芳烃的混合物(主要含碳、氢元素)}\\\text{产品用途:燃料、化工原料等}\end{cases}$ 原油质量评价的方法——通过实沸点蒸馏进行馏分切割
教学反思	本项目学习的重点在于让学生了解石油炼制的目的和方法,并会对它们加以区别,同时在学习过程中引导学生关注人类面临的与化学相关的社会问题,如能源短缺、环境保护等,培养学生的社会责任感

任务一　原油含水含盐量的测定

一、任务目标

1. 知识目标

(1) 了解原油的评价内容和方法,以及原油评价对原油加工的重要性。

(2) 理解含水含盐量测定操作的原理和应用。

2. 能力目标

(1) 能正确使用相关仪器,分析得出原油含水含盐量相关数据并用于指导后续生产。

(2) 能根据原油的其他评价数据,初步确定原油的加工方案。

二、案　例

原油含盐量高会导致塔盘和其他设备结盐堵塞,还会造成后续装置催化剂中毒;原油含水量高会导致能耗增加。某炼厂进口原油含水含盐量未知,在该原油进入下一工序前须进行该项指标的测定。

测定目的是确定该原油是否满足含水量 0.2%～0.5%、含盐量 3 mg/L 以下的要求。

三、解决方案一(含水量测定)

1. 操作方法概要

在试样中加入无水溶剂,并在回流条件下加热蒸馏。冷凝下来的溶剂和水在接收器中逐步分离,其中水沉降到接收器底部。

2. 仪器与设备

（1）蒸馏仪器（图 1-1）：由圆底烧瓶、长直冷凝管、带刻度的玻璃接收器及加热器组成。其他型号的蒸馏仪器，只要能满足精密度要求，都可以使用。

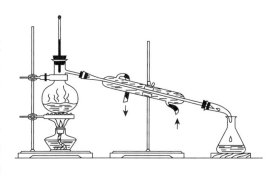

图 1-1 蒸馏仪器装配图

（2）蒸馏烧瓶：应使用带有标准磨口接头的 1 000 mL 玻璃制圆底烧瓶。圆底烧瓶上装有一个带刻度且经检定合格的 5 mL 的 E123 型脱水器。接收器最小刻度值为 0.05 mL。接收器上部装有一个 400 mL 的长直冷凝管。长直冷凝管顶部装有一个带干燥剂的干燥管（防止空气中的水分进入）。

（3）加热器：能把热量均匀地分布在圆底烧瓶底部的酒精灯或电加热器均可使用。为了使用安全，最好使用电加热套。

3. 试 剂

二甲苯（注意：二甲苯极易燃，其蒸气有毒）：试剂纯。将 400 mL 溶剂加入圆底烧瓶中，进行空白实验。空白实验应测准至 0.025 mL，并按照相关规定校正接收器中水的体积。

4. 测定准备

（1）取样：从管道、油罐或其他体系中取得试样，并将所取试样放入实验室容器中。
应根据预期含水量按表 1-1 的规定选择试样量。

表 1-1 试样量的选择

预期试样中含水量（质量分数或体积分数）/%	大约试样量/g（或 mL）
50～100	5
25～50	10
10～25	20
5～10	50
1～5	100
≤1	200

如果混合试样的均匀性较差，则至少取 3 个不同部位的试样进行测定，测定结果取其平均值。

测定水的质量分数时，应根据规定的试样量，准确称取 0.1 g 试样于预先洗净并烘干的圆底烧瓶中。如果必须使用转移容器（烧杯或量筒），则至少需用二甲苯洗涤转移容器 5 次，并把洗涤液一并倒入圆底烧瓶中。

测定水的体积分数时，应根据规定的试样量，分别用校正过的 5 mL，10 mL，20 mL，50 mL，100 mL 或 200 mL 量筒（A 级）对备用的试样进行计量。为了避免空气进入，应仔细且缓慢地将试样倒入量筒中，并准确至刻度。然后缓慢地把量筒中的液体倒入圆底烧瓶中，用至少 200 mL 二甲苯以每次 40 mL 分 5 次洗涤量筒，并把洗涤液一并倒入圆底烧瓶中，直至量筒内的试样全部被洗净,以确保全部样品被转移。

（2）标定接收器:用 5 mL 微量滴定管或能读取到 0.01 mL 的精密微量移液管,以 0.05 mL 的增量逐次加入蒸馏水来检验接收器上刻度标线的准确度。如果加入水量的值和观察到的水量的值的偏差大于 0.05 mL,则应重新标定或认为该接收器不合格。

（3）标定整套仪器:在仪器中加入 400 mL 无水二甲苯(含水量不大于 0.02%)进行空白实验。实验结束后,用滴定管或微量移液管把 1.00 mL±0.01 mL 20 ℃的蒸馏水直接加入圆底烧瓶中,按要求进行实验。重复操作,用滴定管或微量移液管直接向圆底烧瓶中加入 4.50±0.01 mL 20 ℃的蒸馏水,按要求进行实验。只有当接收器的读数在表 1-2 规定的允许误差范围之内时,才认为整套仪器合格。

表 1-2　接收器的规定允许误差范围

接收器在 20 ℃时的极限容量/mL	加入 20 ℃水的体积/mL	回收水在 20 ℃下的体积/mL
5.00	1.00	1.00±0.025
5.00	4.50	4.50±0.025

如果读数在极限容量之外,则认为可能是由蒸气泄漏、沸腾太快、接收器刻度不准确或外来湿气等因素导致的,在重新标定整套仪器之前必须消除这些干扰因素。

5. 操作步骤

由于实验的精密度会因水黏附在冷凝管内壁,不能沉降到接收器中而受到影响,为了使这种影响减至最小,所用玻璃仪器需预先洗净并烘干,以除去表面膜和有机残渣,因为这些物质会妨碍水在实验仪器中的自由滴落。如果试样的性质能引起持久污染,则应更频繁地清洗玻璃仪器。

测定水的体积/质量分数时,要把一定量的二甲苯加入圆底烧瓶中,使二甲苯的总体积达到 400 mL。

（1）加热圆底烧瓶。由于被测定的原油类型能显著地改变原油-溶剂混合物的沸腾特性,所以在蒸馏的初始阶段加热应缓慢(0.5～1 h),要防止突沸和在系统中可能存在的水分损失(不能让冷凝液上升到高于冷凝管内壁长度的 3/4 处。为了使冷凝液易于清洗,冷凝液液位应尽可能保持在冷却水入口处。刚开始加热时,调整沸腾温度,使冷凝液液位不超过冷凝管内壁长度的 3/4。馏出物应以 2～5 滴/s 的速度滴进接收器)。

（2）继续蒸馏,直到除接收器外仪器的任何部分都没有可见水,接收器中水的体积至少保持恒定 5 min 为止。如果在冷凝管内壁水滴持续聚集,则需用二甲苯冲洗(建议用喷雾洗管或相当的器具),或用加有油溶性破乳剂的二甲苯冲洗(二甲苯中破乳剂的含量为 1 000 μg/g),它可帮助除去黏附水滴。冲洗后,再蒸馏至少 5 min(冲洗前,必须停止加热至少 15 min,以防止突沸;洗完后,缓慢加热,防止突沸)。

（3）重复操作,直到冷凝管中没有可见水和接收器中水的体积保持恒定至少 5 min 为止。如果该操作不能除掉水,则可使用聚四氟乙烯刮具、小工具或适当的器具把水刮进接收器中。

（4）水的移入完成后,把接收器和它的内含物冷却到 20 ℃。用聚四氟乙烯制成的刮具或小工具把黏附在接收器壁上的水滴移到水层里,然后读出接收器中水的体积。接收器的刻度分值为 0.05 mL,但是水的体积需要读准至 0.025 mL。

四、解决方案二(含盐量测定)

1. 操作方法概要

将均相试样溶解于混合酒精溶剂中,并放置在由一个烧杯和一组电极构成的实验容器中。电极上加有电压,测量形成的电流值。将结果与一个已知混合物的电流值和氯化物含量的校正曲线比较,得到氯化物(盐)的含量。

2. 仪器与设备

仪器:实验烧杯;量筒,100 mL,具塞;其他可测量容量的分度刻度管和容量瓶。

设备:由一个可以产生和显示几个加在一组电极上的电压值的控制装置组成。该组电极悬挂在一个盛有实验溶液的烧杯中。该设备还能测量和显示不同电压下通过电极间的实验溶液的电流值(mA)。

3. 试 剂

1)混合酒精溶剂

将 63 体积的异丁醇和 37 体积的无水甲醇混合。对于每升这种混合物,加入 3 mL 蒸馏水(注意:该混合酒精溶剂可燃,液体可灼伤眼睛,蒸气有毒。如果咽入或吸入,则将是致命的或引起失明)。

如果混合酒精溶剂的测量电流在 125 V 交流电压(AC)下小于 0.25 mA,则是适用的。若出现高电导率,则是因为溶剂中有额外的水,说明使用的甲醇不是无水的。

2)氯化钙($CaCl_2$)溶液(10 g/L)

取 1.00 g±0.01 g $CaCl_2$ 或等量的水合盐加入一个 100 mL 容量瓶中,并溶于 25 mL 水中,用混合酒精溶剂稀释至刻度线。

3)氯化镁($MgCl_2$)溶液(10 g/L)

取 1.00 g±0.01 g $MgCl_2$ 或等量的水合盐加入一个 100 mL 容量瓶中,并溶于 25 mL 水中,用混合酒精溶剂稀释至刻度线。

4)氯化钠(NaCl)溶液(10 g/L)

取 1.00 g±0.01 g NaCl 或等量的水合盐加入一个 100 mL 容量瓶中,并溶于 25 mL 水中,用混合酒精溶剂稀释至刻度线。

5)精炼中性油

任何精炼的、不含氯化物的油在 40 ℃时的黏度均约为 20 mm²/s,不需要添加剂。

6)混合盐溶液(浓缩液)

取 10.0 mL 氯化钙溶液、20.0 mL 氯化镁溶液和 70.0 mL 氯化钠溶液充分混合。

注:10∶20∶70(体积比)的比例是普通原油中氯化物在数量上的代表性比例。对于某种已知的原油,当氯化钙、氯化镁和氯化钠的相应比例已知时,为了获得最精确的结果,应使用这种比例。

7) 混合盐溶液(稀释后)

取 10 mL 混合盐溶液(浓缩液)加入 1 000 mL 容量瓶中,用混合酒精溶剂稀释至刻度线。

8) 二甲苯

试剂纯,最小纯度。注意:二甲苯易燃,蒸气有毒。

4. 测定准备

1) 取样

高黏度物质的样品应先加热,直至成为适宜取样的流体。但要注意不应为了易于控制样品黏度而加热至超过所必需的温度。

原油样本含有水和沉积物,在性质上是不均匀的。水和沉积物的存在会影响样品的导电性,因此必须高度注意采用均匀的有代表性的样品。

2) 仪器与设备的准备

将设备放置在一个有一定高度的稳定实验台上,根据制造厂商提供的使用手册中关于校正、检查和操作设备的规定,准备用于实验的设备。注意:加在电极上的电压可以高达250 V(AC),这是很危险的。

在开始实验前,应彻底清洁和干燥实验用烧杯,以及电极和附件的所有零件,确实清除用于清洁设备用的任何溶剂。

3) 仪器标定

溶液的电导率受测定时样品温度的影响。样品的测定温度应在所做标准曲线温度的±3 ℃以内。

进行一次空白测量,不考虑混合盐溶液。当电压达到 125 V(AC)时,若电极电流显示大于 0.25 mA,则说明存在水和其他电导杂质。在完成校正前必须找到问题根源并加以消除。为了确定是空白测量,每次都需要使用新的二甲苯或混合酒精溶剂。

将 15 mL 二甲苯加入一个干燥的 100 mL 带刻度的玻璃塞量筒中,再用一个移液管(总移液量)加入 10 mL 精炼中性油。用二甲苯清洗移液管,直至精炼中性油洗净。用二甲苯补充玻璃塞量筒内溶液至 50 mL。塞住玻璃塞,用力摇动量筒约 60 s,形成溶液。加入一定量的稀释混合盐溶液,其加入量满足待测含盐量范围。用混合酒精溶剂稀释到 100 mL。再次用力摇动量筒约 30 s,形成溶液。将该溶液静置约 5 min,然后将其转至一个干燥的实验烧杯中。

立即将电极放入烧杯的溶液中,使电极板上边低于溶液表面。调整显示的电极电压至一系列值,如 25,50,125,200 和 250 V(AC)。在每一个电压值处,注意电流读数,记录显示的电压和电流值(精确至 0.01 mA)。从溶液中取出电极,先用二甲苯清洗,然后用石脑油清洗,并干燥。

注:对于某些设备,详细的标定是没有必要的,因为电子装置是装入型的,自动设置。空白实验和标准曲线响应是相同的。

重复上述步骤,采用不同体积的混合盐溶液(稀释溶液),以涵盖氯化物含量的可能范围。

从每次标准样品的显示电流读数中减去空白实验所得到的值。在双对数坐标纸上或以其他适当形式得出含氯量(纵坐标)与各电压下的净电流(mA)读数值(横坐标)的关系曲线。

注:仪器之所以用精炼中性油的标准溶液和二甲苯-混合盐溶液标定,是因为要保持原来的油-盐水混合物均匀是极其困难的。

5. **操作步骤**

将 15 mL 二甲苯加入一个干燥的 100 mL 带刻度的玻璃塞量筒中,再用移液管移入 10 mL(总移液量)原油样品。用二甲苯清洗移液管,直至没有油。用二甲苯补充玻璃塞量筒内溶液至 50 mL。塞住玻璃塞,用力摇动量筒约 60 s,形成溶液。用混合酒精溶剂稀释至 100 mL。再次用力摇动量筒约 30 s,形成溶液。将该溶液静置约 5 min,然后将其转至一个干燥的实验烧杯中。

立即将电极放入烧杯的溶液中,使电极板上边低于溶液表面。按照程序,得到电压和电流读数。记录显示的电极电流(精确到 0.01 mA)和最接近的电压。实验完成后拆除样品溶液中的电极,并清洁仪器。

五、操作要点

二甲苯极易燃,操作时应远离热源、火花和明火;其蒸气有毒,容器要密闭。使用时环境应通风良好,并避免吸入其蒸气和长时间或反复同皮肤接触。

六、结果分析

1. **含水量计算**

样品含水量的计算公式如下:

$$体积分数 = \frac{A-B}{C} = \frac{A-B}{M/D}$$

$$质量分数 = \frac{(A-B)D}{M}$$

式中,A 为接收器中水的体积;B 为溶剂＋空白实验水的体积;C 为试样的体积;M 为试样的质量;D 为试样的密度。

若有挥发性水溶物存在,则可将其视为水分与水一起测定。

报告结果中含水量要精确到 0.025%。

2. **含盐量计算**

将样品测量得到的值减去空白测量得到的值,即可得到净电流读数值。根据标准曲线,读出相对于样品净电流(mA)读数值的指示含盐量。

可利用下面给出的适当公式计算含盐量,以 mg/kg 表示:

$$含盐量(mg/kg) = X/d$$

式中,X 为测定出的含盐量,mg/m^3;d 为 15 ℃时试样的密度,kg/m^3。

七、拓展资料

不同性质的原油应采用不同的加工方法，以生产出符合要求的产品，使原油得到合理利用。对于新开采的原油，必须先在实验室进行一系列的分析、实验，习惯上称为原油评价。

根据评价目的不同，原油评价可分为以下四类。

（1）原油性质分析：目的是在油田勘探开发过程中及时了解单井、集输站和油库中原油的一般性质，掌握原油性质的变化规律和动态。

（2）简单评价：目的是初步确定原油性质和特点，适用于原油性质普查。

（3）常规评价：为一般炼厂提供设计数据。

（4）综合评价：为综合性炼厂提供设计数据。

原油的综合评价包括四部分内容，即原油的一般性质、实沸点蒸馏所得原油馏分组成及窄馏分性质、各馏分的化学组成、各种石油产品的潜含量及其使用性能。

① 原油的一般性质分析。对于从油田井场、集输站、输油管线或油库、炼厂取来的原油，先测定其含水量、含盐量和机械杂质含量等。如果原油含水量大于 0.5%，则需先脱水。对脱水原油测定其密度、黏度、凝点、闪点、残炭值、灰分含量、胶质含量、沥青质含量、含蜡量、平均相对分子质量，以及进行硫、氮等元素分析和获得微量金属含量、馏程等数据。

② 原油馏分组成及窄馏分性质。脱水原油经实沸点蒸馏，切割成每 3%（约）的窄馏分（或按一定沸程切割窄馏分），得到原油的蒸馏数据，即原油的馏分组成。测定各窄馏分的密度、黏度、凝点、苯胺点、酸度（值）、折射率和含硫量等，并计算特性因数、黏重常数等。

③ 各馏分的化学组成。根据原油切割方案，把原油切割成汽油、煤油、柴油、重整原料油、裂解原料油以及润滑油馏分等。按产品质量标准要求测定各石油产品的主要性质，以及不同拔出深度重油的各种物性。对于减压渣油，还需要测定针入度、软化点和延度等质量指标。

④ 各种石油产品的潜含量及其使用性能。根据对原油实沸点切割的数据分析，得出所要评价原油的汽油、煤油、柴油、润滑油、石蜡和地蜡潜含量，同时对得到的石油产品的使用性能进行分析，给出合理的加工方案。

八、思考题

（1）简述原油含水量的测定方法。

（2）简述原油含盐量的测定方法。

（3）原油综合评价的四部分内容分别是什么？

任务二　原油窄馏分的切割

一、任务目标

1. 知识目标

（1）了解原油的实沸点蒸馏方法，以及它对原油加工方案的重要性。

（2）理解蒸馏操作的原理和应用。

2. 能力目标

（1）能正确使用相关仪器，分析得出原油实沸点蒸馏数据。

（2）能根据原油的蒸馏切割，预测窄馏分性质，初步确定原油的加工方案。

二、案　例

某炼厂脱盐脱水后的原油在加工前需要制订加工方案，因此取一定量的原油样品，利用实验室分批蒸馏装置进行常压蒸馏，以便定量确定原油各蒸馏点范围内产品的特性。

三、解决方案（窄馏分的切割）

1. 仪器与设备

（1）蒸馏装置，包括蒸馏瓶、冷凝管及相应冷却水槽、蒸馏瓶金属罩或外壳、热源、蒸馏瓶支架、温度测量装置，以及用于收集馏出液的回收量筒等。

（2）手控蒸馏装置。

（3）自动装置，配有测量并自动记录回收量筒内馏出物体积的系统。

（4）温度测量装置。如果使用玻璃水银温度计，应注入惰性气体，且汞柱上带刻度，背衬珐琅。

（5）温度传感器定心装置。

（6）自动设备，即安装可以自动关闭设备电源且可以在安装蒸馏瓶的室内遭遇火险时喷射惰性气体或蒸气的装置。

（7）气压表。这是一种压力测量装置，可以测量局部点压力，精度 0.1 kPa（1 mmHg）或更高，测量位置的海拔高度与实验室仪器海拔高度相同。

2. 取样

在室温下收集试样。取样后，立即把试样瓶盖严。

3. 实验准备

选择适当的蒸馏瓶、温度测量装置和蒸馏瓶支架，并准备好仪器。回收量筒、蒸馏瓶以及冷却水槽达到规定的温度。

回收量筒应置于水槽内，液位至少与 100 mL 刻线齐平，或将整个回收量筒放入空气循环室内。

适于低温水槽的介质包括但不限于碎冰和水、制冷盐水和制冷乙二醇。与室温或较高的水槽温度相适宜的介质包括但不限于冷水、热水和热的乙二醇。

将一块较软且不起毛的布缠到铁丝上，然后用它把冷凝管内的残余液体擦净。

4. 操作步骤

（1）记录主要的大气压力。

（2）0，1 和 2 组——安装带有滑配合塞子或硅橡胶塞子（或相当的聚合材料制成的塞子）的低范围温度计，将其插入盛有试样的蒸馏瓶的瓶颈内，同时将试样温度升至规定温度。

（3）0，1，2，3 和 4 组——把试样倒入回收量筒，至 100 mL 刻线处，然后把回收量筒内的液体移至蒸馏瓶中,同时保证无液体流入蒸气管内。

（4）如果能预计试样会出现不规则的沸腾特性,即暴沸,则应在试样中加入少量的防沸片。对蒸馏而言,添加少量防沸片是可以接受的。

（5）通过滑配合塞子安装温度传感器,通过机械方式确定传感器在蒸馏瓶瓶颈的中心位置上。如果是玻璃水银温度计,则水银球应在瓶颈中心位置上,毛细管底端应与蒸气管内壁底部最高点齐平;如果是热电偶或电阻温度计,则其具体位置应按生产厂家的规定确定。

（6）把带有滑配合塞子或硅橡胶塞子(或相当的聚合材料制成的塞子)的蒸馏瓶蒸气管紧紧地安装到冷凝管中。蒸馏瓶要调至垂直位置上,使蒸气管插入冷凝管 25～50 mm。提升并调整支架,使之整齐地靠在瓶底上。

（7）在回收量筒未擦干之前,把用于测定试样的回收量筒放到冷凝管底端下的温控水槽内。冷凝管端部要对准回收量筒的中心位置,而且伸入至少 25 mm,但不能低于 100 mL 刻线。

（8）测定初馏点(IBP)。

① 手动方法——为减少馏出液蒸发损失,应用吸收墨水纸把回收量筒盖上,或用类似材料裁成适合冷凝管的大小后整齐地盖上。如果使用接收挡板,则挡板端部正好与回收量筒壁接触时再开始蒸馏;如果不使用接收挡板,则要保证冷凝管滴液端与回收量筒隔开。记下开始的时间。观测并记录初馏点(IBP),精确到 0.5 ℃。如果不使用接收挡板,应立即移动回收量筒,使冷凝管端部与其内壁接触。

② 自动方法——为减少馏出液蒸发损失,可使用仪器生产厂家提供的装置。在接收挡板端部正好与回收量筒壁接触时加热回收量筒及量筒内的馏出液。记下开始的时间。观测并记录 IBP,精确到 0.1 ℃。

（9）调节加热程度,使初始加热和 IBP 之间的时间间隔为规定的时间。

（10）调节加热程度,使从 IBP 到馏出 5％或 10％的时间为规定的时间。

（11）继续调节加热程度,使从馏出 5％或 10％至蒸馏瓶内溶液残留 5 mL 时的冷凝速率平均为 4～5 mL/min。注意:由于烧瓶的配置和实验条件有关,所以温度传感器周围的蒸气和液体不会处于热力学平衡状态,蒸馏速率将影响测量蒸气的温度,故蒸馏速率应尽可能保持恒定不变。

注: 做汽油试样实验时,冷凝液突然形成不可混溶的液相并在温度测量装置上以及蒸气温度在 160 ℃左右的烧瓶瓶颈中生成液珠等现象均属正常情况。这可能伴有蒸气温度急速下降(大约 3 ℃)和冷凝速率下降。这种可能是因为试样中有少量水而产生的现象会在温度恢复、冷凝液重新开始流动之前持续 10～30 s。这一点有时被称为暂停点。

（12）在 IBP 与蒸馏结束的时间间隔内,观察并记录必要的数据,以及按照技术要求进行计算而得出实验结果。上述观测的数据包括所述百分馏出率时的温度读数或规定温度读数时的百分馏出率,或两者皆包括。

（13）观测并记录终馏点(FBP)或干点(EP),必要时将这两种数据都记录下来,然后停止加热。

（14）在加热停止后,让馏出液排放到回收量筒内。

（15）把馏出液在回收量筒内的容量记作馏出率。

（16）待烧瓶冷至再也看不到蒸气之后,从冷凝管上把烧瓶拆下来,然后把烧瓶中的液体倒入有刻度的 50 mL 容量瓶内。另外,当发现倒悬在带刻度的容量瓶上方的残留物时,应让烧瓶倒放,直到容量瓶内液体容量看不到有明显增加为止。测量容量瓶中的容量,精确到 0.1 mL,并记作残留率。

四、操作要点

试样温度与回收量筒周围水槽温度之间的差距要尽可能小。

五、结果分析

总馏出率是馏出率与残留率之和。100％减去总的馏出率即得到损失率。

应在规定温度读数时获得蒸发率。在规定温度条件下,用损失率加上观测得到的馏出率即得蒸发率,即

$$Pe = Pr + L$$

式中,L 为损失率;Pe 为蒸发率;Pr 为馏出率。

六、拓展资料

1. 石油的实验室蒸馏方法

1)恩氏蒸馏(ASTM,反映一定条件下的汽化性能)

恩氏蒸馏是一种简单蒸馏,它是以规格化的仪器在规定的实验条件下进行的,是一种条件性的实验方法。将馏出温度(气相温度)对馏出量(体积分数)作图,就得到恩氏蒸馏曲线。

恩氏蒸馏的本质是渐次汽化,基本上没有精馏作用,因而不能显示油品中各组分的实际沸点,但它能反映油品在一定条件下的汽化性能,而且简便易行,所以广泛用作反映油品汽化性能的一种规格化的实验方法。由恩氏蒸馏数据可以计算油品的一部分性质参数,因此它也是油品的基本物性数据之一。

2)实沸点蒸馏(TBP,大致反映油品中各组分的沸点变化)

实沸点蒸馏是一种实验室间歇精馏。如果一个间歇精馏设备的分离能力足够强,则可以得到混合物中各个组分的含量及对应的沸点,所得数据在一张馏出温度-收率(质量分数)的图上标绘,就可以得到一条阶梯形曲线。实际上,实沸点蒸馏设备是一种规格化的蒸馏设备,规定其精馏柱相当于15～17块理论板,而且是在规定的实验条件下进行的,因而它不可能达到精密精馏那样高的分离效率。另外,石油中所含组分极多,而且相邻组分的沸点十分接近,但每个组分的含量又很少,因此,油品的实沸点蒸馏曲线只是大体反映各组分沸点变迁情况的连续曲线。

实沸点蒸馏主要用于原油评价。原油的实沸点蒸馏实验是相当费时的。为了节省实验时间,人们研发了用气体色谱分析来取得原油及其馏分的模拟实沸点数据的方法。气体色谱法模拟实沸点蒸馏可以节省大量实验时间,所用的试样量很少,但是用此方法不能同时得到一定的各窄馏分数量以供测定各窄馏分的性质之用。因此,在进行原油评价时,气体色谱法还不能完全代替实验室的实沸点蒸馏。

3)平衡汽化(EFV,在一定条件下,可以确定不同汽化率时的温度或某一温度下的汽化率)

在实验室平衡汽化设备中,将油品加热汽化,使气、液两相在恒定的压力和温度下密切接触一段足够长的时间后迅速分离,即可测得油品在该条件下的平衡汽化率。在恒压下选择几个合适的温度(一般至少要 5 个)进行实验,就可以得到恒压下平衡汽化率与温度的关系。以汽化温度对汽化率作图,即可得油品的平衡汽化曲线。

根据平衡汽化曲线,可以确定油品在不同汽化率时的温度(如精馏塔进料段温度)、泡点温度(如精馏塔侧线温度和塔底温度)、露点温度(如精馏塔顶温度)等。

三种蒸馏方法的比较见表 2-1。

表 2-1 三种蒸馏方法比较

项　目	恩氏蒸馏	实沸点蒸馏	平衡汽化
本　质	简单蒸馏	间歇精馏	平衡汽化
测定条件	规格化的仪器和规定的实验条件下	规格化的蒸馏设备(15～17块理论板)和规定的条件下	在一定压力、温度下
分离效果	基本无精馏作用,不能显示各组分的沸点	分离效果好,可大体反映各组分沸点的变化	受气、液相平衡限制,分离效果差,仅相当于一块塔板的分离能力
用　途	用于计算其他物性参数	主要用于原油评价	

由表 2-1 可知,三种蒸馏方法的分离效果是实沸点蒸馏＞恩氏蒸馏＞平衡汽化。

若要得到相同的汽化率,实沸点蒸馏所需温度最高,恩式蒸馏居中,平衡汽化最低。在同样汽化率的前提下,平衡汽化所需的温度最低,这样就减轻了加热设备的负荷。

2. 原油的实沸点蒸馏

原油的实沸点蒸馏是考察原油馏分组成的重要实验方法。实沸点蒸馏是在实验室中用比工业上分离效果更好的设备,把原油按照沸点高低分割成许多馏分。实沸点蒸馏的分馏精度比较高,其馏出温度与馏出物质的沸点相接近,但这并不是说其真正能够分离出纯烃。

原油实沸点蒸馏的关键在于蒸馏装置。对蒸馏装置的基本要求是:有一定的分馏能力,一般要求在全回流时有 10～20 块理论板,并要求柱藏量低;能进行常减压蒸馏,保证对原油有一定的蒸馏深度;能分离出一定数量的样品,供进一步研究和分析用;操作简便,有一定的灵活性。原油实沸点蒸馏可参照 GB/T 17280—2017 进行。该标准中所采用的实验装置是一种间歇式釜式精馏设备,精馏柱内装有不锈钢高效填料,顶部设有回流,回流比约 5∶1,分离能力相当于 15～17 块理论板。装置的热量交换条件和物质交换条件较好,在精馏柱顶部取出的馏出物几乎由沸点相近的组分所组成,接近馏出物的真实沸点。操作时将原油装入蒸馏釜中加热蒸馏,控制馏出速度为 3～5 mL/min,每一窄馏分约占原油装入量的 3%(质量分数)。实沸点蒸馏的整个操作过程分三段进行:第一段在常压下进行,大约可蒸出200 ℃前的馏出物;第二段在减压下进行,残压为 1.3 kPa(10 mmHg);第三段也在减压下进行,残压小于 677 Pa(5 mmHg),馏出物不经精馏柱。为了避免原油受热分解,蒸馏釜温度不得超过 350 ℃,馏出物的最终沸点通常为 500～520 ℃,釜底残留物为渣油。蒸馏完毕,将减压下各馏分的馏出温度换算为常压下相应的温度。未蒸出的残油从釜内取出,以便进行物料衡算及有关性质测定。

将原油在实沸点蒸馏装置中按沸点高低切出的窄馏分按馏出顺序编号、称重及测量体积,然后测定各窄馏分和渣油的性质,如密度、黏度、凝点、苯胺点、酸度(值)、含硫量、含氮量、折射率等,并计算黏度指数、特性因数等。例如,大庆原油实沸点蒸馏及窄馏分性质见表 2-2。

表 2-2 大庆原油实沸点蒸馏及窄馏分性质

馏分号	沸点范围/℃	占原油(质量分数)/%		密度(20 ℃)/(g·cm⁻³)	运动黏度/(mm²·s⁻¹)			凝点/℃	闪点(开口)/℃
		窄馏分	累计		20 ℃	50 ℃	100 ℃		
1	初馏点～112	2.98	2.98	0.710 8	—	—	—	—	—
2	112～156	3.15	6.13	0.746 1	0.89	0.64	—	—	—
3	156～195	3.22	9.35	0.769 9	1.27	0.89	—	—65	—
4	195～225	3.25	12.60	0.795 8	2.03	1.26	—	—41	78
5	225～257	3.40	16.00	0.809 2	2.81	1.63	—	—24	—
6	257～289	3.46	19.46	0.816 1	4.14	2.26	—	—9	125
7	289～313	3.44	22.90	0.817 3	5.93	3.01	—	4	—
8	313～335	3.37	26.27	0.826 4	8.33	3.84	1.73	13	157
9	335～355	3.45	29.72	0.834 8	—	4.99	2.07	22	—
10	355～374	3.43	33.15	0.836 3	—	6.24	2.61	29	184
11	374～394	3.35	36.50	0.839 6	—	7.70	2.86	34	—
12	394～415	3.55	40.05	0.847 9	—	9.51	3.30	38	206
13	415～435	3.39	43.44	0.853 6	—	13.30	4.22	43	—
14	435～456	3.88	47.32	0.868 6	—	21.90	5.86	46	238
15	456～475	4.05	51.37	0.873 2	—	—	7.05	48	—
16	475～500	4.52	55.89	0.878 6	—	—	8.92	52	282
17	500～525	4.15	60.04	0.879 5	—	—	11.50	55	—
渣 油	＞525	38.50	98.54	0.883 2	—	—	—	41(软化点)	—
损 失	—	1.46	100.00	0.937 5	—	—	—	—	—

为了合理地制订原油加工方案,还必须将原油进行蒸馏,切割成汽油馏分、煤油馏分、柴油馏分及重整原料、裂解原料和裂化原料等,并测定其主要性质。另外,还要进行汽油、柴油、减压馏分油的烃类族组成分析,以及润滑油、石蜡和地蜡潜含量的测定。为了得到原油的气液平衡蒸发数据,还应进行原油的平衡蒸发实验。

3. 原油的实沸点蒸馏曲线、性质曲线及收率曲线

根据窄馏分的各种性质就可以绘制出原油及其窄馏分的性质曲线,进一步得到一些性质的中百分比性质曲线,更重要的是还可以得到原油各种产品的收率曲线,如汽油收率曲线。这样就完成了原油的初步评价,对原油的性质有了较全面的了解,可为原油的加工方案制订提供基础参数和理论依据。

1) 原油的实沸点蒸馏曲线

根据表 2-2 中的数据,以原油实沸点蒸馏所得窄馏分的馏出温度(沸点)为纵坐标,以收率(累计质量分数)为横坐标作图,可得到原油的实沸点蒸馏曲线(图 2-1)。

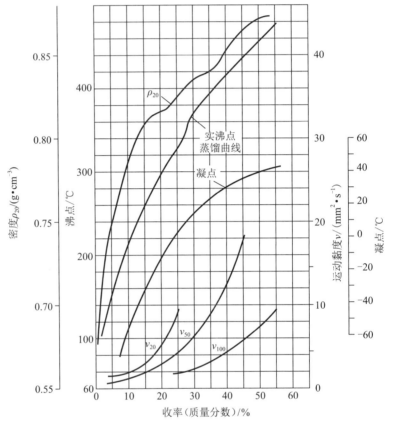

图 2-1 大庆原油实沸点蒸馏曲线及中百分比性质曲线

2) 原油的性质曲线

原油实沸点蒸馏所得的各窄馏分仍然是一个复杂的混合物,所测得的窄馏分性质是组成该馏分的各种化合物性质的综合表现,具有平均的性质。在绘制原油性质曲线时,假定测得的窄馏分性质表示该窄馏分馏出一半时的性质,这样标绘的性质曲线就称为中百分比性质曲线。以表 2-2 所示大庆原油的数据为例,馏分号 5 的窄馏分开始时的沸点为 225 ℃,最后沸点为 257 ℃,馏程为 32 ℃。该窄馏分从累计馏出量为 12.60% 开始收集,到累计馏出量为 16.00% 时收集完毕,馏分占原油的 3.40%,其性质如 20 ℃时的密度为 0.809 2 g/cm³,既不是开始收集时第一滴馏分的密度,也不是收集完毕时最后一滴馏分的密度,实际上是沸程为 225～257 ℃馏分的平均值。在作原油的密度性质曲线时,假定这一密度平均值相当于该馏分馏出一半时的密度,即代表累计馏出量为(12.60%＋16.00%)/2＝14.30%时馏分的密度。在标绘曲线时,该点纵坐标为 0.809 2 g/cm³,横坐标为 14.30%。馏分号 6 的窄馏分 20 ℃时的密度为 0.816 1 g/cm³，对应的累计馏出量为（16.0％＋19.46％)/2＝17.73％，标绘曲线时，该点的纵坐标为 0.816 1 g/cm³，横坐标为 17.73％。其余依此类推。这样就得到中百分比密度性质曲线上的各个点，连接各点即得原油的中百分比密度性质曲线。用同样的方法可以绘出其他中百分比性质曲线。中百分比性质曲线一般与实沸点蒸馏曲线绘制在同一张图上。大庆原油的中百分比性质曲线如图 2-1 所示。

原油中百分比性质曲线表示窄馏分的性质随沸点的升高或累计馏出量增大的变化趋势。通过中百分比性质曲线，可以预测任意一个窄馏分的性质。例如，要想了解馏出率在 23.0％～27.0％之间的窄馏分的性质，可由图 2-1 中横坐标为（23.0％＋27.0％)/2＝25.0％处对应的中百分比性质曲线上查得该窄馏分 20 ℃时的密度为 0.828 0 g/cm³，20 ℃时的运动黏度为 8.7 mm²/s。原油的性质只有密度有近似的可加性，所以中百分比性质曲线只能预测窄馏分的性质，预测宽馏分的性质时所得数据不可靠。原油的中百分比性质曲线不能用作制订原油加工方案的依据。

3）直馏产品的性质及收率曲线

制订原油加工方案时，比较可靠的方法是作出各种直馏产品的性质及收率曲线。原油的直馏产品通常是较宽的馏分，为了取得较准确、可靠的性质数据，必须由实验测定。通常的做法是先由实沸点蒸馏将原油切割成多个窄馏分和残油，然后根据产品的需要，按含量比例逐个混合窄馏分并顺次测定混合油品的性质。另外，也可以直接由实沸点蒸馏切割得相应石油产品的宽馏分，然后测定宽馏分的性质。

以汽油为例，将蒸出的一个最轻馏分（如初馏点～130 ℃）为基本馏分，测定其密度、馏分组成、辛烷值等，然后按含量比例依次混入后面的窄馏分，就可得到初馏点～130 ℃、初馏点～180 ℃、初馏点～200 ℃等汽油馏分，分别测定其性质，将性质及收率数据列表或绘制曲线。要想测取不同蒸馏深度的重油性质及收率数据时，先尽可能把最重的馏分蒸出，测定剩下残油的性质，然后按比例依次混合相邻蒸出的窄馏分，分别测定其性质，所得数据列表或绘制曲线。

表 2-3～表 2-7 分别列出了大庆原油直馏汽油和重整原料油、直馏柴油、裂化原料油、润滑油、重油的性质数据。图 2-2 为大庆原油汽油馏分收率曲线，图 2-3 为大庆原油重油收率曲线。

表 2-3　大庆原油直馏汽油和重整原料油的性质

沸点范围 /℃	占原油 (质量分数) /%	ρ_{20} /(g·cm⁻³)	馏程/℃			酸度 /[mg KOH· (100 mL)⁻¹]	含硫量 /%	含砷量 /(μg·g⁻¹)	族组成(质量分数)/%			辛烷值 (MON)
			10%	50%	90%				烷烃	环烷烃	芳烃	
60～130	4.07	0.724 1	92	106	126	—	—	—	51.19	45.44	3.37	—
初馏点～ 130	4.26	0.710 9	75	96	136①	0.9	0.09	0.163	56.2	41.7	2.1	—
初馏点～ 200	9.38	0.743 9	94	127	196①	1.1	0.02	—	—	—	—	37

注：① 是干点。

表 2-4　大庆原油直馏柴油的性质

沸点范围/℃	占原油(质量分数)/%	ρ_{20}/(g·cm^{-3})	馏程/℃			苯胺点/℃	柴油指数	凝点/℃	ν_{20}/(mm²·s^{-1})	含硫量/%	闪点/℃	酸度/[mg KOH·(100 mL)$^{-1}$]
			初馏点	50%	终馏点							
180~300	13.2	0.807 2	203	246	—	—	—	—	—	0.028	81	—

表 2-5　大庆原油裂化原料油的性质

沸点范围/℃	占原油(质量分数)/%	ρ_{20}/(g·cm^{-3})	特性因数	折射率 n_D^{70}	黏度/(mm²·s^{-1})		含硫量/%	残炭值/%	结构族组成/%				
					50℃	100℃			C_P	C_N	C_A	R_N	R_A
320~500	27.22	0.854 6	12.4	1.457 1	12.47	4.03	0.18	0.03	73.85	15.65	10.77	0.77	0.44
350~500	21.92	0.857 4	12.45	1.459 6	15.54	4.67	0.17	0.03	74.46	14.31	11.23	0.75	0.49

表 2-6　大庆原油润滑油潜含量和性质

项目	350~400℃馏分			400~450℃馏分			450~500℃馏分			>500℃渣油		润滑油潜含量	
	原馏分	脱蜡油	P+N+轻芳烃	原馏分	脱蜡油	P+N+轻芳烃	原馏分	脱蜡油	P+N+轻芳烃	原渣油	P+N+轻芳烃	馏分油	渣油
收率(质量分数)/%	9.4	5.3	4.6	11.8	7.1	6.0	9.1	5.6	4.4	41.4	7.5	15.0	7.5
凝点/℃	31	−10	−12	43	−4	−4	51	−4	−4	—	—	—	—
ν_{50}/(mm²·s^{-1})	6.91	8.75	7.97	15.82	26.08	22.14	—	63.92	46.24	—	162.5	—	—
ν_{100}/(mm²·s^{-1})	2.66	3.01	2.84	4.65	5.96	5.57	8.09	10.92	9.49	106	23.1	—	—
ν_{50}/ν_{100}	—	2.91	2.81	—	4.38	3.97	—	5.82	4.87	−7.15	—	—	—
黏度指数	—	94	112	—	92	104	—	82	106	—	98	—	—

表 2-7　大庆原油重油的性质

项目	>350℃重油	>400℃重油	>500℃重油
占原油(质量分数)/%	67.6	59.9	40.38
ρ_{20}/(g·cm^{-3})	0.897 4	0.901 9	0.920 9
凝点/℃	35	42	45
残炭值/%	4.6	5.3	7.8
灰分含量/%	0.001 5	0.002 9	0.004 1
Ni 含量/(μg·g^{-1})	3.75	4.5	7.0
V 含量/(μg·g^{-1})	0.03	0.04	—
Fe 含量/(μg·g^{-1})	0.60	1.15	1.10

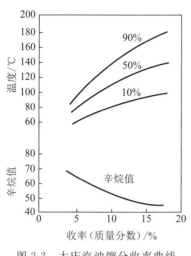

图 2-2 大庆汽油馏分收率曲线

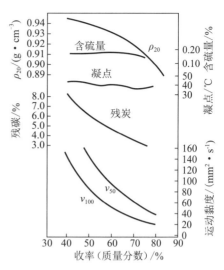

图 2-3 大庆原油重油收率曲线

根据这些原油评价数据,可以着手制订原油加工方案。制订原油加工方案就是要确定原油蒸馏中生产哪些产品、在什么温度下切割、所得产品的收率和性质如何等。其方法是将产品收率和性质数据与各种油品规格进行比较,依据实沸点蒸馏曲线确定各种产品的切割温度。

原油常减压蒸馏装置除生产个别产品外,多数馏分作为调和组分和二次加工的原料,故对原油的蒸馏切割主要是考虑满足二次加工对原料质量的要求。

能源市场和石油化工生产对轻质油品的需求不断增长,渣油轻质化问题已成为炼油技术发展中至关重要的问题之一,因此还应对渣油进行更深入的评价。例如,用超临界溶剂萃取技术,在小于 250 ℃ 的较低温度下将渣油大体上按相对分子质量分离成多个窄馏分。该分离技术所抽出的馏分油的累计收率可达减压渣油的 $80\% \sim 90\%$,最重的窄馏分的平均沸点(相当于常压下)可达 850 ℃ 以上。完成分离后,对各窄馏分和抽余残渣油进行组成、性质测定,从而得到详细的渣油组成和性质数据。根据实验数据分析各性质的变化规律,可较全面地认识渣油的性质,进而提出合理的渣油加工方案。

4. 原油综合评价与加工方案

原油的综合评价结果是选择原油加工方案的基本依据。有时还必须对某些加工过程做中型试验以取得更详细的数据。对于生产喷气燃料和某些润滑油,往往还需要做产品的台架试验和使用试验。

原油加工方案大体上可以分为三种基本类型。

1)燃料型

主要产品是用作燃料的石油产品。除了生产部分重油燃料油外,减压馏分油和减压渣油可通过各种轻质化过程转化为各种轻质燃料。

2)燃料-润滑油型

除了生产用作燃料的石油产品外,部分或大部分减压馏分油和减压渣油还可用于生产各种润滑油产品。

3）燃料-化工型

除了生产用作燃料的石油产品外，还生产化工原料及化工产品，如某些烯烃、芳烃、聚合物的单体等。这种加工方案体现了充分合理利用石油资源的要求，也是提高炼厂经济效益的重要途径，是石油加工的发展方向。

上述只是大体上的分类，实际上各炼厂的具体加工方案是多种多样的，主要目标是提高经济效益和满足市场需要。

下面以大庆原油为例介绍其加工方案。根据评价结果，大庆原油宜采用燃料-润滑油型加工方案，其加工方案如图 2-4 所示。

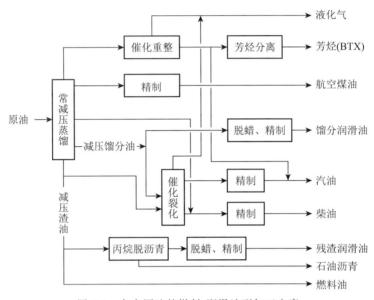

图 2-4   大庆原油的燃料-润滑油型加工方案

七、思考题

（1）石油的实验室蒸馏方法有哪些？

（2）实验室窄馏分切割的操作要点是什么？

（3）原油加工方案大体可以分成哪几种？

原油蒸馏

教学目标	知识目标	了解原油的实沸点蒸馏过程、原油分类方法;理解实沸点蒸馏曲线、性质曲线和收率曲线的标绘和应用
	能力目标	能分析大庆原油、胜利原油的主要特点及加工流程;能根据原油的评价数据初步确定原油的加工方案;能进行常减压蒸馏的岗位操作
	素质目标	引导和培养学生创新意识,培养学生学习的主动性
教材分析	重　点	实沸点蒸馏过程、原油分类方法
	难　点	实沸点蒸馏曲线、性质曲线和收率曲线的标绘
任务分解	任务三	原油电脱盐脱水
	任务四	原油常减压蒸馏
任务教学设计		
新课导入	简单讲述滨州目前炼厂的工艺概况,引入学习课题——一次加工的工艺过程	
新知学习	一、思考一 何谓石油一次加工? 一次加工产品的主要用途有哪些? 二、讲　解 石油一次加工指原油的常压蒸馏或常减压蒸馏。蒸馏所得轻、重质油产品统称直馏产品。通常一次加工装置(即常减压蒸馏装置)的生产能力代表着炼厂的生产规模。 三、交流一 煤、石油、天然气在地球上的蕴藏量是有限的。何谓好的原油和差的原油? 单从颜色上看,原油颜色越黑越好。当然这只是表面现象而已。原油是一种成分非常复杂的混合物。从本质上简单地说,原油中的饱和烃、不饱和烷烃、烯烃等的含量越高,原油的质量就越好。 四、思考二 利用常减压蒸馏如何进行分离? 五、交流二 社会需求的石油产品主要是轻质油产品,特别是汽油。通过原油的常减压蒸馏获得的汽油、煤油、柴油等轻质油产品的产量占石油产品总产量的多少? 六、思考三 装油、冷循环、热循环、常压系统转入正常生产、减压系统转入正常生产、投用"一脱三注"这些步骤分别对应哪些设备和操作?	

续表

任务小结	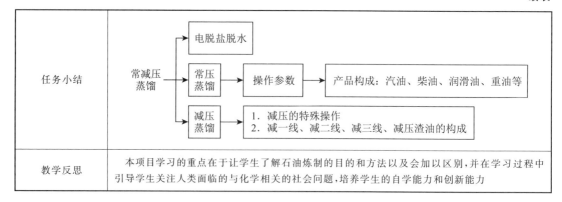
教学反思	本项目学习的重点在于让学生了解石油炼制的目的和方法以及会加以区别,并在学习过程中引导学生关注人类面临的与化学相关的社会问题,培养学生的自学能力和创新能力

任务三　原油电脱盐脱水

一、任务目标

1. 知识目标

(1)了解原油电脱盐脱水生产过程的作用、地位、发展趋势、主要设备结构和特点。

(2)掌握电脱盐脱水的生产原理和操作方法。

2. 能力目标

(1)能根据原料的特点初步确定生产方案、工艺过程及操作条件。

(2)能对影响电脱盐脱水的工艺因素进行分析和判断,能对实际生产过程进行操作和控制。

二、案例及问题分析

某炼厂原油来自新疆油田,随着原油深度开采和油田挖潜增效,回收了大量落地油,进来的原油性质越来越差,有些原油如库西原油、长庆原油的含盐量高达 $300\sim400$ mg/L,并含有少量泥沙、乳化水等,原来的脱盐脱水工艺效果较差。

三、解决方案

某一时期原油含盐量变化情况调查记录见表 3-1。

表 3-1　原油含盐量变化情况调查记录

调查项目	库西原油					
	1	2	3	4	5	6
原油含盐量/(mg·L⁻¹)	224.8	121.0	125.0	345.0	122.0	93.5
脱后含盐量/(mg·L⁻¹)	11.8	6.4	6.5	15.9	5.6	2.3

由表 3-1 可以看出,原油的质量不断在变,同时脱盐后原油含盐量和合格率也在不断变化,特别是当含盐量很高(平均高达 300～400 mg/L)时,脱盐率和脱后合格率相应下降了 10% 和 40%,对生产操作是非常有害的。

基于分析的基础上,结合生产实际,可通过以下途径来改善电脱盐脱水装置的操作,以此来缓解由于原油质量的不稳定所带来的诸多影响。

1. 温度的调整

如果常减压装置的加工负荷未达到工艺设计水平,则会导致原油经换热管网后进入电脱盐脱水装置的温度低于正常温度(110 ℃左右)。较高的温度可以使原油的黏度降低,减少水滴的运动阻力,同时有利于油水界面张力的降低,从而使水滴受热膨胀,乳化膜减弱,有利于破乳和聚结。另外,温度还可以通过影响油水密度差、原油黏度而影响水滴的沉降速度,从而影响脱盐效率。因此,提高原油进电脱盐脱水装置的温度是很有利的。

2. 注水量的调整

通过表 3-2 可以发现:① 在原油含水率及脱前原油含盐量一定的条件下,注水量由 4% 提高到 6%,其脱后含盐量降低,脱盐率提高。② 在原油含水率、脱前原油含盐量及注水量一定的条件下,注水含盐量增加(由 0 mg/L 增至 350 mg/L)时,脱盐率降低(如注水量为 6% 时,脱盐率由 90.3% 降至 80.2%)。因此,在实际操作中,可以根据生产的需要将新鲜脱盐水的注入量适当提高,同时应考虑注水盐含量,后者往往在生产中容易被忽视。

表 3-2　注水量及注水含盐量对脱盐率的影响

原油含水率(质量分数)/%		0.2	0.2	0.2	0.2	0.2	0.2	0.2	0.2	0.2	0.2	0.2	0.2
脱前原油含盐量/(mg·L⁻¹)		20	20	20	20	20	20	20	20	20	20	20	20
注水量(占原油量)/%		4	5	6	4	5	6	4	5	6	4	5	6
注水含盐量/(mg·L⁻¹)		0	0	0	150	150	150	250	250	250	350	350	350
脱水原油 1 (含水率 0.6%)	含水量 /(mg·L⁻¹)	2.86	2.31	1.94	3.90	3.16	2.80	4.27	3.74	3.38	4.84	4.31	3.95
	脱盐率/%	85.7	88.5	90.3	81.5	84.2	86.0	78.6	81.3	83.1	75.8	78.4	80.2
脱水原油 2 (含水率 0.4%)	含水量 /(mg·L⁻¹)	1.91	1.51	1.28	2.47	2.11	1.87	2.85	2.50	2.26	3.23	2.88	2.64
	脱盐率/%	90.5	92.3	93.6	87.7	89.5	90.7	85.8	87.5	88.7	83.9	85.9	86.5
脱水原油 3 (含水率 0.2%)	含水量 /(mg·L⁻¹)	0.96	0.77	0.65	1.24	1.06	0.94	1.43	1.25	1.13	1.62	1.44	1.32
	脱盐率/%	95.2	96.2	96.8	93.8	94.7	95.3	92.9	93.8	94.4	91.2	92.8	93.4

3. 破乳剂的调整

(1) 将两种或两种以上的破乳剂或采用几种破乳剂以一定的比例混合构成一种新的破乳剂(混合型破乳剂),其破乳脱水效果可能高于任何一种单独使用时的效果,即利用破乳剂的协同效应。

(2) 将目前破乳剂的注入流程进行改进。改进方法为:将以往的破乳剂与水一同注入原油中的方式改为破乳剂在注水前注入原油中(图 3-1)。这样的改进可以使原油与破乳剂通过原油泵和换热管网这一路径进行充分的混合,可以达到更好的破乳效果。

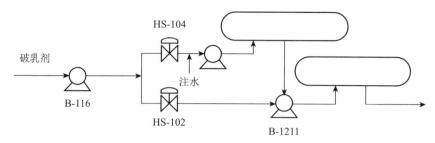

图 3-1　破乳剂注入流程

（3）将目前的注入点增加为两个或三个。中国石化辽阳石油化纤公司炼厂在该方面取得了较好的效果。

改进后的流程如图 3-2 所示。

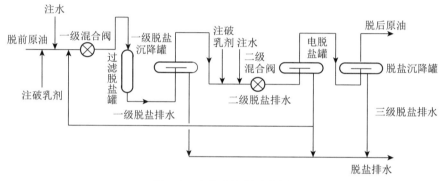

图 3-2　改进后流程示意图

四、操作要点

1. 操作要求

（1）原油注水量 3%～8%（相对原油量）。

（2）脱盐温度 100～125 ℃。

（3）原油含水率小于 0.5%。

（4）原油脱水后含盐量小于 15 mg/L。

（5）破乳剂用量 10 mg/kg（相对原油量）。

（6）电流不大于 130 A。

2. 脱盐脱水效果变坏原因及调节方法

脱盐脱水效果变坏原因及调节方法见表 3-3。

表 3-3　脱盐脱水效果变坏原因及调节方法

序　号	效果变坏原因	调节方法
1	温度过低	调节脱盐前温度使之保持在 100～125 ℃之间
2	注水量不够	提高注水量至原油量的 3%～8%

续表

序　号	效果变坏原因	调节方法
3	原油量不稳	稳定原油量
4	电脱盐罐压力不稳	平稳压力至 0.7～1.0 MPa 范围内
5	电脱盐罐水位太高	加强切水
6	电脱盐罐跳闸	通知调度,联系电工找原因,并送电
7	电极板变形	电脱盐罐停电检查处理
8	原油处理量大	相应加大注水量,加强脱盐
9	原油性质变化	加强罐脱水,提高脱盐温度
10	破乳剂浓度低	适当增加破乳剂量
11	电压不稳	通知调度联系电工处理

3. 电脱盐罐跳闸原因及调节方法

电脱盐罐跳闸原因见表 3-4。

表 3-4　电脱盐罐跳闸原因

序　号	原　因	调节方法
1	电脱盐罐温度太高	调节换热器,降电脱盐罐温度到 100～125 ℃
2	电脱盐罐水位太高	加强切水
3	电脱盐罐压力不稳	稳定操作压力
4	电极距离变小	停电脱盐进行处理
5	电压波动	联系电工重新送电
6	电气设备出故障	联系电工处理
7	安全门关不到位置	检查安全门
8	界面控制仪表失灵	联系仪表工修理
9	原油乳化	电脱盐罐沉降

4. 电脱盐罐检查的重要性

(1)正常检查:检查脱水情况(水面高度、是否带油)、进油温度界面、压力、电流、注水量、破乳剂情况以及设备有无泄漏。

(2)启用检查:

① 协同电工检查电极板有无变形或损坏及各相连接头是否正确,并空送电看能否送上,注意罐内不要有气。

② 压力表、温度计是否齐全。

③ 人孔、法兰、电极棒是否完好。

④ 用蒸汽试压,检查有无泄漏。

(3)启用步骤:

① 打开顶部放空阀排空气,关电脱盐罐出口阀,微开入口阀,缓慢引进原油,待电脱盐

罐装满后及时关闭放空阀,使罐内压力与系统压力平衡,最后开出口阀,大开入口阀,关死副线阀,带入系统循环。

② 调整电脱盐罐温度到 125～135 ℃,准备投用(与装置开工不同步时)。

③ 关好安全门,调送电电压到 20 kV。

④ 送电 0.5 h 后注破乳剂加软水。

⑤ 调节水位,将其保持在从上往下数第二放样管处。

⑥ 按工艺卡片调整操作,联系化验分析。

5. 脱水的关键

脱水的关键是破坏乳化剂的作用,使油水不能形成乳化液,细小的水滴就可以相互聚集成大的颗粒、沉降,最终达到油水分离的目的。原油中的盐类大部分溶于所含的水中,故脱盐脱水是同时进行的。因此,破乳剂的选择、工艺调整尤为重要。

二级电脱盐脱水流程如图 3-3 所示。

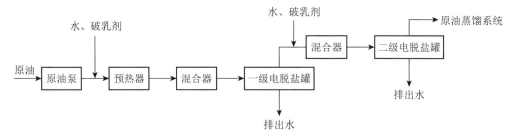

图 3-3　二级电脱盐脱水流程框图

6. "一脱三注"部分(某产教融合企业工艺)

除氧水或新鲜水自装置外引入电脱盐注水罐后,由一、二级电脱盐水注水泵升压并与一、二级电脱盐排水换热至 100 ℃后,分两路分别注入原油一级电脱盐罐、原油二级电脱盐罐前。一、二级电脱盐排水换热至 68 ℃后,再经电脱盐排水冷却器冷却至 50 ℃后排入污水管网。

将破乳剂配制成一定浓度的溶液后注入破乳剂装置中,由破乳剂泵分两路分别注入一、二级电脱盐罐入口混合器前。

浓缓蚀剂在注中和剂及缓蚀剂装置中配制成一定浓度的溶液后,用注中和剂及缓蚀剂装置中的泵分别送至常压塔、减压塔。

除氧水或新鲜水自装置外引入塔顶注水罐,由塔顶注水泵升压后分别送至常压塔、减压塔。

7. 操作条件(某产教融合企业工艺)

电脱盐部分的主要操作条件见表 3-5。

表 3-5　电脱盐部分的主要操作条件

项　目	单　位	数　据
原油进装置温度	℃	10
原油进装置流量	kg/h	125 000
脱盐温度	℃	130

续表

项 目	单 位	数 据
脱盐压力	MPa(表压)	1.1
闪蒸塔进料温度	℃	235
闪蒸塔塔顶压力	MPa	0.05
闪蒸塔塔顶温度	℃	231
闪蒸塔塔顶流量	kg/h	3 040

五、拓展资料

石油是一种液体混合物,其组成极其复杂。生产中是通过精馏的方法将石油按沸点范围分成多种馏分来加以利用的,通常将这种生产过程称为原油蒸馏。原油蒸馏装置是炼厂的主要加工装置,它可为二次加工装置提供原料,如重整原料、催化裂化原料、加氢裂化原料等。由原油蒸馏装置得到的各种馏分基本上不含胶质、沥青质,比较适合作为二次加工特别是催化加工的原料。

原油的常减压蒸馏是指依次使用常压和减压的方法,将其按照沸程范围切割成汽油、煤油、柴油、润滑油原料、裂化原料和渣油等。在进行常减压蒸馏时,必须先进行原油的预处理。传统的原油预处理是指对原油进行脱盐脱水。随着高酸度原油的增多,原油的预处理现也包括脱酸部分。原油脱盐脱水是原油加工的第一道工序。

从地层中开采出来的原油中均含有数量不一的机械杂质、$C_1 \sim C_2$ 轻烃气体、水以及 $NaCl$,$MgCl_2$,$CaCl_2$ 等无机盐类。原油应先经过油田的脱盐脱水装置处理,要求将含水量降至 0.5% 以下,含盐量降至 $50 \ mg/L$ 以下。但由于油田脱盐脱水设施不完善或原油输送中混入水分,进入炼厂的原油中仍含有一定量的水分和盐类,其中盐类除小部分呈结晶状悬浮在原油中外,大部分溶于水中;水分大都以微粒状分散在油中,形成较稳定的油包水型乳状液,不能满足加工原油时对原油含水、含盐量的要求。因此,原油在加工前还需要再一次进行脱盐脱水。我国几种主要原油进厂时的含盐含水情况见表 3-6。

表 3-6 我国几种主要原油进厂时的含盐含水情况

原油种类	含盐量/(mg·L⁻¹)	含水量/%	原油种类	含盐量/(mg·L⁻¹)	含水量/%
大庆原油	3～13	0.15～1.0	辽河原油	6～26	0.3～1.0
胜利原油	3～45	0.1～0.8	鲁宁管输原油	16～60	0.1～0.5
中原原油	约 200	约 1.0	新疆原油(外输)	33～49	0.3～1.8
华北原油	3～18	0.08～0.2			

1. 原油脱盐脱水

1) 原油含盐含水的危害

(1) 增加能量消耗。

原油在蒸馏过程中要经历汽化、冷凝的相变化,水的汽化潜热($2 \ 255 \ kJ/kg$)很大,若水与原油一起发生相变,必然消耗大量的燃料和冷却水。而且当原油通过换热器、加热炉时,因所含水分随温度升高而蒸发,溶解于水中的盐类将析出且在管壁上形成盐垢,这不仅降低了传热效率,也会因减小管内流通面积而增大流动阻力,同时水汽化后体积明显增大,使系统压力上升,导致泵出口压力增大,动力消耗增大。

（2）干扰蒸馏塔的平稳操作。

水的相对分子质量比油小得多,水汽化后使塔内气相负荷增大,同时含水量的波动必然会打乱塔内的正常操作,轻则影响产品分离质量,重则因水的暴沸而造成冲塔事故。

（3）腐蚀设备。

氯化物,尤其是氯化钙和氯化镁,在加热并有水存在时,可发生水解反应放出 HCl,后者在有液相水存在时即成盐酸,造成蒸馏塔顶部低温部位的腐蚀。

$$CaCl_2 + 2H_2O \longrightarrow Ca(OH)_2 + 2HCl$$

$$MgCl_2 + 2H_2O \longrightarrow Mg(OH)_2 + 2HCl$$

当加工含硫原油时,虽然生成的 FeS 能附着在金属表面上起保护作用,但是当有 HCl 存在时,FeS 对金属的保护作用不但被破坏,而且加剧了腐蚀。

$$Fe + H_2S \longrightarrow FeS + H_2$$

$$FeS + 2HCl \longrightarrow FeCl_2 + H_2S$$

（4）影响二次加工原料的质量。

原油中所含的盐类在蒸馏之后会集中于减压渣油中,当渣油进行二次加工时,无论是催化裂化还是加氢脱硫都要控制原料中钠离子的含量,否则将使催化剂中毒。含盐量高的渣油作为延迟焦化的原料时,加热炉炉管内会因盐垢而结焦,产物石油焦也会因灰分含量高而降低等级。

为了减轻原油含盐含水对加工的危害,目前人们对设有重油催化裂化装置的炼厂提出了深度电脱盐的要求:脱后原油含盐量应小于 3 mg/L,含水量应小于 0.2%。

2）原油脱盐脱水原理

原油中的盐大部分能溶于水,为了能脱除悬浮在原油中的盐细粒,在脱盐脱水之前向原油中注入一定量不含盐的清水,充分混合后,在破乳剂和高压电场的作用下,带电荷的水滴向电极方向移动,在移动的过程中液滴变形,使其保护膜因受力不均而遭到破坏。如果乳化液处于交变电场中,水滴的运动方向将不断改变,水滴在电场中反复运动的结果会使保护膜遭到破坏,这样当保护膜遭到破坏的小液滴相遇时,就会聚集成较大的液滴,借重力从油中分离,从而达到脱盐脱水的目的。这一过程通常称为电化学脱盐脱水过程。电化学脱盐脱水实质上是电场—化学破乳—热沉降的联合过程。在我国各油田和炼厂中广泛使用这种方法。

含水的原油是一种比较稳定的油包水型乳状液(图 3-4),之所以不易脱除水,主要是由于它处于高度分散的乳化状态。特别是原油中的胶质、沥青质、环烷酸及某些固体矿物质都是天然的乳化剂,它们具有亲水或亲油的极性基团。因此,极性基团浓集于油水界面而形成牢固的单分子保护膜。

保护膜阻碍了小颗粒水滴的凝聚,使小水滴高度分散并悬浮于油中,只有破坏这种乳化状态,使水珠聚结增大而沉降,才能达到油水分离的目的。

　　水滴的沉降速度符合球形粒子在静止流体中自由沉降的斯托克斯定律[即 $u = \dfrac{d_1^2(\rho_1 - \rho_2)}{18\nu_2\rho_2}g$，式中 u 为水滴沉降速度，m/s；d_1 为水滴直径，m；ρ_1 为水密度，kg/m^3；ρ_2 为原油密度，kg/m^3；ν_2 为原油黏度，m^2/s；g 为重力加速度，m/s^2]。要想增大沉降速度，主要是增大水滴直径和降低油的黏度，并使水与油的密度差增加，前者可通过加破乳化剂和电场力来实现（图 3-5），后者可通过加热来实现。破乳剂是一种与原油中乳化剂类型相反的表面活性剂，具有极性，加入后便削弱或破坏了油水界面的保护膜，并在电场的作用下使含盐的水滴经极化、变形、振荡、吸引、排斥等复杂的作用后，聚成大水滴。另外，将原油加热到 80～120℃，不但可使油的黏度降低，而且可增大水与油的密度差，从而加快水滴的沉降速度。

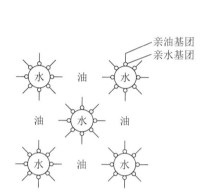

图 3-4　乳化剂形成油包水型乳化液示意图

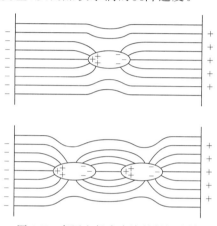

图 3-5　高压电场中水滴的偶极聚结

3）原油电脱盐脱水工艺流程

原油二级电脱盐脱水工艺流程如图 3-6 所示。

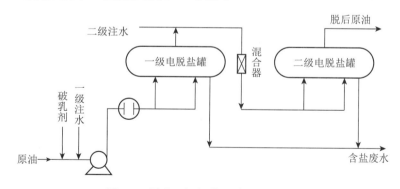

图 3-6　原油二级电脱盐脱水工艺流程

　　原油按比例加入淡水、破乳剂后经原油泵混合，并经换热器加热到预定温度，从底部进入一级电脱盐罐，通过高压电场后，脱水原油从罐顶引出。一级电脱盐罐的脱盐率在90%～95%之间。一级注水是为了溶解悬浮的盐粒，二级注水是为了增大原油中的水量，以增大水滴的偶极聚结力。因此，在进入二级电脱盐罐之前，仍需要注入淡水，经混合器混合后进入二级电脱盐罐底部，再次通过高压电场脱水。脱水后的原油从罐顶流出。

　　脱水原油从电脱盐罐顶部引出，经接力泵送至换热、蒸馏系统。从二级电脱盐罐中脱出的水含盐较少,可将其作为一级电脱盐前所加的水注入原油,以节约新鲜水。从一级电脱盐罐脱出的水由罐底排出后出装置。

原油进入一级和二级电脱盐罐前均需要注水,目的是溶解原油中的结晶盐类并增大原油中的含水量,以增加水滴的偶极聚结力。通常一级注水量为原油量的 $5\%\sim6\%$,二级注水量为原油量的 $2\%\sim3\%$。

电脱盐罐的结构及外观如图 3-7 和图 3-8 所示。

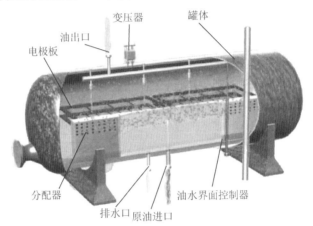

图 3-7　电脱盐罐结构图

图 3-8　电脱盐罐外观图

4) 影响脱盐脱水的因素

针对不同原油的性质、含盐量多少和盐的种类,合理地选用不同的电脱盐工艺参数。

(1) 温度。

温度升高可降低原油的黏度和密度以及乳化液的稳定性,增大水的沉降速度。但若温度过高(>140 ℃),则油与水的密度差反而减小,同样不利于脱水。同时,原油的电导率随温度的升高而增大,所以温度太高时不但不会提高脱盐脱水的效果,反而会因电脱盐罐电流过大而跳闸,影响正常送电。因此,原油脱盐脱水温度一般选为 105~140 ℃。

（2）压力。

脱盐脱水需在一定压力下进行，以避免原油中的轻组分汽化，引起油层搅动，影响水的沉降分离。操作压力视原油中轻馏分含量和加热温度而定，一般为 0.8~2 MPa。

（3）注水量。

在脱盐过程中，注入一定量的水与原油混合，可增加水滴的密度使之更易聚结，同时注水还可以破坏原油乳化液的稳定性，对脱盐有利。注水量一般为 5%~7%。增加注水量，脱盐效果会提高，但注水过多时，会引起电极间出现短路跳闸。

（4）破乳剂和脱金属剂。

破乳剂是影响脱盐率的关键因素之一。近年来随着新油井的开发，原油中的杂质变化很大，而石油炼制工业对馏分油质量的要求越来越高。针对这些情况，许多新型广谱多功能破乳剂问世，它们一般都是由二元以上组分构成的复合型破乳剂，用量一般为 10~30 $\mu g/g$。

为了将原油电脱盐功能扩大，近年来开发了一种新型脱金属剂，它进入原油后能与某些金属离子发生螯合作用，使其从油相转入水相再加以脱除。这种脱金属剂对原油中 Ca^{2+}，Mg^{2+}，Fe^{2+} 的脱除率可分别达到 85.9%，87.5% 和 74.1%，脱后原油含钙量可至 3 $\mu g/g$ 以下，能满足重油加氢裂化对原料油含钙量的要求。由此减少了原油中的导电离子，使原油的电导率降低，也使脱盐的耗电量有所降低。

（5）电场梯度。

单位距离上的电压称为电场梯度。电场梯度越大，破乳效果越好。但当电场梯度大于或等于电场临界分散梯度时，受电分散作用，已聚集的较大水滴又开始分散，脱盐脱水效果变差。我国现在各炼厂采用的实际强电场梯度为 500~1 000 V/cm，弱电场梯度为 150~300 V/cm。

2. 原油脱酸

目前世界原油市场上高酸度原油（总酸度大于 1.0 mg KOH/g）的产量占全球原油总产量的 5% 左右，并且每年还在以 0.3% 的速度增长。随着油田的深度开发，原油酸度还有不断上升的趋势，这给高酸度原油的加工带来极大的困难。

1）加工含酸原油面临的问题

石油中的酸性含氧化合物包括环烷酸、芳香酸、脂肪酸和酚类等，总称为石油酸。环烷酸约占石油酸性含氧化合物的 90%，因此原油中酸的腐蚀主要是环烷酸的腐蚀。

在石油炼制过程中，环烷酸的腐蚀性极强，酸度在 0.5 mg KOH/g 以上时就会产生强烈腐蚀，因此因加工高酸度原油引起的设备腐蚀而造成的泄漏、停车事故时有发生，直接影响着生产安全及运转周期，甚至可能造成巨大的经济损失。

2）原油脱酸的机理

原油中的环烷酸为油溶性的，用一般的方法难以脱除。通过向原油中加入适当的中和剂及增溶剂，使原油中的环烷酸和其他酸与中和剂反应，先转化为水溶性或亲水的化合物即生成盐进入溶剂相及水相，然后在破乳剂的共同作用下，在一定的电场强度和温度下除去。环烷酸脱除及回收的流程如图 3-9 所示。

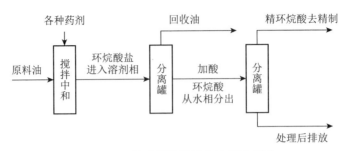

图 3-9 　环烷酸脱除及回收流程示意图

3）影响因素

（1）中和剂的用量。

原油中注中和剂的目的是中和原油中的有机酸,使其生成亲水的盐类,从而使其随着水分的脱除而脱除。因此,中和剂用量的选择非常关键,太大会导致油水乳化严重,造成脱后含水高,太小则不能将有机酸充分中和,降低脱酸率。

（2）破乳剂的用量。

使用中和剂时,随着中和剂用量的增大,中和率提高,原油乳化程度加重,如果再采用一些性能优良的破乳剂,则有助于原油破乳脱水。因此,需要选择合适的破乳剂。破乳剂的作用是破坏原油中形成的乳化膜。对于确定的破乳剂,其破乳作用的效果与破乳剂的用量有关。破乳剂用量的大小取决于原油中乳化膜的多少,必须通过实验才能确定。

（3）增溶剂的用量。

加入增溶剂的目的是促进生成的环烷酸盐在水中溶解,提高脱酸率。合适的增溶剂用量应通过实验确定。

（4）原油脱酸电场强度。

在电场作用下,原油中的乳化液滴沿电场方向极化,各相邻液滴间的静电作用力促使它们聚结下沉。相邻液滴间的聚结力与偶极矩成正比。电场对原油破乳脱水有明显作用,施加适当电压,原油中悬浮的微小水滴迅速聚结下沉。电场强度增大时,微小水滴的聚结作用增强,同时大水滴间的分散作用增大,因此脱酸电场需要综合考虑几方面的相互作用。电场强度一般选为 $900\sim1\,000$ V/cm。

（5）原油脱酸温度。

原油脱酸温度升高时,原油黏度降低,油水界面张力减小,水滴膨胀使乳化膜强度减弱,同时水滴热运动加剧,碰撞结合的机会增多,乳化剂在油中的溶解度增加,所有这些均可导致原油中的乳化水滴破乳聚结,有利于脱酸。合适的脱酸温度为 $110\sim130$ ℃。

（6）注水量。

原油注水的目的是溶解油中的环烷酸盐类,从而使其随着水分的脱除而脱除,因此注水量的选择非常关键,太大会导致脱盐电耗增加,甚至跳闸,造成脱后原油含水量大,太小则不能将油中的环烷酸盐洗除。

六、思考题

（1）原油含盐含水的危害是什么?

（2）原油脱盐脱水原理是什么？

（3）绘出原油电脱盐工艺流程图。

（4）影响脱盐脱水的因素是什么？

任务四　原油常减压蒸馏

一、任务目标

1. 知识目标

（1）了解原油蒸馏生产过程的作用、地位、发展趋势、主要设备结构和特点。

（2）熟悉原油蒸馏生产过程对原料的要求、原油蒸馏的原理和特点、工艺流程和操作影响因素分析。

2. 能力目标

（1）能根据原料的组成、生产方案、工艺过程、操作条件对蒸馏产品的组成和特点进行分析和判断。

（2）能对影响蒸馏生产过程的因素进行分析和判断，进而能对实际生产过程进行操作和控制。

二、案　例

随着原油结构的变化，某炼厂 500×10^4 t/a 常减压蒸馏装置加工原油呈现轻质化趋势，装置原有设备及运行条件已不能满足加工要求，出现初馏塔塔顶负荷上升、加工量降低等矛盾，严重影响正常生产。

三、问题分析

与设计原油性质相比，实际加工混合原油的密度、酸度、凝点、水分含量等均发生了变化（表 4-1），加工原油呈现轻质化趋势。

表 4-1　装置加工混合原油性质

项　目	设计值	实际值
密度/(g·cm^{-3})	0.843	0.824
酸度/(mg·g^{-1})	0.040	0.024
凝点/℃	25.000	14.954
水分含量/%	痕　迹	0.363

由表 4-2 可见，与设计值相比，实际加工原油的产品分布呈现轻质化趋势，其中石脑油及常二线产品收率提高较多，它们的实际值比设计值分别增大 3.06 和 8.63 个百分点。由于轻质组分的含量增多，初馏塔塔顶负荷上升，为了保证不使初馏塔处于超负荷运行的情况

下，只能降量生产。

表 4-2　产品分布和拔出各侧线产品的收率

项　目	切割范围/℃	设计值	设计模拟值	实际值	实际模拟值
铂　料	初馏点～135	7.30	9.22		11.51
汽　油	135～170	4.99	4.78		4.52
石脑油	初馏点～170	12.29	14.00	15.35	16.03
常一线	170～230	9.61	8.30	8.16	9.16
常二线	230～320	11.69	15.77	20.32	16.08
常三线	320～370	10.99	9.88	6.08	8.39
总柴油	230～370	22.68	25.65	26.40	24.47
总减压油	370～500	26.21	24.45	27.54	26.15
减一线	370～380	4.20	1.91	0.04	1.75
减二线	380～420	6.81	7.19	2.44	7.63
减三线	420～460	8.55	8.53	2.78	8.13
减四线	460～500	6.65	6.82	2.65	8.46
渣　油	＞530	23.45	22.53	21.80	24.70
轻拔出率	初馏点～370	44.08	47.95	49.91	49.65
总拔出率	初馏点～530	76.55	77.47	78.00	75.30

注："设计模拟值"为采用设计原油模拟实际操作条件所得的计算值，"实际模拟值"是按实际加工各种原油的实沸点蒸馏累计收率及其加工比例计算所得。

由于加工原料油变轻，在保证常压炉出口温度为 360 ℃的情况下，汽化分率增大，造成加热炉热负荷增加，对流室温度上升。此时，即使各火嘴开到最大位置，火焰不成形，飘忽不定，燃料也不能完全燃烧，而且炉膛时有发黑现象，致使辐射室温度不均匀程度加剧，温差达到 10 ℃以上。

在加工原油轻质化情况下，运行数据分析结果表明，影响装置加工量的"瓶颈"主要集中在初馏系统和常压炉。

四、解决方案

1. 初馏塔塔盘更换

为彻底消除装置在加工轻质原油时初馏塔汽相负荷增大而塔盘升汽能力不足的制约，改造时保持原初馏塔内降液管、受液盘及塔板支撑件不变，只更换全部 26 层塔盘。将塔盘开孔率由以前的 5.00%，14.10%，5.20%分别增大到 8.29%，18.30%，20.50%，浮阀形式不做改动。

2. 初馏塔塔顶系统改造

（1）增大初馏塔塔顶换热器面积。将初馏塔塔顶 3 台并联的原油-初顶油气换热器的壳体直径由 1 000 mm 更换为 1 400 mm，其换热面积由 275 m² 增大到 540 m²，管程流通面积增加 1 倍。这样不仅可解决换热问题,还可使换热器管程阻力降由原来的 0.065 MPa 降低到 0.022 MPa,满足初馏塔塔顶压力不大于 0.060 MPa 的要求。

(2) 增大初馏塔塔顶空冷器面积。改造时将 6 台空冷器(换热面积为 868 m^2)更换为 2 台板式空冷器,每台附带 2 台空冷风机和 2 台循环水泵(换热面积为 2 530 m^2)。

(3) 原初馏塔塔顶回流及产品泵已不能满足要求,改造时对其进行了更换。

3. 常压炉改造

常压炉原有 6 台低压瓦斯燃烧器和 12 台高压瓦斯燃烧器对称分布。改造后采用 4 台低压瓦斯燃烧器、4 台高压瓦斯燃烧器、10 台高低压瓦斯联合燃烧器对称分布。改造后的高低压瓦斯联合燃烧器具备可分别单烧高、低压瓦斯的功能,额定释热量 4.5 MW。

五、结果分析

通过采取增大初馏塔塔盘开孔率,增大初馏塔塔顶换热器及空冷器的面积,更换加热炉的高低压瓦斯联合燃烧器等改造措施,使装置的实际加工能力由改造前的 14×10^4 t/d 提高到 16×10^4 t/d,加工损失量降低,装置运行平稳。常压炉负荷及常压塔进料段以上的汽相负荷达到正常,装置运行平稳。

六、拓展资料

1. 石油蒸馏过程

原油是极其复杂的混合物,要想从原油中提炼出多种多样的燃料油、润滑油和其他产品,基本的途径是:将原油分割成不同沸程的馏分,然后按照油品的使用要求除去这些馏分中的非理想组分,或者经由化学转化形成所需要的组成,进而获得合格的石油产品。因此,炼厂必须解决原油的分割和各种石油馏分在加工过程中的分离问题。蒸馏正是一种合适的手段,而且常常是最经济、最容易实现的分离手段。它能够将液体混合物按其所含组分的沸点或蒸气压的不同而分离成轻重不同的各种馏分,或者是分离成近似纯的产物。

正因为这样,几乎在所有的炼厂中,第一个加工装置都是蒸馏装置,如常减压蒸馏装置等。所谓的原油一次加工,就是指原油蒸馏。借助蒸馏过程,可以按所制订的产品方案将原油分割成相应的直馏汽油、煤油、轻柴油或重柴油馏分及各种润滑油馏分等。这些半成品经过适当的精制和调配便成为合格的产品。

由此可见,蒸馏是炼油工业中一种最基本的分离方法。在炼厂中,可以遇到多种形式的蒸馏操作,可归纳为三种主要类型。

1) 闪蒸(平衡汽化)

进料以某种方式被加热至部分汽化,经过减压设施(减压阀),在一个容器(如闪蒸塔、蒸发塔、蒸馏塔的汽化段等)的空间内,于一定的温度和压力下,气液两相迅速分离,得到相应的气相和液相产物,此过程即称为闪蒸,如图 4-1 所示。

在上述过程中,如果气液两相有足够的时间密切接触,达到了平衡状态,则这种汽化方式称为平衡汽化。在实际生产过程中,并不存在真正的平衡汽化,因为真正的平衡汽化需要气液两相有无限长的接触时间和无限大的接触面积。然而,在适当的条件下,气液两相可以接近平衡,因而可以近似地按平衡汽化来处理。例如,在原油蒸馏装置中,原油流经换热、加热系统,从开始汽化起,每点都可以近似地看作平衡汽化,也就是说,可以把每点的气液两相近似地看作在该点温度、压力条件下处于平衡状态的气液两相处理。

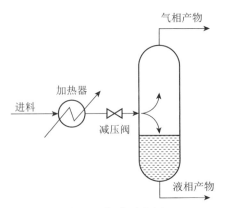

图 4-1　闪蒸示意图

平衡汽化可以使混合物得到一定程度的分离,气相产物中含有较多的低沸点轻组分,而液相产物中则含有较多的高沸点重组分。但这种分离是比较粗略的。

2) 简单蒸馏(渐次汽化)

简单蒸馏是在实验室或小型装置上常用于浓缩物料或粗略分割油料的一种蒸馏方法。如图 4-2 所示,液体混合物在蒸馏釜中被加热,在一定的压力下,当温度到达混合物的泡点时,液体即开始汽化,生成微量蒸气。生成的蒸气当即被引出并经冷凝冷却后收集起来,同时液体继续加热,继续生成蒸气并被引出。这种蒸馏方式称为简单蒸馏或微分蒸馏。

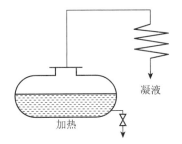

图 4-2　简单蒸馏示意图

在简单蒸馏中,每个瞬间形成的蒸气都与残存液相处于平衡状态(实际上是接近平衡状态),由于形成的蒸气不断被引出,因此在整个蒸馏过程中所产生的一系列微量蒸气的组成是不断变化的。最初得到的蒸气含轻组分最多,随着加热温度的升高,相继形成的蒸气中轻组分的含量逐渐降低,而残存液相中重组分的含量则不断增大。由此可见,借助于简单蒸馏,可以使原料中的轻、重组分得到一定程度的分离。

从本质上看,上述过程是由无穷多次平衡汽化所组成的,是渐次汽化过程。与平衡汽化相比,简单蒸馏所剩下的残存液相是与最后一个轻组分含量不高的微量蒸气相平衡的液相,而平衡汽化所剩下的残存液相则是与全部气相处于平衡状态的液相,因此简单蒸馏所得的液体中的轻组分含量会低于平衡汽化所得的液体中的轻组分含量。换言之,简单蒸馏是多次平衡蒸馏的集合,所以简单蒸馏的分离效果要优于平衡汽化。虽然如此,简单蒸馏的分离程度也还是不高。简单蒸馏是一种间歇过程,而且分离程度不高,一般只在实验室使用。广泛应用于测定油品馏程的恩氏蒸馏可以看作简单蒸馏。

3）精馏

精馏是分离液相混合物的很有效的手段。精馏分为连续精馏和间歇精馏两种,现代石油加工装置中都采用连续精馏。

图 4-3 所示是一连续精馏塔,它有两段:进料段以上是精馏段,进料段以下是提馏段,因而是一个完全精馏塔。精馏塔内装有提供气液两相接触的塔板或填料。塔顶送入轻组分含量很高的液体,称为塔顶回流。通常是把塔顶馏出物冷凝后,取其一部分作为塔顶回流,而其余部分作为塔顶产品。塔底有再沸器,用于加热塔底流出的液体以产生一定量的气相回流,塔底气相回流是轻组分含量很低而温度较高的蒸气。由于塔顶回流和塔底气相回流的作用,沿着精馏塔高度建立了两个梯度:① 温度梯度,即自塔底至塔顶温度逐级下降;② 浓度

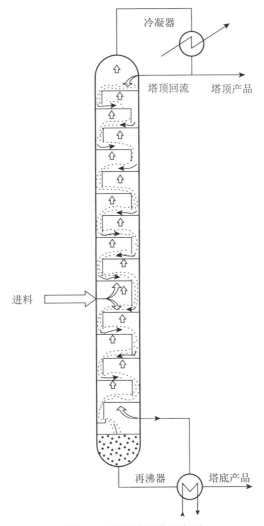

图 4-3　连续精馏塔示意图

梯度,即气液相物流的轻组分含量自塔底至塔顶逐级增大。由于这两个梯度的存在,在每一个气液接触级内,由下而上的较高温度、较低轻组分含量的气相与由上而下的较低温度、较高轻组分含量的液相互相接触,进行传质和传热,达到平衡而产生新的平衡的气液两相,使气相中的轻组分和液相中的重组分分别得到提浓。如此经过多次的气液相逆流接触,最后在塔顶得到较纯的轻组分,而在塔底得到较纯的重组分。这样,不仅可以得到纯度较高的产品,而且可以得到相当高的收率。

连续精馏的分离效果显然远优于闪蒸和简单蒸馏。

由此可见,精馏塔内沿塔高的温度梯度和浓度梯度的建立以及接触设施的存在是精馏过程得以进行的必要条件。

借助于精馏过程,可以得到一定沸程的馏分,也可以得到纯度很高的产品,如纯度可达99.99%的产品。对于石油精馏,一般只要求其产品是有规定沸程的馏分,而不是某个组分纯度很高的产品,或者在一个精馏塔内并不要求同时在塔顶和塔底都出很纯的产品。因此,在炼厂中,有些精馏塔在精馏段还常常抽出一个或几个侧线,也有一些精馏塔只有精馏段或提馏段,前者称为复合塔,而后者称为不完全塔。例如原油常压塔,除了塔顶馏出汽油馏分外,在精馏段还抽出煤油、轻柴油和重柴油馏分(侧线产品)。原油常压塔的进料段以下的塔段与前述的提馏段不同,在塔底只是通入一定量的过热水蒸气以降低塔内油气分压,使一部分带下来的轻馏分蒸发,回到精馏段。由于过热水蒸气提供的热量很有限,轻馏分蒸发时所需的热量主要依靠物流本身温度降低而得,因此,由进料段以下,塔内温度是逐步下降而不是逐步升高的。综上所述,原油常压塔是一个复合塔,同时也是一个不完全塔。

2. 常减压蒸馏流程

原油常减压塔是常减压蒸馏装置的重要组成部分,因此,在讨论常压塔之前先对常减压蒸馏装置的工艺流程进行简要介绍。所谓工艺流程,就是一个生产装置的设备、机泵、工艺管线和控制仪表按生产的内在联系而形成的有机组合。有时为了简单明了起见,在工艺流程图中只列出主要设备、机泵和主要的工艺管线,这就称为原理流程图。

图4-4是典型的原油常减压蒸馏原理流程图。它是以精馏塔和加热炉为主体而组成的所谓管式蒸馏装置。经过脱盐脱水的原油(一般要求原油含水量小于0.5%、含盐量小于10 mg/L)由泵输送,流经一系列换热器,与温度较高的蒸馏产品换热,再经管式加热炉被加热至370 ℃左右,此时原油的一部分已汽化,油气和未汽化的油一起经过转油线进入精馏塔。此塔在接近大气压力下操作,故称为常压塔,相应的加热炉称为常压炉。原油在常压塔里进行精馏,从塔顶馏出汽油馏分或重整原料油,从塔侧引出煤油和轻、重柴油等侧线馏分。塔底产物称为常压重油,一般是指原油中沸点高于350 ℃的重组分,原油中的胶质、沥青质等也都集中在其中。为了取得润滑油和催化裂化原料,需要把沸点高于350 ℃的馏分从重油中分离出来。如果继续在常压下进行分离,则必须将重油加热至四五百摄氏度以上,从而导致重油,特别是其中的胶质、沥青质等不安定组分发生较严重的分解、缩合等化学反应。这不仅会降低产品的质量,而且会加剧设备的结焦而缩短生产周期。为此,将常压重油在减压条件下进行蒸馏,温度条件限制在420 ℃以下。减压塔的残压一般在8.0 kPa左右或更低,它是由塔顶的抽真空系统造成的。从减压塔塔顶逸出的主要是裂化气、水蒸气以及少量的油气,馏分油则从侧线抽出。减压塔塔底产品是沸点很高(500 ℃以上)的减压渣油,原油中绝大部分的胶质、沥青质都集中于其中。减压渣油可作为锅炉燃料、焦化原料,也可进一

步加工成高黏度润滑油、沥青或催化裂化原料。

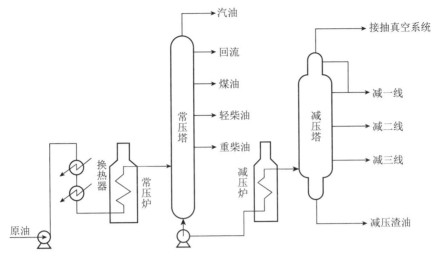

图 4-4　典型原油常减压蒸馏原理流程图

1）原油常压精馏的工艺特征

下面具体讨论原油常压精馏的工艺特征。

（1）复合塔。

原油通过常压蒸馏切割成汽油、煤油、轻柴油、重柴油和重油等几种产品。按照一般的多元精馏办法，需要有 $N-1$ 个精馏塔才能把原料分割成 N 个产品。如图 4-5 所示，当原油需要分成五种产品时，就需要四个精馏塔串联或采用其他方式排列。当要求得到较高纯度的产品，或者说要求分馏精度较高时，这种方案无疑是必要的。但是在石油精馏中，各种产品本身也是一种复杂混合物，它们之间的分馏精度并不要求很高，两种产品之间需要的塔板并不多，如果按照图 4-5 所示的方案，则需要有多个矮而粗的精馏塔，其间通过油、气管线相联。这种方案投资和能耗高，占地面积大，而且这些问题会因生产规模大而显得更为突出。

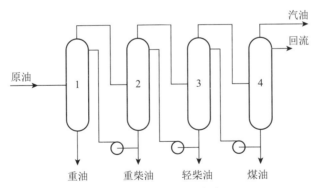

图 4-5　常压塔排列方案

为此，可以把这几个塔结合成一个塔，如图 4-6 所示。这种塔实际上等于把几个简单的精馏塔重叠起来，它的精馏段相当于原来四个简单塔的四个精馏段组合而成，而其下段则相当于塔的提馏段。这样的塔称为复合塔或复杂塔。由于这些石油产品要求的分馏精度不是很高，而且可以采取一些弥补的措施，因而常压塔采用复合塔的形式在实际上是可行的。

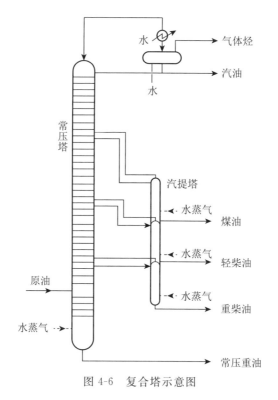

图 4-6 复合塔示意图

（2）汽提塔和汽提段。

在复合塔内，汽油、煤油、柴油（轻、重）等产品之间只有精馏段而没有提馏段，侧线产品中必然会含有相当数量的轻馏分，这样不仅影响侧线产品的质量（如轻柴油的闪点等），而且降低了较轻馏分的收率。为此，在常压塔的外侧，可为侧线产品设汽提塔，如图 4-6 所示，在汽提塔底部吹入少量过热水蒸气以降低侧线产品的油气分压，使混入产品中的较轻馏分汽化而返回常压塔。这样做既可达到分馏要求，也很简便。显然，这种汽提塔与精馏塔的提馏段在本质上有所不同。侧线汽提用的过热水蒸气量通常为侧线产品量的 2％～3％（质量分数）。各侧线产品的汽提塔常常重叠起来，但相互之间是隔开的。

（3）全塔热平衡。

常压塔塔底不用再沸器，其热量来源几乎完全取决于经加热炉加热的进料。虽然汽提水蒸气（一般约 40 ℃）也带入一些热量，但由于只放出部分显热，而且水蒸气量不大，因而这部分热量不大。由这种全塔热平衡的情况可推知以下结果。

① 常压塔进料的汽化率至少应等于塔顶产品和各侧线产品的收率之和，否则不能保证达到要求的拔出率或轻质油收率。在实际设计和操作中，为了使常压塔精馏段最低一个侧线以下的几层塔板（在进料段之上）上有足够的液相回流以保证最低侧线产品的质量，原料油进塔后的汽化率应比塔上部各种产品的总收率略高一些。高出的部分称为过汽化度。常压塔的过汽化度一般为 2％～4％。实际生产中，只要能保证侧线产品质量，过汽化度低一些是有利的，这不仅可以减轻加热炉负荷，而且由于炉出口温度降低，可减少油料的裂化。

② 在常压塔只靠进料供热，同时进料的状态（温度、汽化率）又已被规定的情况下，塔内的回流比实际上已被全塔热平衡所确定。因此，常压塔的回流比是由全塔热平衡决定的，变

化的余地不大。常压塔产品的分馏精度要求不太高,只要塔板数选择适当,在一般情况下由全塔热平衡所确定的回流比已完全能满足精馏的要求。在常压塔的操作中,如果回流比过大,则必然会引起塔的各点温度下降,馏出产品变轻,拔出率下降。

2) 原油减压蒸馏的工艺特征

减压蒸馏的核心设备是减压塔及其抽真空系统。根据生产任务的不同,减压塔可分为润滑油型和燃料型两种。在一般情况下,无论是哪种类型的减压塔,都要求有尽可能高的拔出率。

(1) 减压塔的工艺特征。

对减压塔的基本要求是在尽量避免油料发生分解反应的条件下尽可能多地拔出减压馏分油。做到这一点的关键在于提高汽化段的真空度。为了提高汽化段的真空度,除了需要有套良好的塔顶抽真空系统外,一般还需要采取以下几种措施:

① 降低从汽化段到塔顶的流动压降。这主要依靠减少塔板数和降低气相通过每层塔板的压降实现。减压馏分之间的分馏精度要求一般比常压蒸馏低,因此有可能采用较少的塔板而达到分离的要求,通常在减压塔的两个侧线之间只设 3~5 块精馏塔板就能满足分离的要求;为了降低每层塔板的压降,减压塔内应采用压降较小的塔板,常用的有舌形塔板、网孔塔板、筛板等。近年来,国内外已有不少减压塔部分或全部采用各种形式的填料以进一步降低压降。例如,在减压塔操作时,每层舌形塔板的压降约为 0.2 kPa,用矩鞍环(英特洛克斯)填料时每米填料层高度的压降约为 0.13 kPa,而每米填料层高度的分离能力约相当于 1.5 块理论塔板。

② 降低塔顶油气馏出管线的流动压降。为此,现代减压塔塔顶都不出产品,塔顶管线只供抽真空设备抽出不凝气之用,以减少通过塔顶馏出管线的气体量。因为减压塔塔顶没有产品馏出,故只采用塔顶循环回流而不采用塔顶冷回流。

③ 一般减压塔塔底汽提蒸汽用量比常压塔大,其主要目的是降低汽化段中的油气分压。当汽化段的真空度比较低时,要求塔底汽提蒸汽量较大。但近年来,少用或不用汽提蒸汽的干式减压蒸馏技术有较大的发展。

④ 减压塔汽化段温度并不是常压重油在减压蒸馏系统中所经受的最高温度,此最高温度的部位是在减压炉出口。为了避免油品分解,对减压炉出口温度要加以限制,在生产润滑油时不得超过 395 ℃,在生产裂化原料时不得超过 400~420 ℃,同时在高温炉管内采用较高的油气流速以减少停留时间。如果减压炉到减压塔的转油线的压降过大,则炉出口压力高,使该处的汽化率低,造成重油在减压塔汽化段中由于热量不足而不能充分汽化,从而降低了减压塔的拔出率。降低转油线压降的办法是降低转油线中的油气流速。

⑤ 缩短渣油在减压塔内的停留时间。减压塔塔底减压渣油是最重的物料,如果在高温下停留时间过长,则其分解、缩合等反应会进行得比较显著。其结果是一方面生成较多的不凝气使减压塔的真空度下降,另一方面会造成塔内结焦。因此,减压塔底部的直径常常缩小以缩短渣油在塔内的停留时间。此外,有的减压塔还在塔底打入急冷油以降低塔底温度,减少渣油分解、结焦的倾向。

除了上述为满足“避免分解、提高拔出率”这一基本要求而具有的工艺特征外,减压塔还由于其中的油气的物性特点而反映出另一些特征。

① 在减压下,油气、水蒸气、不凝气的比热容大,比常压塔高出 10 余倍。尽管减压蒸馏时允许采用比常压塔高得多(通常约 2 倍)的空塔线速,但减压塔的直径还是很大。因此,在设计减压塔时需要更多地考虑如何使沿塔高的气相负荷均匀以减小塔径。为此,减压塔一

般采用多个中段循环回流,常常是在每两个侧线之间都设中段循环回流。这样做也有利于回收利用回流热。

② 减压塔处理的油料比较重,黏度比较高,而且可能含有一些表面活性物质,加之塔内的蒸气速度又相当高,因此蒸气穿过塔板上的液层时形成泡沫的倾向比较严重。为了减少泡沫携带,减压塔内的板间距比常压塔大。加大板间距同时也是为了减少塔板数。此外,在塔的进料段和塔顶都设计了很大的气相破沫空间,并设有破沫网等设施。

鉴于上述各项工艺特征,从外形来看,减压塔比常压塔显得粗而短。此外,减压塔的底座较高,塔底液面与塔底油抽出泵入口之间的高差在 10 m 左右,这主要是为了给热油泵提供足够的灌注头。

(2)减压蒸馏的抽真空系统。

减压塔的抽真空设备可以用蒸汽喷射器(也称蒸汽喷射泵或抽空器)或机械真空泵(如液环真空泵),如图 4-7 和图 4-8 所示。蒸汽喷射器结构简单,没有运转部件,使用可靠而无须动力机械,而且水蒸气在炼厂中也是既安全又容易得到的。因此,炼厂中的减压塔广泛采用蒸汽喷射器来产生真空。但是蒸汽喷射器的能量利用效率非常低,仅 2% 左右,其中末级喷射器的效率最低。

图 4-7　某厂蒸汽喷射器减压出口

图 4-8　某厂机械抽真空系统

① 抽真空系统流程。

高压抽真空系统的作用是将塔内产生的不凝气(主要是裂解气和漏入的空气)和吹入的水蒸气连续地抽走以保证减压塔的真空度要求。

常用的采用蒸汽喷射器的抽真空系统的流程如图 4-9 所示。减压塔塔顶出来的不凝气、水蒸气和由它们带出的少量油气首先进入管壳式冷凝器。水蒸气和油被冷凝后排入水封池,不凝气则由一级喷射器抽出,从而在冷凝器中形成真空。由一级喷射器抽来的不凝气再排入中间冷凝器,将一级喷射器排出的水蒸气冷凝。不凝气再由二级喷射器抽出而排入大气。为了消除因排放二级喷射器的水蒸气所产生的噪音以及避免排出的水蒸气的凝结水洒落在装置平台上,常常再设一个后冷器将水蒸气冷凝而排入水井,不凝气则排入大气。图 4-9 所示抽真空系统中的冷凝器是采用间接冷凝的管壳式冷凝器,故通常称为间接冷凝式二级抽真空系统。

② 蒸汽喷射器工作原理。

工作水蒸气通过喷嘴加压形成高速度的气体,水蒸气压力能转变为速度能,与吸入的气体在混合室混合后进入扩散室(图 4-10)。在扩散室中,气体速度逐渐降低,速度能又转变为压力能,从而使抽空器排出的混合气体压力显著高于吸入室压力。

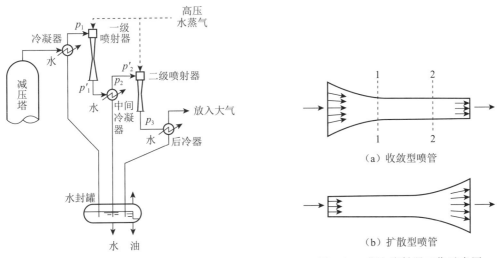

图 4-9　蒸汽喷射器的抽真空系统流程图　　　　图 4-10　蒸汽喷射器工作示意图

蒸汽喷射器吸入气由不凝气、减顶油气和水蒸气组成。当减压塔进料量和减压炉炉温稳定时,不凝气量基本保持不变,减顶油气量和水蒸气量随各自的饱和蒸气压成正比变化,即随吸入温度成对数关系变化。根据道尔顿分压定律,吸入压力等于不凝气、减顶油气和水蒸气三者的分压之和,因而吸入压力必然大于水蒸气分压,即大于吸入温度下的饱和水蒸气压力。在不凝气量和减顶油气量比例很小的假设条件下,极限最低吸入压力为吸入温度下的饱和水蒸气压力,这就是减压塔真空度冬天高、夏天低的原因。这不是因为蒸汽喷射器效率不高,而是因为冷凝器出口温度太高,在湿式减压蒸馏工况下,蒸汽喷射器的吸入真空度会受塔顶冷凝器冷后温度的限制。要想提高真空度,关键在于降低冷凝器冷后温度。

③ 液环真空泵工作原理。

液环真空泵叶轮偏心地装在泵气缸内。启动前在泵气缸内灌入规定高度的液体(工作液),当叶轮旋转时,由于离心力的作用,将液体甩至泵体内壁,形成一个旋转的液体环。由于叶轮与气缸中心是偏心配置的,所以液环的内表面与叶轮轮毂之间形成一个月牙形空间,它被叶片分成若干个容积不等的小室。每个小室的容积随叶轮转动做周期性扩大和缩小。当小室容积逐渐扩大时,气体由外界吸入;当小室容积逐渐缩小时,原先吸入的气体被压缩而排出。这样,叶轮每转一周,叶片与叶片间的小室容积改变一次。每两叶片间的液体好像液体活塞一样往复运动,连续不断地抽吸气体,达到抽真空的目的。

液环真空泵具有高压缩比、高稳定性的优点,同时具有抽气量小、造价高、需定期维护保养的缺点。目前减压塔抽真空系统一般是一、二级抽真空系统继续使用蒸汽喷射器,三级抽真空系统则采用液环真空泵。以某炼厂装置加工量 100×10^4 t/a,开车 8 000 h 计算,通过液环真空泵的使用,水蒸气用量由 37 600 t/a 降至 22 400 t/a,每年不但节约资金 209.27 万元,而且减少污水 15 200 t。

七、思考题

(1)炼油工业中三种蒸馏类型是什么?

(2)精馏塔沿高度建立的两个梯度是什么?

(3)试绘出常减压蒸馏的简易流程图。

(4)减压蒸馏的核心设备是什么?

(5)蒸汽喷射器抽真空的工作原理是什么?

教学项目三

催化裂化

教学目标	知识目标	了解 FCC（催化裂化）反应-再生系统,分馏、吸收和稳定系统的工艺原理及主要设备
	能力目标	能对 FCC 反应-再生系统,分馏、吸收和稳定系统操作过程中的参数进行调节;能对 FCC 反应-再生系统,分馏、吸收和稳定系统操作过程中的异常现象进行分析
	素质目标	引导和培养学生创新意识,培养学生学习的主动性
教材分析	重　点	FCC 反应-再生系统,分馏、吸收和稳定系统的工艺流程
	难　点	FCC 反应-再生系统的运行和参数控制
任务分解	任务五	FCC 反应-再生系统操作
	任务六	FCC 分馏、吸收和稳定系统操作
任务教学设计		
新课导入	通过石油的分馏获得的汽油、煤油、柴油等轻质油的产量仅占石油总产量的 25% 左右,但社会需求的石油产品主要是这些轻质油,特别是汽油,那么在工业采用什么方法来提高轻质油的产量呢?	
新知学习	一、思考一 何谓石油的催化裂化? 它有什么重要意义? 二、讲　解 催化裂化过程。 三、交流一 分馏、催化裂化、裂解的定义分别是什么? 分馏是分离提纯液体有机混合物中沸点相差较小的组分的一种重要方法。分馏在常压下进行,获得低沸点馏分,然后在减压下进行,获得高沸点馏分,属于物理变化。 催化裂化是石油炼制过程之一,是在热和催化剂的作用下使重油发生裂化反应,转变为裂化气、汽油和柴油等的过程。催化裂化是石油炼厂由重油生产汽油的主要过程之一。 裂解又称热裂解或热解,是烃类在高温(700 ℃ 以上)下分子链断裂成小相对分子质量的不饱和烃的过程。 四、思考二 石油催化裂化的设备和主要工艺。 五、交流二 催化裂化吸收和稳定系统流程模拟及优化。	

续表

任务小结	催化裂化	反应-再生系统工艺流程、操作条件及其影响因素 分馏系统工艺流程、操作条件及其影响因素 吸收和稳定系统工艺流程、操作条件及其影响因素
教学反思	本项目学习的重点在于让学生了解催化裂化的重要性和典型生产工艺,并在学习过程中引导学生关注人类面临的与化学相关的社会问题,培养学生的社会责任感和创新能力	

任务五　FCC反应-再生系统操作

一、任务目标

1. 知识目标

(1) 了解FCC(催化裂化)反应-再生系统工艺原理。

(2) 掌握FCC原理及反应-再生系统的构成、主要设备。

2. 能力目标

(1) 能对FCC反应-再生系统操作过程中的参数进行调节。

(2) 能对FCC反应-再生系统操作过程中的异常现象进行分析。

二、案　例

某石化公司0.5 Mt/a重油催化装置于2015年9月建成投产,设计类型为同轴式单段逆流高效再生烧焦技术,按照国家清洁燃料标准生产合格的汽油产品。该装置采用新型MIP工艺,MIP是一种多产异构烷烃、降低汽油烯烃含量的工艺。该装置于2017年11月停工检修时发现沉降器内结焦严重,器壁上焦块厚度约10 cm,旋分器上部与料腿处焦块厚度约0.5 cm,防焦蒸汽环管处基本上被焦炭全部遮掩而形成一处大焦块,清焦时从旋分器料腿下来的焦块中最长约2 m。

三、问题分析

(1) 催化裂化装置结焦是一个复杂的过程,是一系列化学反应和物理变化的综合结果,在刚开始结焦时,管线材质中的铁、镍催化烃类生成焦炭。在这段时间内,金属催化生焦起了较大的作用。随着反应的进行,焦炭逐渐覆盖在管壁表面。同时,由于管壁温度较低,加上近管壁处油气流速较低,油气中的一些重组分凝结成液体,挂在管壁上,因表面粗糙而使流动受到阻碍。在高温下,凝结油气长时间停留会使其中的重芳烃、胶质、沥青质发生脱氢缩合反应,二烯烃发生环化、缩合生成焦炭的反应,这样不断有新的油气凝结,也不断有新的焦炭生成,使焦炭越结越厚。

(2) 原料油的性质是残炭量高,胶质、沥青质含量高,生焦量大。回炼油量增大时,生焦量也会增加。

(3) 重油催化裂化装置提升管出口温度一般控制得比较高,造成大量二次反应发生,并且随着热裂化反应的产生,烯烃含量较高,甚至有部分二烯烃、大分子芳烃缩合及聚合反应产生焦炭。

(4)反应进料不稳定、调节幅度过大、处理量过大时,会引起原料喷嘴的雾化蒸汽量减少,雾化效果变差,导致原料油与催化剂接触不良、分布不均,使重质渣油中的重组分未能充分汽化裂化而以液相雾滴的形式随催化剂带入提升管而产生结焦。

(5)催化剂再生活性过高,选择性不好、重金属污染等均会使生焦量增加。

四、解决方案

(1)选择新型雾化喷嘴(图 3-1),增大雾化蒸汽量,改善雾化效果,使原料油与催化剂均匀接触,从而得到良好的反应效果。

图 5-1 雾化喷嘴

影响原料油雾化效果的因素有:① 喷嘴结构。优异的进料喷嘴应使进料雾滴平均直径接近催化剂的平均粒径,并具有良好的统计分布特征、均匀的空间分布和适宜的运动速度,既保证良好的剂油接触,又不能使催化剂大量破碎,跑损。② 喷嘴气液比。喷嘴气液比越大,原料油雾化效果越好,但气液比太大会限制处理量,并增加生产成本。③ 进料性质。在其他条件相同的情况下,原料油雾滴的粒径随进料黏度和表面张力的增大而增大,随进料密度的增大而变小。因此,进料喷嘴应合理选型并具有一定的操作弹性,进料量应与进料喷嘴工况相匹配。如果进料量过大,气液比就会受到制约;如果进料量过小,因进料段催化剂存在“边壁”效应,剂油接触不良,就会造成进料段结焦。此外,进料喷嘴应采用耐磨材质(尤其是线速高、易冲刷的部位),保证喷嘴内部不堵塞,并选择适宜的喷嘴角度,以确保雾化质量。

(2)采用多喷嘴进料时,各喷嘴的油气量要相对均匀,不能偏流。随着掺渣率的提高,应相应增大雾化蒸汽量,以提高雾化效果,并降低沉降器内油气分压,抑制重质烃类的缩合生焦。

(3)选择合适的反应温度。过高的反应温度会使结焦速度过快,不适宜的低反应温度会使反应油气中高沸点组分增多,结焦增加。

(4)控制适宜的剂油比,使更多的重质烃类转化,提高转化率,减少结焦。

(5)控制适宜的进料温度。原料油预热温度一般大于 180 ℃,同时应使原料油在进料温度下的黏度小于 5 mm^2/s。进料温度过低时,原料油黏度大,雾化不良,使焦炭增多。

（6）提升管注入终止剂。在提升管出口处注入粗汽油作终止剂,可以降低沉降器内部的温度。提升管下部的高温有利于原料的快速汽化,限制多环芳烃在催化剂上的吸附。

（7）采用干气预提升技术,可以减少催化剂水热失活和热崩,以保证催化剂的活性和选择性,减少结焦,并对重金属起钝化作用,抑制污染焦生成。另外,干气中所含有的小分子烷烃、烯烃是经过反应生成的产物,进入提升管后抑制了二次裂解反应速度,减缓了焦炭的生成。

（8）在沉降器增加防焦蒸汽量,使喷嘴指向顶部所有静空间,避免沉降器顶部出现死角。

（9）缩短油气在沉降器内的停留时间,缩短剂油接触时间,改进汽提段设计,采用高效汽提技术,降低待生催化剂含碳量,从而提高剂油比,达到减少结焦的目的。

（10）加强保温和平稳操作,减少热损和操作波动,以减轻沉降器结焦。

五、操作要点

（1）选择合适的反应温度。
（2）控制剂油比。
（3）控制适宜的进料温度。
（4）增加防焦蒸汽量。
（5）缩短油气在沉降器内的停留时间。

六、拓展资料

1. 催化裂化的发展

1）催化裂化的地位

催化裂化是炼厂中提高原油加工深度,生产高辛烷值汽油、柴油和液化气的重要的重油向轻质油转化的工艺过程之一。自世界上第一套催化裂化装置投产后,催化裂化生产已有80多年的历史,经历了若干个具有历史意义的里程碑,不断从低级向高级发展。催化裂化总加工能力已居各种原油转化工艺的前列,其技术复杂程度位居各炼油工艺首位,因而催化裂化装置在炼油工业中占有举足轻重的地位。在我国,几乎所有的炼厂都将催化裂化作为最重要的原油二次加工手段,我国汽油中约75%来自催化裂化。催化裂化在重油转化中发挥了重要的作用,重油催化裂化工艺始终保持着旺盛的生命力。

催化裂化过程是原料在催化剂存在以及470~530 ℃和0.1~0.3 MPa条件下,发生裂化等一系列化学反应,将重油转化成气体及汽油、柴油等轻质油产品和焦炭的工艺过程。催化裂化过程有以下几个特点:

（1）轻质油收率高,可达70%~80%。

（2）催化裂化汽油的辛烷值较高,研究法辛烷值可达85以上(马达法辛烷值达78~80)。

（3）催化裂化柴油的十六烷值较低,常需与直馏柴油调和后才能使用,或者经过加氢精制以满足产品规格要求。

（4）催化裂化气体产品中80%左右是C_3和C_4烃类[称为液化石油气(LPG)],其中丙烯和丁烯占一半以上,这部分产品是优良的石油化工和生产高辛烷值汽油组分的原料。

根据原料、催化剂和操作条件的不同,催化裂化各种产品的收率、组成和性质不同。在我国,一般气体收率为 $10\%\sim20\%$,汽油收率为 $30\%\sim50\%$,柴油收率不超过 40%,焦炭收率为 $5\%\sim7\%$,掺炼渣油时焦炭收率会更高一些。

2) 催化裂化的技术进展

世界上第一套工业意义上的催化裂化装置于 1936 年 4 月 6 日正式投产,采用固定床技术;随后几年中,又陆续出现了移动床和流化床催化裂化技术。1942 年世界上第一套流化床催化裂化装置在美国投产。我国第一套流化床催化裂化装置于 1965 年在抚顺建成投产。20 世纪 70 年代提升管与分子筛催化剂的结合使流化床催化裂化技术发生了质的飞跃:原料范围更宽,产品更加灵活多样,装置操作更稳定。迄今催化裂化装置从规模及技术上都获得了巨大的发展,突出表现在反应-再生形式及催化剂上。

原料在催化剂上进行催化裂化时,一方面通过分解等反应生成气体、汽油等较小分子的产物,另一方面发生缩合反应生成焦炭。这些焦炭沉积在催化剂的表面上,使催化剂的活性下降。因此,经过一段时间的反应后,必须烧去催化剂上的焦炭以恢复催化剂的活性。这种用空气烧去积炭的过程称为再生。由此可见,一套工业催化裂化装置必须包括反应-再生部分。

催化剂在催化裂化的发展中起着十分重要的作用。在催化裂化发展初期,利用天然的活性白土作为催化剂。20 世纪 40 年代起广泛采用人工合成的硅酸铝催化剂,60 年代出现了分子筛催化剂。分子筛催化剂由于具有活性高、选择性和稳定性好等特点,很快就被广泛采用,使催化裂化技术有了跨越性的发展:它除了促进提升管反应技术的发展外,还促进了再生技术的迅速发展。

由于石油仍是不可替代的运输燃料,随着原油的重质化和对轻质燃料需求的增长,发展重油深度转化、增加轻质油产品仍将是 21 世纪炼油行业的重大发展战略。近十几年来,我国催化裂化掺炼渣油量在不断上升,已居世界前列,同时催化剂的制备技术已取得了长足的进步,国产催化剂在渣油裂化能力和抗金属污染等方面均已达到或超过国外水平,在减少焦炭、取出多余热量、催化剂再生、能量回收等方面的技术也有了较大发展。

2. 催化裂化反应-再生系统

催化裂化装置一般由反应-再生系统、分馏系统、吸收和稳定系统组成。

1) 催化裂化的原料

催化裂化的原料范围广泛,可分为馏分油和渣油两大类。馏分油主要是直馏减压馏分油,馏程 $350\sim500$ ℃,也包括少量的二次加工重馏分油,如焦化蜡油等;渣油主要是减压渣油、脱沥青的减压渣油、加氢处理渣油等。渣油都是以一定的比例掺入减压馏分油中进行加工,其掺入比例主要受制于原料的金属含量和残炭值。对于一些金属含量很低的石蜡基原油,也可以直接用常压重油作为原料。当减压馏分油中掺入渣油时,通常称为重油催化裂化(RFCC)。1995 年以后我国新建的装置均为掺炼渣油的重油催化裂化。

通常评价催化裂化原料的指标有馏分组成、特性因数 K、相对密度、苯胺点、残炭值、含硫量、含氮量、金属含量等。其中,残炭值、金属含量和含氮量对重油催化裂化的影响最大。

2) 催化裂化反应

石油馏分在固体催化剂上进行的催化反应是一个复杂的物理化学过程。这种复杂性主要表现在石油馏分是由各族烃组成的,各种单体烃分别进行多种反应,并且互相影响;此外,还表现在烃类在固体催化剂上的反应不仅与化学过程有关,而且与原料分子在固体表面上的吸附、扩散等传递过程有关。

烃类的催化裂化反应与热裂化反应具有不同的反应机理。热裂化反应是通过复杂的链式自由基机理进行的,而催化裂化反应是通过正碳离子中间体进行的。所谓正碳离子,是指含有一个带正电荷的碳原子的烃离子。正碳离子的稳定性大小顺序为:叔正碳离子＞仲正碳离子＞伯正碳离子＞甲基正碳离子。

（1）单体烃的催化裂化反应。

① 烷烃。

烷烃在催化裂化条件下主要发生分解反应,生成小分子的烷烃和烯烃。烷烃的分子越大,其分解速度越快,这是因为大分子烷烃的 C—C 键越靠近分子中央,强度越弱,越容易断裂。异构烷烃的分解速度比正构烷烃快,反应生成小分子的异构烷烃和烯烃。

烷烃分解生成的烷烃和烯烃还将继续反应下去。烷烃分解时,分子中碳链两端的 C—C 键很少发生断裂,所以裂化反应产物中 C_1 和 C_2 含量很低,而 C_3 和 C_4 含量很高。

② 环烷烃。

环烷烃在催化裂化条件下发生的主要反应有分解、脱氢和异构化。环烷烃的分解反应是环的断裂,且生成烯烃,生成的烯烃可继续反应。如果环烷烃带有较长的侧链,则侧链发生断裂,分解速度较快,与异构烷烃相似。

六元环烷烃经过脱氢生成芳烃;五元环烷烃可先异构成六元环烷烃,然后脱氢生成芳烃。

双环环烷烃发生断环、脱氢、脱烷基和异构化反应,生成单环芳烃、环烷烃和烷烃。

与烷烃类似,环烷烃分解时产物中几乎没有小于 C_3 的分子。

③ 芳烃。

芳香环本身十分稳定,在催化裂化条件下不发生反应,如苯、萘就难以进行反应。但是,带侧链的芳烃随着侧链的增多和增长,脱烷基和断链的速度加快。断链的位置主要发生在侧链同苯环连接的键上,生成单环芳烃和烯烃。

多环芳烃的裂化反应速度很低,主要发生缩合反应,生成稠环芳烃,最后可缩合成焦炭,同时放出氢气使烯烃饱和。

④ 烯烃。

烯烃是一次分解反应的产物。烯烃很活泼,反应速度快,在催化裂化过程中是一种重要的中间产物和最终产物。

烯烃发生的主要反应是分解反应,生成两个较小分子的烯烃,同时还有异构化、芳构化和氢转移反应。烯烃的异构化包括分子骨架的改变和双键的位移。烯烃的芳构化反应是指烯烃环化脱氢生成芳烃的反应。氢转移反应是催化裂化的特征反应之一。氢转移反应由烯烃接受一个质子酸中心形成正碳离子开始。此正碳离子从供氢分子中抽取一个负氢离子生成一个烷烃,供氢分子则形成一个新的正碳离子,并继续反应。氢转移的结果使一些不饱和的分子变成饱和分子,同时使另一些不饱和分子变成不饱和度更大的分子。氢转移反应有利于芳构化反应的进行,对提高汽油辛烷值和安定性有利。

若是分子较大的烯烃或芳烃,则将会在环化与缩合的同时放出氢原子,使烯烃和二烯烃得到饱和,而其本身最后变成焦炭。缩合是新的 C—C 键生成及分子质量增加的反应。叠合也是一种缩合反应,属于缩合的特殊情况。缩合反应在催化裂化中起到重要的作用。焦炭生成就是一种缩合反应。从单烯烃生成焦炭的途径是先环化、脱氢生成芳烃,一旦芳烃生成,就可与其他芳烃缩合生成焦炭。

综上所述,各种单体烃在催化剂存在下的化学反应包括分解反应、异构化反应、芳构化反应、氢转移反应和缩合反应。在这些反应中,分解反应是最主要的反应,催化裂化正是因此而得名,这也是催化裂化工艺成为重油轻质化重要手段的根本依据。各类烃的分解速度由大到小依次为:烯烃>环烷烃、异构烷烃>正构烷烃>芳烃。氢转移反应使催化汽油的饱和度提高、安定性变好;异构化反应和芳构化反应是催化汽油辛烷值高的重要原因。

(2)石油馏分的催化裂化反应。

石油馏分催化裂化的结果并非是各单体烃类单独反应的综合结果,因为任何一种烃类的反应都将受到同时存在的其他烃类反应的影响。更重要的是,某种烃类的反应速度不仅与本身的化学反应速度有关,而且与它们在催化剂表面上的吸附和脱附性能有关。烃类的催化裂化反应是在催化剂表面上进行的。在气-固非均相催化反应中,反应历程包括 7 个步骤:① 油气流扩散到催化剂的外表面(外扩散);② 从催化剂外表面经催化剂微孔扩散到活性中心(内扩散);③ 在催化剂活性中心发生化学吸附;④ 在催化剂的作用下进行化学反应;⑤ 生成的反应产物从催化剂表面上脱附下来;⑥ 产物经催化剂微孔扩散到外表面(内扩散);⑦ 产物从催化剂的外表面扩散到流体体相(外扩散)。由此可见,烃类进行催化裂化反应的先决条件是在催化剂表面上的吸附。不同烃分子在催化剂表面上的吸附能力不同。大量实验证明,对于碳原子数相同的各族烃,吸附能力的强弱顺序为:稠环芳烃>稠环环烷烃>烯烃>单烷基单环芳烃>单环环烷烃>烷烃。对于同族烃分子,相对分子质量越大,则越容易被吸附。如果按化学反应速度的高低进行排列,则大致情况为:烯烃>大分子单烷基侧链的单环芳烃>异构烷烃和环烷烃>小分子单烷基侧链的单环芳烃>正构烷烃>稠环芳烃。

综合上述两种排列顺序可知,石油馏分中的芳烃虽然吸附能力强,但反应能力弱,它首先吸附在催化剂表面上,占据了相当的表面积,阻碍了其他烃类的吸附和反应,而且由于长时间停留在催化剂上,进行缩合生焦,不再脱附,使催化剂活性降低,从而使整个石油馏分的反应速度变慢。原料中的烷烃虽然反应速度较快,但吸附能力弱,对原料反应的总效应不利。环烷烃既具有一定的吸附能力,又具有适宜的反应速度,可以认为富含环烷烃的石油馏分是催化裂化的理想原料。

石油馏分的催化裂化反应是复杂反应,这是它的另一个特点。各类烃的反应可同时向几个方向进行,而且初次反应的产物(即中间产物)又会继续反应,从反应工程观点来看,这种反应属于平行-顺序反应。因此,石油馏分的催化裂化反应是一种复杂的平行-顺序反应。

3)催化裂化反应-再生工艺

工业催化裂化装置的反应-再生系统在流程、设备、操作方式等方面多种多样,各有其特点。图 5-2 是馏分油高低并列式提升管催化裂化装置反应-再生系统工艺流程。

新鲜原料经换热后与回炼油混合,经加热炉加热至 200～400 ℃后至提升管反应器下部的喷嘴,原料由蒸汽雾化并喷入提升管内,在其中与来自再生器的高温催化剂(600～750 ℃)相遇,立即汽化并进行反应。油气与雾化蒸汽及预提升蒸汽一起以 4～7 m/s 的入口线速携

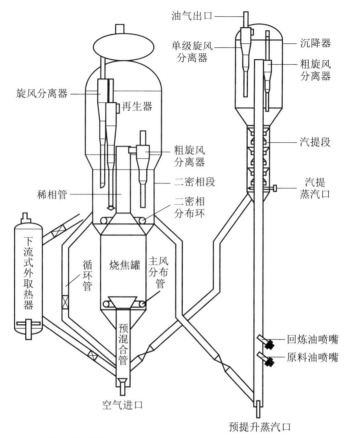

油气出口

单级旋风
分离器

沉降器

粗旋风
分离器

旋风分离器

再生器

汽提段

粗旋风
分离器

二密相段

汽提
蒸汽口

稀相管

二密相
分布环

下流式外取热器

循环管

烧焦罐

主风
分布管

回炼油喷嘴

原料油喷嘴

预混合管

空气进口

预提升蒸汽口

图 5-2   馏分油高低并列式提升管催化裂化装置反应-再生系统工艺流程

带催化剂沿提升管向上流动,在 470~510 ℃的反应温度下停留 2~4 s,以12~18 m/s的高线速通过提升管出口,经快速分离器进入沉降器,夹带少量催化剂的反应产物与蒸汽的混合气经若干组两级旋风分离器进入集气室,通过沉降器顶部出口进入分馏系统。

经快速分离器分出的积有焦炭的催化剂(称待生剂)由沉降器落入下部的汽提段,经旋风分离器回收的催化剂通过料腿也流入汽提段。汽提段内装有多层人字形挡板并在底部通入过热水蒸气。待生剂上吸附的油气和颗粒之间的油气被水蒸气置换出来而返回上部。经汽提后的待生剂通过待生斜管、待生单动滑阀以切线方式进入再生器。

再生器的主要作用是用空气烧去催化剂上的积炭,使催化剂的活性得以恢复。再生所用空气由主风机供给,空气通过再生器下部的辅助燃烧室及分布管进入流化床层。待生剂在 640~700 ℃的温度下进行流化烧焦,再生器维持 0.137~0.177 MPa(表压)的顶部压力。床层线速为 0.8~1.2 m/s。再生后的催化剂(称再生剂)流入淹流管,经再生斜管和再生单动滑阀进入提升管反应器循环使用。对于热平衡式装置,辅助燃烧室只是在开工升温时才使用,正常运转时并不用于燃烧油,只是一个空气通道。

烧焦产生的再生烟气经再生器稀相段进入旋风分离器,经两级旋风分离除去夹带的大部分催化剂后烟气通过集气室(或集气管)和双动滑阀排入烟囱(或去能量回收系统)。回收的催化剂经料腿返回床层。在加工生焦率高的原料,如含渣油的原料时,因焦炭收率高,再生器的热量过剩,须在再生器设取热设施以取走过剩的热量。

在生产过程中,催化剂会有损失及失活,为了维持系统内催化剂的藏量和活性,需要定期或经常地向系统补充或置换新鲜催化剂。在置换催化剂及停工时,还要从系统卸出催化剂。为此,装置内至少应设两个催化剂储罐:一个是供加料用的新鲜催化剂储罐;一个是供卸料用的热催化剂储罐。装卸催化剂时采用稀相输送的方法,输送介质为压缩空气。

反应-再生系统的主要控制手段有:

(1)由气压机入口压力调节汽轮机转速控制富气流量以维持沉降器顶部压力恒定。

(2)以两器(提升管反应器和再生器)压差作为调节信号由双动滑阀控制再生器顶部压力。

(3)由提升管反应器出口温度控制再生滑阀开度来调节催化剂循环量。由待生滑阀开度根据系统压力平衡要求控制汽提段料位。

在流化床催化裂化装置的自动控制系统中,除了有与其他炼油装置相类似的温度、压力、流量等自动控制系统外,还有一整套维持催化剂正常循环的自动控制系统和在流化失常时起作用的自动保护系统(简称自保系统)。自保系统通常有多个,如反应器进料低流量自保系统、主风机出口低流量自保系统、两器压差自保系统等。以反应器进料低流量自保系统为例:当进料量低于某个下限值时,在提升管内就不能形成足够低的密度,正常的两器压差平衡被破坏,催化剂不能按规定的路线进行循环,而且会发生催化剂倒流并使油气大量带入再生器而引发事故。此时,进料低流量自保系统就自动进行以下动作:切断反应器进料并使进料返回原料罐(或中间罐),向提升管通入事故蒸汽以维持催化剂的流化和循环。

3. 催化裂化催化剂

催化剂是一种能够改变化学反应速率,而不改变化学反应平衡,本身在化学反应中不被明显消耗的化学物质。催化剂的作用是促进化学反应速率,从而提高反应器的处理能力。另外,催化剂能有选择性地促进某些反应速率。因此,催化剂对产品收率分布及质量起着重要作用。

1)催化裂化催化剂的种类、组成

(1)无定型硅酸铝催化剂。

无定型硅酸铝催化剂包括活性白土和合成无定型硅酸铝催化剂,是一系列含少量水的由不同比例的氧化硅(SiO_2)和氧化铝(Al_2O_3)所组成的复杂化合物,它们具有孔径大小不一的许多微孔,一般平均孔径为 $4\sim7$ nm,新鲜硅酸铝催化剂的比表面积可达 $500\sim700$ m²/g。

(2)分子筛催化剂。

分子筛是一种水合结晶型硅酸盐,具有均匀的微孔,其孔径与一般分子的大小相当,由于其可用来筛分大小不同的分子,故得名,也称沸石、分子筛沸石或沸石分子筛。分子筛包括天然和人工合成两类,通常是白色粉末,粒度为 $0.5\sim1.0$ μm 或更大,无毒、无味、无腐蚀性,不溶于水和有机溶剂,溶于强酸和强碱。

分子筛具有独特的规整晶体结构,其中每类分子筛都具有一定尺寸、形状的孔道结构,并具有较大的比表面积。大部分分子筛表面具有较强的酸中心,同时晶孔内有强大的静电场起极化作用。这些特性使其成为性能优异的催化剂。

分子筛的化学组成可表示如下：

$$M_{2/n}O \cdot Al_2O_3 \cdot xSiO_2 \cdot yH_2O$$

式中　M——金属阳离子或有机阳离子，人工合成时通常为 Na；

　　　n——金属阳离子的价数；

　　　x——1 mol Al_2O_3 对应的 SiO_2 的物质的量，即 SiO_2 与 Al_2O_3 的物质的量比，称为硅铝比；

　　　y——结晶水的物质的量。

分子筛按其组成及晶体结构的不同可分为多种类型，其中最常见有 4A，5A，13X，Y，ZSM-5 等。目前，应用于催化裂化的主要是 Y 型分子筛。

把 5%～20% 的分子筛分散到某些起分散作用的载体（低铝或高铝硅酸铝）上所形成的催化剂就称为分子筛催化剂。工业上大多使用这种分子筛催化剂。

2）催化裂化催化剂的使用性质

（1）活性。

催化剂加快化学反应速率的能力称为活性。分子筛催化剂的活性比无定型硅酸铝催化剂高得多，原因如下：一是分子筛活性中心浓度较高；二是分子筛具微孔结构，吸附性强，在酸中心附近烃浓度较高；三是在分子筛孔中静电场作用下，通过 C—H 键极化促使正碳离子生成和反应。

（2）选择性。

催化剂增加目的产物或改善产品质量的性能称为选择性。催化裂化的主要目的产物是汽油，因此催化剂的选择性可以用汽油收率/焦炭收率或汽油收率/转化率来表示。对于活性高的催化剂，其选择性不一定好，所以评价催化剂好坏时不仅要考虑它的活性，还要考虑它的选择性。

分子筛催化剂的选择性优于无定型硅酸铝催化剂。

（3）稳定性。

催化剂在反应-再生过程中由于高温和水蒸气的反复作用，催化剂孔径、比表面积等物理性质发生变化，导致活性下降，催化剂在使用过程中保持其活性及选择性的性能称为稳定性。

（4）抗重金属污染性能。

原料中镍、钒、铁、铜等金属盐类在反应中会分解沉积在催化剂的表面上，使催化剂的活性降低、选择性变差，从而导致汽油、液化气收率下降，干气及焦炭收率上升，干气中含氢量显著增加。

3）催化裂化催化剂的失活与再生

（1）失活。

在反应-再生过程中，催化剂的活性和选择性不断下降，此现象称为催化剂的失活。催化剂失活的原因主要有三种：高温或高温下与水蒸气的作用、裂化反应生焦、毒物的毒害。

（2）再生。

催化剂失活到一定程度后就需要再生。对于无定型硅酸铝催化剂，要求再生后催化剂（再生剂）的含碳量降至 0.5% 以下，对于分子筛催化剂则一般要求降至 0.2% 以下，而对于超稳 Y 型分子筛催化剂则要求降至 0.05% 以下。通过再生可以恢复催化剂由于结焦而丧失的活性,但不能恢复由于结构变化及金属污染而引起的失活。催化剂的再生过程决定着整个装置的热平衡和生产能力,因此在研究催化裂化时必须十分重视催化剂的再生问题。

4. 催化裂化的产品

催化裂化的产品包括气体产物、液体产物和焦炭。

1) 气体产物

在一般工业条件下,气体收率为 $10\% \sim 20\%$(质量分数),其中含有 H_2,H_2S 和 $C_1 \sim C_4$ 气体等组分。$C_1 \sim C_2$ 气体称为干气,占气体总量的 $10\% \sim 20\%$(质量分数),其余的 $C_3 \sim C_4$ 气体称为液化气(或液态烃),其中烯烃含量可达 50% 左右。液化气是重要的民用燃料气来源。

2) 液体产物

液体产物包括汽油、柴油、回炼油、油浆。一般汽油收率为 $30\% \sim 60\%$(质量分数),柴油收率为 $0\% \sim 40\%$(质量分数),油浆收率为 $5\% \sim 10\%$(质量分数)。催化裂化汽油的研究法辛烷值为 $80 \sim 90$,安定性较好;柴油的十六烷值比直馏柴油低,只有 $25 \sim 35$,而且安定性很差,这类柴油需经过加氢处理,或与质量好的直馏柴油调和后才能符合轻柴油的质量要求。

3) 焦炭

一般焦炭收率为 $5\% \sim 7\%$(质量分数),重油催化裂化的焦炭收率可达 $8\% \sim 10\%$(质量分数)。焦炭是缩合产物,它沉积在催化剂的表面上,使催化剂失活,所以要用空气将其烧去以使催化剂恢复活性,因而焦炭不能作为产品分离出来。

七、思考题

(1) 催化裂化装置主要由哪三部分构成?

(2) 评价催化裂化原料的性质主要有哪些?

(3) 简述催化裂化催化剂的分类和组成。

(4) 催化裂化的产品主要有哪些?

任务六   FCC 分馏、吸收和稳定系统操作

一、任务目标

1. 知识目标

(1) 了解分馏、吸收和稳定系统的设备构成。

(2) 理解分馏、吸收和稳定系统操作的原理及应用。

2. 能力目标

(1) 能对分馏、吸收和稳定系统操作过程中的参数进行调节。

(2) 能对分馏、吸收和稳定系统操作过程中的异常现象进行分析。

二、案　例

某石化公司 300×10^4 t/a 重油催化裂化装置的吸收和稳定系统主要利用粗汽油与压缩富气,产出合格的液态烃、汽油和干气。由于操作条件变化,吸收和稳定系统存在吸收过度、解吸效果不好的问题,导致液态烃带 C_2。液态烃带 C_2 会严重影响气分加工量及丙烯收率。

三、问题分析

对装置 2018 年 2 月液态烃中 C_2 含量进行统计及对比,结果见表 6-1。

表 6-1　优化操作前液态烃中 C_2 含量

时　间	2月1日	2月2日	2月3日	2月4日	2月5日	2月6日	2月7日	2月8日	2月9日	2月10日
液态烃中 C_2 含量/%	0.2	0.3	0.38	0	0.3	0.1	0.6	0	1.0	0.3

从表 6-1 中可以看出,液态烃中 C_2 含量较高,给气分操作带来困难,同时影响丙烯收率。

优化目标:优化吸收和稳定操作,降低液态烃中 C_2 含量,使液态烃中 C_2 平均含量降低到 0.18%。

影响液态烃中 C_2 含量的因素主要有三个方面:装置岗位操作人员未根据操作条件改变而调整操作;岗位操作波动过大,对于工艺参数未找到一个最佳的范围,即工艺参数未优化;季节温差大,未及时调整空冷设备。经装置岗位操作人员统计及分析得出,影响液态烃中 C_2 含量的最主要原因是工艺参数未优化。

四、解决方案

采用正交实验方法优化工艺参数。选定脱吸塔塔底温度、脱吸塔塔顶压力、吸收塔塔顶温度、吸收液气比为实验因素,并根据实际情况选定位级(表 6-2)。

表 6-2　正交实验因素位级表

序　号	脱吸塔塔底温度/℃	脱吸塔塔顶压力/MPa	吸收塔塔顶温度/℃	吸收液气比
1	127	1.48	37	5.0
2	129	1.49	40	5.5
3	131	1.50	41	6.0

根据正交实验因素位级情况,选择正交表安排实验并制订实验方案(表 6-3)。

表 6-3　正交实验表

实验号	A（脱吸塔塔底温度/℃）	B（脱吸塔塔顶压力/℃）	C（吸收塔塔顶温度/℃）	D（吸收液气比）	液态烃中 C_2 含量 /%
1	1	1	2	3	0.40
2	2	1	3	1	0.20
3	3	1	1	2	0.30

实验号	A (脱吸塔塔底温度/℃)	B (脱吸塔塔顶压力/℃)	C (吸收塔塔顶温度/℃)	D (吸收液气比)	液态烃中 C_2 含量/%
4	1	2	3	1	0.40
5	2	2	1	3	0.30
6	3	2	2	2	0.10
7	1	3	1	3	0.60
8	2	3	2	1	0.15
9	3	3	3	2	0.20
K_1	1.40	0.90	1.20	0.75	
K_2	0.85	0.80	0.65	0.60	
K_3	0.65	0.95	0.80	1.30	
K_4	0.47	0.30	0.40	0.25	
K_5	0.28	0.27	0.22	0.20	
K_6	0.22	0.32	0.27	0.43	
$R(\max-\min)$	0.25	0.05	0.15	0.23	

注: $K_i(i=1\sim6)$ 表示每个因素各个水平下的指标总和。

由表 6-3 可以看出,6 号实验的液态烃中 C_2 含量最低,其组合为 A3B2C2D2。通过比较级差 R 的大小可得到各因素对液态烃中 C_2 含量的影响程度大小顺序(表 6-4)。

表 6-4 级差表

项 目	顺 序
R	$0.25>0.23>0.15>0.05$
各因素影响程度	A>D>C>B,即脱吸塔塔底温度>吸收液气比>吸收塔塔顶温度>脱吸塔塔顶压力

由正交实验得出最佳操作条件是:脱吸塔塔底温度 131 ℃,脱吸塔塔顶压力 1.49 MPa,吸收塔塔顶温度 40 ℃,吸收液气比 5.5。

五、结果分析

通过优化操作,液态烃中 C_2 含量明显降低(表 6-5)。

表 6-5 优化前后液态烃中 C_2 含量对照表

项 目	液态烃中 C_2 含量/%									
优化前	0.2	0.3	0.38	0	0.3	0.1	0.6	0	1.0	0.3
优化后	0.1	0	0.18	0.3	0	0	0.4	0.1	0.2	0

假设气分排脱乙烷气按每排 1 t C_2 携带 0.4 t 丙烯计算,优化前液态烃中 C_2 含量取 0.38%,优化后液态烃中 C_2 含量取 0.18%,全年加工时间 8 000 h,液态烃产量 50 t/h,丙烯价格 5 500 元/t,则全年可以创造经济效益 8 000×50×(0.38%−0.18%)×0.4×0.55 万元＝176 万元。

六、拓展资料

1. 分馏系统、吸收和稳定系统及能量回收系统流程

1）分馏系统

分馏系统中,由反应器来的 460~510 ℃反应产物油气从分馏塔底部进入塔内,经底部的脱过热段后在分馏段分割成几种中间产品:塔顶产品为汽油及富气,侧线产品为轻柴油、重柴油和回炼油,塔底产品为油浆。

为了避免分馏塔塔底结焦,分馏塔塔底温度应控制在不超过 380 ℃。循环油浆用泵从脱过热段底部抽出后分成两路:一路直接送进提升管反应器回炼,若不回炼,则可经冷却后送出装置;另一路先与原料油换热,再进入油浆蒸汽发生器,大部分作为循环回流返回脱过热段上部,小部分返回分馏塔塔底,以便调节油浆取热量和塔底温度。

若在塔底设油浆澄清段,则可脱除催化剂后出澄清油,作为生产优质炭黑和针状焦的原料。浓缩的稠油浆可用回炼油稀释后送回反应器进行回炼并回收催化剂;若不回炼,也可送出装置。

轻柴油和重柴油分别经汽提及换热、冷却后出装置。

催化裂化装置的分馏塔有以下几个特点:

(1)进料是带有催化剂粉尘的过热油气,因此塔底设有脱过热段,用冷却到 280 ℃左右的循环油浆与反应油气经人字挡板逆流接触。其作用:一方面洗掉反应油气中携带的催化剂,避免塔盘堵塞;另一方面回收反应油气的过剩热量,使油气由过热状态变为饱和状态以进行分馏。因此,脱过热段又称冲洗冷却段。

(2)全塔的剩余热量大且产品的分离精度要求比较容易满足。分馏塔一般设有多个循环回流:塔顶循环回流、1~2 个中段循环回流、油浆循环回流。全塔回流取热分配比例随催化剂和产品方案的不同而有较大的变化。如果将无定型硅酸铝催化剂改为分子筛催化剂,则回炼比减小,进入分馏塔的总热量减少。如果将多产柴油方案改为多产汽油方案,则回炼比也减少,进入塔的总热量亦减少。另外,入塔温度提高后,汽油产量增加,使得油浆回流取热和顶部取热的比例提高。一般来说,回炼比越大的分馏塔上下负荷差别越大,回炼比越小的分馏塔上下负荷趋于均匀。在设计中,全塔常用上小下大两种塔径。

(3)需要尽量减小分馏系统压降,提高富气压缩机的入口压力。分馏系统压降包括油气从沉降器顶部到分馏塔的管线压降、分馏塔内各层塔板的压降、塔顶油气管线到冷凝冷却器的压降、油气分离器到气压机入口管线的压降等。为减少塔板压降,一般采用舌型塔板。为稳定塔板压降,回流控制产品质量时采用固定流量,利用三通阀调节回流油温度的控制方法,避免回流量波动对压降造成影响。为减少塔顶油气管线和冷凝冷却器的压降,塔顶回流采用循环回流而不用冷流。由于分馏塔各段回流比小,为解决开工时的漏液问题,有些装置在塔中段采用浮阀塔板,以便顺利地建立中段回流。

2）吸收和稳定系统

吸收和稳定系统主要由吸收塔、再吸收塔、解吸塔及稳定塔组成。从分馏塔塔顶油气分离器出来的富气中带有汽油组分,而粗汽油中则溶解有 C_3 和 C_4 组分。吸收和稳定系统的作用是利用吸收和精馏的方法将富气和粗汽油分离成干气、液化气和蒸气压合格的稳定汽

油。吸收和稳定系统的工艺流程如图 6-1 所示。

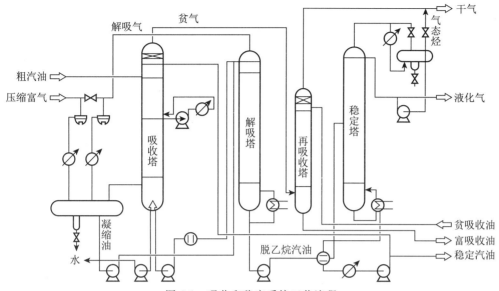

图 6-1 吸收和稳定系统工艺流程

从分馏系统来的富气经气压机两段加压到 1.6 MPa(绝压),再经冷凝冷却后与来自吸收塔底部的富吸收油以及解吸塔顶部的解吸气混合,然后进一步冷却到 40 ℃,进入平衡罐(或称油气分离器)进行平衡汽化。气液平衡后不凝气和凝缩油分别送去吸收塔和解吸塔。为了防止硫化氢和氮化物对后续设备的腐蚀,在冷凝冷却器的前、后管线上以及对粗汽油都打入软化水进行洗涤,污水分别从平衡罐和粗汽油水洗罐排出。

吸收塔操作压力约 1.4 MPa(绝压)。粗汽油作为吸收剂由吸收塔的 20 或 25 层塔板打入。稳定汽油作为补充吸收剂由塔顶打入。从平衡罐来的不凝气进入吸收塔底部,自下而上与粗汽油、稳定汽油逆流接触,气体中 C_3 及以上组分大部分被吸收(同时也吸收了部分 C_2)。吸收是放热过程,较低的操作温度对其有利,故在吸收塔设两个中段回流。吸收塔塔顶出来的携带有少量吸收剂(汽油组分)的气体称为贫气,它经压力控制阀去再吸收塔,经再吸收塔用轻柴油馏分作为吸收剂回收后返回分馏塔。从再吸收塔塔顶出来的干气送到瓦斯管网。再吸收塔的操作压力约 1.0 MPa(绝压)。

富吸收油中含有 C_2 组分,不利于稳定塔的操作。解吸塔的作用是将富吸收油中的 C_2 组分解吸出来。富吸收油和凝缩油从平衡罐底部抽出,与稳定汽油换热到 80 ℃后进入解吸塔顶部。解吸塔操作压力约 1.5 MPa(绝压)。解吸塔底部由重沸器供热(用分馏塔的一中循环回流作热源)。塔顶出来的解吸气除含有 C_2 组分外,还有相当数量的 C_3 和 C_4 组分,与压缩富气混合后经冷却进入平衡罐,重新平衡后又送入吸收塔。塔底为脱乙烷汽油。脱乙烷汽油中 C_2 含量应严格控制,否则带入稳定塔过多的 C_2 组分会恶化稳定塔塔顶冷凝冷却器的效果,被迫排出不凝气而损失 C_3 和 C_4 组分。

稳定塔实质上是一个从 C_5 以上的汽油中分出 C_3 和 C_4 组分的精馏塔。脱乙烷汽油与稳定汽油换热到 165 ℃后打到稳定塔中部。稳定塔底部由重沸器供热(常用分馏塔的一中循环回流作热源),将脱乙烷汽油中的 C_4 以下轻组分从塔顶蒸出,得到以 C_3 和 C_4 组分为主的液化气,经冷凝冷却后一部分作为塔顶回流,另一部分送去脱硫后出装置。塔底产品是蒸气压合格的稳定汽油,先后与脱乙烷汽油、解吸塔进料油换热,然后冷却到 40 ℃,一部分用泵打入吸收塔顶部作补充吸收剂,其余送出装置。稳定塔的操作压力约 1.2 MPa(绝压)。为了控制稳定塔的操作压力,有时要排出不凝气(称气态烃),它主要是 C_2 组分及少量夹带的 C_3 和 C_4 组分。

在吸收和稳定系统中,提高 C_3 回收率的关键在于减少干气中 C_3 含量(提高吸收率,减少气态烃的排放),而提高 C_4 回收率的关键在于减少稳定汽油中 C_4 含量(提高稳定深度)。

在上述流程中,吸收塔和解吸塔是分开的,这样的优点是 C_3 和 C_4 回收率较高,脱乙烷汽油中 C_2 含量较低。另外,还有一种单塔流程。该流程中吸收塔和解吸塔合成一个整塔,上部为吸收段,下部为解吸段。吸收和解吸两个过程要求的条件不一样,在同一个塔内比较难以做到同时满足,因此,单塔流程虽有设备简单的优点,但 C_3 和 C_4 回收率较低,或脱乙烷汽油中 C_2 含量较高,故目前多采用双塔流程。

3)能量回收系统

再生高温烟气中可回收能量(以原料为基准)约为 800 MJ/t,约相当于装置能耗的26%,因此不少催化裂化装置设有烟气能量回收系统,利用烟气的热能和压力能(当再生器的操作压力较高且设有能量回收系统时)做功,驱动主风机以节约电能,甚至可以对外输出剩余电力。对于一些不完全再生的装置,再生烟气中含有 5%～10% CO,可以设 CO 锅炉使 CO 完全燃烧以回收能量。烟气能量回收系统工艺流程如图 6-2 所示。

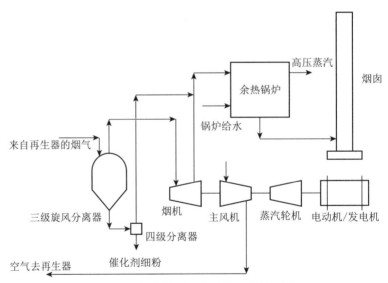

图 6-2　烟气能量回收系统工艺流程图

来自再生器的高温烟气首先进入高效三级旋风分离器,分出其中的催化剂,使烟气中的粉尘含量降低到 0.2 g/m³ 以下,然后经调节蝶阀进入烟机(或称烟气膨胀透平)膨胀做功,使再生烟气的热能和压力能转化为机械能驱动主风机运转,提供再生所需空气。开工时因无高温烟气,主风机由辅助电动机/发电机(或蒸汽透平)带动。烟气经烟机后温度和压力降低(一般温降为 90～120 ℃,烟机出口压力约为 110 kPa),但仍含有大量的显热能,故经手动蝶阀和水封罐进入余热锅炉回收显热能,所产生的高压蒸汽供汽轮机或装置内外的其他部分使用。如果装置不采用完全再生技术,那么此时余热锅炉便是 CO 锅炉,用以回收 CO

的化学能和烟气的显热能。从三级旋风分离器出来的催化剂进入四级分离器,进一步分出催化剂,烟气直接进入余热锅炉。再生器的压力主要由该线路上的双动滑阀控制。

2. 重油催化裂化技术

1) 重油催化裂化技术进展

重油催化裂化是以 350～500 ℃的馏分油和一定数量的大于 500 ℃的减压渣油为原料的石油加工工艺。自 1942 年 Exxon 公司第一套流化床催化裂化工业化装置问世以来,催化裂化对世界交通运输事业、人类的物质文明做出了巨大贡献,对促进我国的炼油工业及国民经济发展所起的作用也是难以估量的。

20 世纪 70 年代以前,催化裂化主要加工减压拔出的馏分油,渣油留给其他工艺处理。20 世纪 70 年代的"石油危机"后,炼油行业为了更好地利用石油资源,重视发展渣油催化裂化。由于燃料油需求量下降,原油日趋变重变劣,从 20 世纪 90 年代开始,世界渣油催化裂化发展很快,目前据估计约占催化裂化总规模的 25%。中国从 1990 年以来所建的催化裂化装置无一不是掺炼渣油的,重油催化裂化装置已成为我国重油轻质化最主要的生产装置。常压重油、减压渣油与减压馏分油不同,必须在工艺中解决下列问题:

(1) 渣油中的镍、钒等重金属沉积在催化剂之上,使催化剂活性降低。在再生过程中,钒会破坏分子筛结构并堵塞孔径;镍会促进脱氢反应,导致生成氢气和焦炭。

(2) 渣油中含有少量钠、钾等碱金属,在苛刻的再生条件下,碱金属会降低催化剂的酸性并加速分子筛的破坏。另外,碱性氮化物会破坏裂化催化剂的酸性。

(3) 重油中含有相当数量沸点很高的组分,因此重油催化裂化过程必须妥善解决进料的有效雾化和蒸发。

(4) 渣油中含有特重的胶质和沥青质组分,它们是生焦先兆物质。大部分这类重组分在提升管末端也不能汽化。反应过程中,只有一部分未汽化的分子发生裂化反应,其余部分将留在催化剂的微孔中并生成焦炭,使焦炭收率增加。

(5) 多数渣油中含硫。尽管硫不会使催化剂中毒,但是对产品质量有影响。另外,分布到焦炭中的硫会在再生过程中生成 SO_x,造成大气污染。

为此,要想实现重油催化裂化,一般需要采取以下工艺技术措施:

(1) 选择适合重油催化裂化的催化剂。催化剂要具有较强的抗金属污染能力,对焦炭和氢气的选择性低,具有良好的热稳定性和水热稳定性,耐磨性能好。

(2) 采取减轻催化剂金属污染的技术,以减少重金属在催化剂上的沉积,或钝化催化剂上的重金属含量,降低污染金属的活性,从而减轻重金属的影响。

(3) 选用高效进料喷嘴,加强原料的雾化和汽化。

(4) 提升管反应器按高温短接触时间进行设计和操作,以抑制二次反应和缩合生焦反应。

(5) 采用低的反应压力。反应压力低有利于降低焦炭收率,同时气体收率上升。因此,除选择低的反应压力外,还需要往提升管中加注稀释剂(包括水蒸气、酸性水和惰性气)以降低油气分压。

(6) 外排油浆(不含催化剂细粉、密度大于 1 g/cm³ 的澄清的浓缩油浆)。油浆外排可提高加工能力 10% 左右,或提高掺炼减压渣油量 10% 以上,而焦炭收率并不增加,且液化气和汽油收率明显提高,干气、焦炭及柴油收率下降,其中焦炭收率可降低 1% 左右。外排油浆可作为生产炭黑和针状焦的优良原料。

(7)再生器取热。在再生方面,除采用强化再生效率的技术外,还必须设置取热器以从再生器取出多余的热量,维持一定的原料预热温度及满足反应所必需的剂油比,这对渣油裂化操作是很关键的。

与馏分油催化裂化工艺相比,重油催化裂化工艺也包括反应-再生系统、分馏系统、吸收—稳定系统、烟气能量回收系统。但由于原料不同,重油催化裂化工艺有其自己的技术特点。

2)中国的重油催化裂化技术

中国早在 20 世纪 60 年代就开始重油催化裂化的研究工作,70 年代在玉门和牡丹江等地进行了工业性试验。中国第一套重油催化裂化装置于 1983 年 9 月在石家庄炼厂顺利投产。20 世纪 90 年代新建的催化裂化装置全部是掺炼渣油的重油催化裂化装置。中国开发了许多独具特色的重油催化裂化工艺和设备,并取得了多项先进成果。下面重点介绍国内开发成功的一项重油催化裂化工艺技术——全大庆减压渣油催化裂化(VRFCC)工艺。

中国石化石油化工科学研究院、北京设计院和北京燕山石化公司合作开发的第一套全大庆 VRFCC 装置是由一套现有的重油催化裂化装置改建的,于 1998 年底在北京燕山石化公司建成投产。该装置可按不同的渣油掺炼比操作,也可按需要调节产品方案。

VRFCC 工艺的主要技术特点如下:

(1)提升管出口设置旋流式快速分离(VQS)系统,有效地降低了焦炭含氢量。

(2)新鲜进料采用 KH-4 型喷嘴,回炼油采用靶式喷嘴,回炼油浆、急冷油等其他物料采用喉管式喷嘴。提升管上部注入急冷油和急冷水以减少生焦及热裂化反应。

(3)采用重油裂化能力强、抗镍污染性能强、再生稳定性好和抗磨性能好的 DVR-1 催化剂。

(4)待生剂汽提段为高效的三段汽提,以提高产品收率和降低再生器的烧焦负荷。

(5)采用富氧再生技术,增大了再生器的烧焦能力,解决了在不改变再生器主体、主风量不足的前提下烧焦量增加约 60% 的难题。

3. 催化裂化的设备

1)提升管反应器

提升管反应器有直立式和折叠式两种。它们各有其不同的特点,但基本结构是相同的。提升管反应器的基本形式如图 6-3 所示。按功能分段,提升管可以分为以下几段:

(1)预提升段。

催化剂在提升管中的流化状态和流速对于转化率和产品选择性均十分重要。设置预提升段,用蒸汽-轻烃混合物作为提升介质,一方面可加速催化剂形成活塞流向上流动,另一方面可使催化剂上的重金属钝化,有利于催化剂与油雾快速混合,提高转化率和改善产品的选择性。预提升段的高度一般为 3~6 m。

(2)裂化反应段。

进料喷嘴以上的提升管的作用是为裂化反应提供所需的停留时间。提升管顶部催化剂分离段的作用是进行产品与催化剂的初步分离。催化裂化的主要产品是裂化的中间产物,它们可进一步裂化为不希望生成的小分子轻烃,也可缩合成焦炭,因此控制总的裂化深度、优化反应时间,并且在完成反应之后立刻进行产品与催化剂的快速分离是非常必要的。

对于重油催化裂化,为了优化反应深度,有的装置采用中止反应技术,即在提升管的中上部某个适当位置注入冷却介质以降低中上部的反应温度,从而抑制二次反应。此项技术的关键是确定注入冷却介质的适宜位置、种类和数量。目前国内有少数炼厂已采用注入中止剂技术。注入中止剂后,汽油和柴油收率都有所提高。注入中止剂的效果与原工况及注入条件有关。有的装置在注入中止剂的同时相应地提高或控制混合段的温度,称为混合温度控制(MTC)技术。MTC 技术是在进料喷嘴的后部用一种馏分油作循环油(图 6-3),这样可将提升管的裂化反应段分为两个独立的反应区:一是下部反应区,特点是高温、高剂油比和短接触时间;二是上部反应区,为常规的、较缓和条件下的裂化反应区。两个独立的反应区可以对进料汽化率和裂化产品进行微调。而在常规设计中,油剂混合温度基本上取决于提升管出口温度,即混合温度比出口温度高 20～40

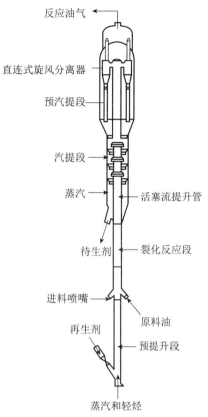

图 6-3 提升管反应器简图

℃,且只能用剂油比做少许调整。采用 MTC 技术,可以在提升管出口温度不变(甚至降低)的情况下提高剂油混合温度。这样可以独立调节最佳的催化剂使用温度、催化剂循环量和需要的裂化深度,防止提升管出现过度裂化,即保持在较低提升管出口温度、较高进料温度(促进原料气化)的条件下运转。表 6-6 为 MTC 技术改善进料汽化效果。表中数据表明,MTC 技术改善进料汽化效果明显。

表 6-6 MTC 技术对改善进料汽化的效果

项 目	使用前	使用后
提升管出口温度/℃	530	520
油剂混合温度/℃	565	585
进料汽化率/%	79.5	94.0

提升管下端进料喷嘴的作用是使原料充分雾化,在提升管内均匀分布并避免发生返混。对于重油催化裂化,改进喷嘴的这些功能更为重要。因为雾化效果不好将造成催化剂局部过热,使气体和焦炭收率增加。对进料喷嘴的性能要求包括雾化油滴的平均直径接近催化剂的平均粒径、雾滴的空间分布均匀和具有适宜的流速以利于剂油混合。例如,采用 LPC-1,KH,HW 等形式的喷嘴时,可以使干气加焦炭的收率减少近 2%,液体产品收率增加近 3%。

提升管上端出口处设有气-固快速分离构件,又称提升管反应终止设施,其目的是使催化剂与油气快速分离以抑制反应的继续进行。气-固快速分离构件有多种形式,比较简单的有半圆帽形、T形构件。为了提高分离效率,近年来较多采用初级旋风分离器,并将其升气管尽可能靠近沉降器顶部的旋风分离器入口,缩短油气在高温下的接触时间,减少二次反应,防止在沉降器、油气管线及分馏塔塔底的器壁上结成焦块。这样可使干气收率降低1%以上,液体产品收率相应增加。实际上油气在沉降器及油气管线中仍有一段停留时间,从提升管出口到分馏塔为10～20 s,温度为450～510 ℃。在此条件下还会有相当程度的二次反应发生,而且主要是热裂化反应,造成干气和焦炭收率增加。对于重油催化裂化,此现象更为严重。因此,适当减小沉降器的稀相空间体积,缩短初级旋风分离器升气管出口与沉降器顶部旋风分离器入口之间的距离是减少二次反应的有效措施之一。

（3）汽提段。

汽提段的作用是用水蒸气脱除催化剂上吸附的油气及置换催化剂颗粒之间的油气,以免油气被催化剂夹带至再生器,增加再生器的烧焦负荷。裂化反应中生成的催化焦、附加焦及污染焦的含氢量(质量分数)约为4%,但汽提段产生的焦炭的含氢量(质量分数)有时可达10%以上。因此,从汽提后催化剂上焦炭的氢碳比可以判断汽提效果。汽提效率与水蒸气用量、催化剂在汽提段的停留时间、汽提段的温度及压力以及催化剂的表面结构有关。工业装置的水蒸气用量一般为2～3 kg/(1 000 kg 催化剂),对于重油催化裂化则用4～5 kg/(1 000 kg 催化剂)。若汽提效率低,则对装置的操作会造成以下影响:一是使再生温度升高,导致剂油比下降,造成提升管内产生局部过度裂化,使转化率和汽油选择性降低;二是若为控制再生温度而加大汽提蒸汽量,则会使主分馏塔塔顶负荷增大,含硫污水量增加;三是使再生主风用量增加,对装置处理量产生影响;四是再生器发生局部过热,造成催化剂减活。

提高汽提效率的措施:一是增加汽提段的段数,使用高效的汽提塔板;二是调整催化剂的流量,以提高催化剂与蒸汽的接触时间及改善油气的置换效果;三是增加蒸汽进口数量,以改善蒸汽分布和汽提效率。

2) 再生器

再生器的主要作用是烧去结焦催化剂上的焦炭以恢复催化剂的活性,同时提供裂化所需的热量。工业上有各种形式的再生器,大体上可分为三种:单段再生器、两段再生器、快速再生器。

（1）再生器的基本结构。

下面以单段再生器(图6-4)为例说明再生器的基本结构。

再生器的壳体是用普通碳素钢板焊接而成的圆筒形设备。由于再生器操作温度已超过碳钢所允许承受的温度,以及壳体受到流化催化剂的磨损,因此在壳体内壁都敷设有100 mm厚的带龟甲网的隔热耐磨衬里,使实际的壳壁温度不超过170 ℃,并防止壳体磨损。壳体内的上部为稀相区,下部为密相区。

为了减少催化剂的损耗,再生器内装有两级串联的旋风分

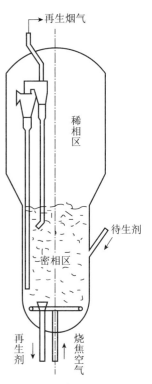

图6-4　单段再生器的
基本结构

离器,其回收效率在 99.99% 以上。旋风分离器的直径不能过大,以免降低分离效率。因此,在烧焦负荷大的再生器内装有几组旋风分离器,它们的升气管连接到一个集气室,将烟气导出再生器。

为了使烧焦空气(主风)进入床层时能沿整个床层截面分布均匀,在再生器下部装有空气分布器,其主要结构形式有分布板(碟形)和分布管(平面树枝形和环形)两类。碟形分布板上开有许多小孔,孔直径为 16~25 mm,孔数为 10~20 个/m²。分布板可使空气得到良好的分布,但是大直径的分布板长期在高温下操作时易变形而使空气分布状况变差。目前工业上使用较多的是分布管。分布管上设有向下倾斜 45° 的喷嘴,空气由喷嘴向下喷出,然后返回向上,经过管排间的缝隙进入床层。与分布板相比,分布管除了同样可以获得较好的主风分布外,还具有结构简单、制作及检修方便、可现场制作、节省钢材、不易变形和压降小等优点。在设计分布管时应当注意:第一,过孔速度不能太高,以免增大设备和催化剂的磨损;第二,为了使主风分布均匀和操作稳定,应当使主风通过分布管时保证有一定的压降,且此压降与分布管的开孔面积有关;第三,由于分布管不能像分布板一样起支撑再生器内全部催化剂的作用,分布管下面的再生器锥体部分会积存大量催化剂,因此可用珍珠岩填平,顶上铺一钢板,这样既便于停工卸催化剂时清扫,同时可缩短开工加催化剂时间。

待生剂进入再生器和再生剂出再生器的方式及相关的结构形式随再生器的结构、再生器与反应器的相对位置等不同而不同,同时应从反应工程的角度考虑如何能有较高的烧焦效率。一般来说,待生剂从再生器床层的中上部进入,并且以设有分配器为佳;再生剂从床层的中下部引出,通常通过淹流管引出。

在再生器分布板(分布管)下还安装有辅助燃烧室(也有在再生器外安装的)。它的作用是:用于开工时加热主风,以预热两器使之升温;在反应-再生系统紧急停工时维持系统的温度;在正常生产时只作为主风的通道。其结构有立式和卧式两种,所用燃料为轻柴油或液化气。

(2) 再生器的工艺特点。

① 单段再生。

单段再生是只用一个流化床再生器来完成全部再生过程,为湍流床再生。它的主要优点是:流程简单,操作方便;占地少;主风系统流程简单,耗电少;有利于能量回收,回收率高。

对于分子筛催化剂,单段再生的温度多在 650~700 ℃ 之间,甚至可达 730 ℃。对于热平衡操作的装置,再生温度与反应温度的差值 ΔT(两器温差)和待生剂含碳量与再生剂含碳量的差值 ΔC(碳差)之间近似成直线关系,即

$$\Delta T = K \Delta C$$

式中,系数 K 主要是再生烟气中 CO_2/CO 比值及过剩空气率的函数。在一定程度上,K 也受待生剂的汽提效果及催化剂比热容的影响。当 ΔC 达到 0.7%~0.9% 时,相应的 ΔT 为 150~200 ℃,再生剂含碳量降低至 0.1%~0.2%。

再生温度对烧焦速率的影响十分显著,提高再生温度是提高烧焦速率的有效手段。但是流化床再生器中,烧焦速率还受到氧气传递速率的限制,而氧气传递速率的温度效应相对要小得多。另外,在高温下催化剂会因水热而减活。因此,在单段再生时,密相区床层的温度一般很少超过 730 ℃。

从工程上看,提高流化床再生器的再生效率,降低再生剂含碳量的措施是改善器内空气

分布和待生剂分布,这对于大型再生器尤为重要。

② 两段再生。

两段再生是把待生剂依次通过两个流化床再生器进行烧焦,这是为了适应重油催化裂化工艺而发展起来的。重油催化裂化之所以采用两段再生,是因为:裂化过程的生焦率高;再生能力需要具备适应原料变化的灵活性;原料中杂质含量高,有必要分别在较为缓和和高温的条件下分段进行再生。两段再生以使用两个再生器为主:第一段,80%～85%的焦炭被烧去;第二段,用空气在更高的温度下继续烧去余下的焦炭。两段再生可在一个再生器筒体内将其分隔为两段来实现,也可在两个独立的再生器内实现。

与单段再生相比,两段再生的主要优越性是:第一,对于全返混流化床反应器,从反应动力学角度看,烧焦速率与再生剂含碳量成正比。由于在第一段再生时只烧去大部分焦炭,第一段出口处半再生剂的含碳量高于再生剂的含碳量,从而提高了第一段的烧焦速率。第二,在第二段再生时可以采用新鲜空气(提高了氧气的对数平均浓度)和更高的温度,于是也提高了烧焦速率。第三,焦炭中氢燃烧速率高于碳燃烧速率,当烧去约 80% 的碳时,氢几乎全部烧去,因此第二段内的水气分压可以很低,减轻了催化剂的水热老化程度。另外,第二段的催化剂藏量比单段再生器的藏量低,且停留时间较短,这都为提高再生温度创造了条件。

当对再生剂含碳量要求很低时,如小于 0.1% 时,两段再生有明显的优越性。但是当再生剂含碳量大于 0.25% 时,两段再生反而不如单段再生。

两段再生时,第一段和第二段的烧焦比例存在一个优化的问题。除了考虑在第一段基本上烧去焦炭中的氢之外,还应从烧焦动力学的角度进行优化。对于工业装置,一般是在第一段烧去总焦炭量的 80%～90%。

③ 快速再生。

单段再生和两段再生都属于鼓泡床和湍流床的范畴,传递阻力和返混对烧焦速率都有重要的影响。如果把气速提高到 1.2 m/s 以上,而且气体和催化剂向上同向流动,就会过渡到快速床区域。此时,原先呈絮状物的催化剂颗粒团变为分散相,气体转为连续相,这种状况对氧气的传递十分有利,从而强化了烧焦过程。

此外,随着气速的提高,返混程度减小,中、上部甚至接近平推流,也有利于烧焦速率的提高。在快速流化床区域,必须要有较大的固体循环量才能保持较高的床层密度,从而保证单位容积内有较高的烧焦量。

七、思考题

(1)吸收和稳定系统主要由哪些关键设备组成?

(2)试绘出吸收和稳定系统简易流程图。

(3)稳定塔的实质是什么?

教学项目四

催化加氢

教学目标	知识目标	了解催化加氢生产过程的作用和地位、发展趋势;熟悉催化加氢生产原料的来源及组成、主要反应原理及特点、催化剂的组成及性质、工艺流程及操作影响因素分析;初步掌握催化加氢生产原理和方法
	能力目标	能根据原料的来源和组成、催化剂的组成和结构、工艺过程、操作条件对加氢产品的组成和特点进行分析和判断;能对影响加氢生产过程的因素进行分析和判断,进而能对实际生产过程进行操作和控制
	素质目标	培养学生正确的世界观、人生观,培养学会自学意识和创新意识,以及学会与人沟通和合作
教材分析	重　点	催化加氢反应原理、催化剂的组成及生产原理和方法
	难　点	工艺流程及操作影响因素分析
任务分解	任务七	加氢裂化工艺操作
	任务八	加氢精制工艺操作
	任务九	制氢工艺操作
	任务十	硫黄回收工艺操作
任务教学设计		
新课导入	由炼厂产出汽油、柴油的质量引出深度加工与精制技术——加氢裂化和加氢精制	
新知学习	一、思考一 石油是怎样形成的? 石油中所含的元素主要有哪些? 石油主要由哪些物质组成? 二、讲　解 　　在 Pt,Pd,Ni 等催化剂存在下,烯烃和炔烃与氢气进行加成反应,生成相应的烷烃,并放出热量,称为氢化热(heat of hydrogenation,1 mol 不饱和烃氢化时放出的热量)。催化加氢的机理(改变反应途径,降低活化能):吸附在催化剂上的氢气分子生成活泼的氢原子与被催化剂削弱了键的烯烃、炔烃加成。 三、交流一 　　对于催化加氢的催化剂,一般处于硫化态时才有催化活性,那为什么很多文献中又提到硫化物会使催化剂中毒呢? 　　大量的工业应用实践和实验室研究证明,在催化剂使用以前进行催化剂的预硫化,将催化剂组分由氧化态变成硫化态,可以明显提高催化剂的活性和稳定性。	

新知学习	加氢精制主要针对的是汽油中的 S,N 和单烯烃,主要进行加氢脱硫、加氢脱氮和加氢饱和反应。催化剂的活性组分为 Co-Mo-Ni,活性态为硫化态,反应时将汽油中的有机硫化物(如噻吩、苯并噻吩等)转化为无机硫。S 含量越大越好,催化剂是不可能发生硫中毒的。 　　容易发生硫中毒的催化剂是钯系或者镍系选择加氢催化剂,其活性组分是金属态的钯或者金属态的镍,主要目的是将二烯烃加氢生成单烯烃,一般是在加氢精制反应器之前加入,目的是防止二烯烃进入加氢精制反应器后在催化剂表面结焦失活。 　　四、思考二 　　催化剂的存在状态是什么样的? 　　五、交流二 　　加氢精制装置的大循环、小循环在什么时候用?有什么意义? 　　所谓大循环,就是将加氢精制的产品重新返回原料缓冲罐,再打回反应系统,不外送。所谓小循环,就是反应系统和分馏系统单独循环。建立大循环的意义是在开工初期保证产品合格。 　　建立反应系统循环的作用包括: 　　(1)反应系统干燥。 　　(2)反应系统催化剂预硫化。 　　(3)反应加热炉升温和烘炉。 　　(4)分馏系统有问题时缩短开工时间、保持循环。 　　建立分馏系统循环的作用包括: 　　(1)分馏加热炉升温和烘炉。 　　(2)反应系统有问题时缩短开工时间、保持循环。
任务小结	催化加氢的目的和作用、反应原理、催化剂、工艺流程及影响因素分析
教学反思	本项目学习的重点在于让学生了解催化加氢工艺的重要意义,并在学习过程中引导学生对最新工艺进行探索和研究,培养学生的创新意识

任务七　加氢裂化工艺操作

一、任务目标

1. 知识目标

(1)了解加氢裂化生产过程的作用、地位和发展趋势。

(2)熟悉加氢裂化生产原料来源及组成、主要反应原理及特点、催化剂的组成及性质、工艺流程及操作影响因素分析。

(3)初步掌握加氢裂化生产原理和方法。

2. 能力目标

(1)能根据原料的来源和组成、催化剂的组成和结构、工艺过程、操作条件对加氢产品的组成和特点进行分析和判断。

(2)能对影响加氢生产过程的因素进行分析和判断,进而能对实际生产过程进行操作和控制。

二、案 例

某炼油公司 3.6 Mt/a 煤柴油加氢裂化装置是目前国内规模最大的中压加氢改质装置。该装置工艺包设计和基础工程设计由中国石化工程建设公司(SEI)承担,中国石化洛阳工程有限公司(LPEC)进行 EPC 项目总承包并负责详细工程设计,设计规模 3.6 Mt/a,年开工时间 8 400 h。该装置于 2009 年 4 月一次开车成功。由蓬莱原油的直馏常压瓦斯油(AGO)与催化柴油混合作原料,其混合比例为直馏煤油 30%、直馏柴油 60.42%、催化柴油 9.58%,采用中国石化石油化工科学研究院开发的 RN-10B 和 RT-5 双剂串联一次通过的加氢裂化工艺,装置的主要产品为轻石脑油、重石脑油、航空煤油、柴油,同时副产液化气。

装置存在的主要问题:轻石脑油是装置产品之一,但轻石脑油腐蚀一项一直不合格,分析结果为醋酸铅腐蚀不合格,说明轻石脑油中含有硫化氢,且很难满足乙烯原料的要求,只有改至轻污油系统,因而造成大量资源浪费和能量消耗。

三、问题分析

轻石脑油是石脑油分馏塔的塔顶产品。石脑油分馏塔进料由两部分组成,其中一部分为主分馏塔塔顶粗石脑油(图 7-1),另一部分为稳定塔塔底重石脑油吸收剂。首先对这两部分原料进行硫化氢含量分析,即多次对稳定塔塔底油采样分析硫化氢含量。经化验分析,确认稳定塔塔底油中硫化氢含量为零。而稳定塔塔顶液化气中硫化氢含量分析结果表明硫化氢含量较低。然后多次对主分馏塔塔顶粗石脑油采样分析硫化氢含量,结果表明,硫化氢含量最高达 100 mg/m³,最低达 10 mg/m³。化验分析结果表明,石脑油分馏塔中的硫化氢主要由主分馏塔塔顶粗石脑油带入。同时,主分馏塔塔顶产品中硫化氢含量高的原因主要是:① 主分馏塔塔顶压控介质燃料气中所含硫化氢在塔顶积累,致使粗石脑油中硫化氢含量超标;② 脱硫化氢汽提塔中硫化氢气体脱除不彻底,导致大量硫化氢气体带入主分馏塔。

四、解决方案

1. 塔顶燃料气压控改为氮气压控

将主分馏塔塔顶压控介质由燃料气改为氮气,经过置换和调整,对轻石脑油采样进行硫化氢含量分析,若轻石脑油中硫化氢含量仍然较高,则可断定轻石脑油中硫化氢含量高并非压控介质燃料气中所含硫化氢积累所致。

2. 调整操作压力

硫化氢气体脱除最主要的场所是脱硫化氢汽提塔。高温、低压有利于硫化氢气体脱除,因此将脱硫化氢汽提塔压力从设计压力 1.1 MPa 降低到 0.9 MPa。同时,由于脱硫化氢汽提塔塔顶干气要进吸收脱吸塔,因此相应地将吸收脱吸塔压力从设计压力 0.95 MPa 降低到 0.8 MPa。通过工艺调整后,对轻石脑油进行采样分析,结果仍然是其中硫化氢含量超标,腐蚀不合格,说明此方法不可取。

3. 调整操作温度

脱硫化氢汽提塔塔顶温度设计值为 68 ℃,因塔顶温度较低,不利于硫化氢气体脱除,因

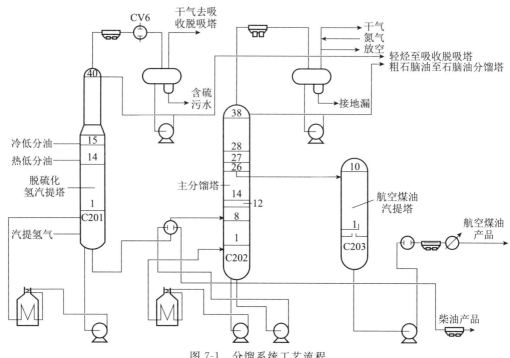

图 7-1　分馏系统工艺流程

此采用提高脱硫化氢汽提塔塔顶温度的方法,将脱硫化氢汽提塔塔顶温度逐步提高。同时,将脱硫化氢汽提塔塔底温度也逐步提高,尽量让塔内硫化氢气体等轻组分从塔底蒸出去。经化验采样分析,轻石脑油中硫化氢含量仍然超标,醋酸铅腐蚀不合格,说明此方法也不可取。

4. 塔底吹入汽提蒸汽

脱硫化氢汽提塔塔底有停工蒸塔蒸汽线,考虑引入 1.0 MPa 汽提蒸汽向塔底吹汽,并降低塔顶分压,将硫化氢气体从塔顶汽提出去。为保证蒸汽引入塔内,稍降塔顶压力,稍提塔顶温度。蒸汽吹入塔内 2 h 后,主分馏塔塔顶水包界位迅速上升,来不及外排。经分析可知,蒸汽进入脱硫化氢汽提塔塔顶温度较低,蒸汽未到塔顶便冷凝下来,造成塔操作波动,且大量蒸汽带入主分馏塔造成塔顶水包界位迅速上升而外排不及时,易造成重石脑油、航空煤油等带水,因此轻石脑油中硫化氢含量仍不能得到很好的改善,说明此方法不可取。

5. 塔底吹入汽提氢气

因脱硫化氢汽提塔塔底接入蒸汽汽提方法不可取,考虑采取在塔底蒸汽线上接一根 DN20 氢气线,从界区引入 2.5 MPa 氢气。管线配好后,开始在脱硫化氢汽提塔塔底吹入氢气,吹入氢气量约为 2 000 m³/h,每隔 2 h 测一次主分馏塔塔顶粗石脑油和轻石脑油中硫化氢含量,具体数据见表 7-1。

表 7-1　吹入氢气时间和粗石脑油、轻石脑油中硫化氢含量关系

吹入氢气时间/h	粗石脑油中硫化氢含量/(mg·m⁻³)	轻石脑油中硫化氢含量/(mg·m⁻³)	吹入氢气时间/h	粗石脑油中硫化氢含量/(mg·m⁻³)	轻石脑油中硫化氢含量/(mg·m⁻³)
0	100	2 000	10	3	200
2	60	1 900	12	1	50
4	30	1 500	14	3	20
6	5	1 000	16	3	25
8	2	600			

从表 7-1 中可以看出,向脱硫化氢汽提塔塔底吹入汽提氢气后,粗石脑油和轻石脑油中硫化氢含量均开始下降,经调整后轻石脑油中硫化氢含量基本达到作为乙烯原料的要求,即向脱硫化氢汽提塔塔底吹入汽提氢气方案是可行的,基本上解决了轻石脑油产品去向问题。

从整改后运行情况来看,脱硫化氢汽提塔塔底吹入汽提氢气后,经过一段时间的调整,轻石脑油中硫化氢含量时高时低,最多高达 $1\,000$ mg/m³。经过多方面分析发现,分馏系统各点操作参数正常,只有当脱硫化氢汽提塔塔顶回流量下降时,轻石脑油中硫化氢含量才急剧升高。分析原因如下:一是脱硫化氢汽提塔塔顶回流比降低,造成塔顶上部几层塔板干板,塔内气液两相传质、传热效果变差,分离精度降低,使硫化氢很难从脱硫化氢汽提塔内汽提干净,从而带入后续主分馏塔,引起粗石脑油中硫化氢含量增加,进而引起轻石脑油中硫化氢含量超标;二是脱硫化氢汽提塔塔顶回流量的高低取决于反应深度,反应深度高,二次裂化反应增多,脱硫化氢汽提塔塔顶回流量也随之增加,回流比增加,脱硫化氢汽提塔内气液两相接触充分,传热、传质效果改善,硫化氢脱除充分,轻石脑油中硫化氢含量降低,达到作为乙烯原料的要求。

但是如何控制脱硫化氢汽提塔塔顶回流量来保证轻石脑油中硫化氢含量不超标,即如何控制反应深度来保证脱硫化氢汽提塔塔顶回流量呢?一是过高的转化率使脱硫化氢汽提塔气相负荷增大,从而引起后续吸收脱吸塔气相负荷增大,造成塔操作波动,严重时甚至引起干气量急剧增加,导致吸收脱吸塔塔顶干气带液严重,同时造成后续干气脱硫系统排液不及时,引起干气脱硫系统操作波动,且反应深度加大后相应的 C_5 以上的液体产品收率及产品分布会受到影响。若转化率太低,则脱硫化氢汽提塔塔顶回流量较小,也会导致轻石脑油中硫化氢含量超标。因此,必须保证一定的转化率以保证脱硫化氢汽提塔塔顶回流量稳定,从而使轻石脑油中硫化氢含量合格。实践经验表明,装置在满负荷生产时,脱硫化氢汽提塔塔顶回流量控制在 120 t/h 左右比较合适,即脱硫化氢汽提塔塔顶回流量与轻石脑油中硫化氢含量存在一定的比例关系。二是若脱硫化氢汽提塔塔底汽提氢气量太大,则同样会造成吸收脱吸塔气相负荷增大,导致干气带液,且使氢气的消耗量增加,能耗增加。因此,选择合适的反应深度和合适的汽提氢气量是保证轻石脑油中硫化氢含量合格的关键。

五、操作要点

(1) 硫化氢随着氢气进入干气组分中,减少硫化氢进入主分馏塔的量,保证轻石脑油中硫化氢含量合格。

(2) 控制合适的反应深度,保证脱硫化氢汽提塔塔顶回流量,从而充分脱除硫化氢,保证轻石脑油中硫化氢含量合格。

六、拓展资料

1. 催化加氢的目的和作用

石油炼制工业发展的目标是提高轻质油收率和产品质量。一般的石油加工过程中产品收率和产品质量往往是矛盾的,而催化加氢过程却能同时满足这两个要求。

1) 催化加氢的目的

催化加氢是在氢气存在下对石油馏分进行催化加工过程的通称。催化加氢技术包括加氢处理和加氢裂化两类。

加氢处理是指在加氢反应过程中,只有≤10%的原料分子变小的加氢技术,包括原料处理和产品精制,如催化重整、催化裂化、渣油加氢等原料的加氢处理,石脑油、汽油、喷气燃料、柴油、润滑油、石蜡和凡士林等的加氢精制等。

加氢处理的目的是脱除油品中的硫、氮、氧及金属等杂质,同时使烯烃、二烯烃、芳烃和稠环芳烃选择性加氢饱和,从而改善原料的品质和产品的使用性能。加氢处理具有原料范围宽、产品灵活性大、液体产品收率高、产品质量高、对环境友好、劳动强度小等优点,因此广泛用于原料预处理和产品精制。

加氢裂化是指在加氢反应过程中,原料分子中有10%以上变小的加氢技术,包括高压加氢裂化和中压加氢裂化。依照其所加工原料的不同,可分为馏分油加氢裂化、渣油加氢裂化等。

加氢裂化的目的在于将大分子裂化为小分子以提高轻质油收率,同时除去一些杂质。其特点是轻质油收率高,产品饱和度高,杂质含量少。

2) 催化加氢的作用

石油加工过程实际上就是碳和氢的重新分配过程。早期的炼油技术主要通过脱碳过程提高产品氢含量,如催化裂化、焦化过程。如今随着产品收率和质量要求的提高,需要采用加氢技术提高产品氢含量,同时脱去对大气造成污染的硫化物、氮氧化物和芳烃等杂质。

在现代炼油工业中,催化加氢技术的工业应用较晚,但其工业应用的速度和规模都很快超过热加工、催化裂化、铂重整等炼油工艺。无论从时间上看,还是从空间上看,催化加氢工艺都已经成为炼油工业的重要组成部分。

催化加氢技术快速增长的主要原因包括:

(1)随着世界范围的原油变重、品质变差,原油中硫、氮、氧、钒、镍、铁等杂质含量呈上升趋势,炼厂加工含硫原油和重质原油的比例逐年增大。从目前及发展趋势来看,催化加氢技术是改善原料性质、提高产品品质,实现这类原油加工最有效的方法。

(2)世界经济的快速发展对轻质油产品,特别是中间馏分油(如喷气燃料和柴油)的需求持续增长,因此需要对原油进行深度加工,催化加氢技术是炼厂深度加工的有效手段。

(3)环境保护的要求。对生产者要求在生产过程中尽量做到物质资源的回收利用,减少排放,并对其产品在使用过程中能对环境造成危害的物质含量进行严格限制。目前催化加氢是能够做到这两点的石油炼制工艺过程之一,如生产各种清洁燃料、高品质润滑油等都离不开催化加氢。

2. 催化加氢技术的发展趋势

1）加氢处理技术

开发直馏馏分油和重原料油深度加氢处理催化剂的新金属组分配方，量身定制催化剂载体；研制重原料油加氢脱金属催化剂；开发废催化剂金属回收技术；采用多床层加氢反应器，以提高加氢脱硫、脱氮、脱金属等不同需求的活性和选择性，使催化剂的表面积和孔分布更好地适应不同原料的需要，延长催化剂的运转周期和使用寿命，降低生产催化剂所用金属组分的成本，优化工艺进程。

2）芳烃深度加氢技术

开发新金属组分配方特别是非贵金属、新催化剂载体和新工艺，目的是提高较低操作压力下芳烃的饱和活性，降低催化剂成本，提高柴油的收率和十六烷值，实现动力学和热力学控制。

3）加氢裂化技术

开发新的双功能金属-酸性组分配方，以提高中间馏分油的收率、柴油的十六烷值、抗结焦失活的能力，降低操作压力和氢气消耗。

3. 催化加氢反应

催化加氢主要涉及两类反应：一是除去氧、硫、氮及金属等少量杂质的加氢反应；二是涉及烃类加氢的反应。这两类反应在加氢处理和加氢裂化过程中都存在，只是侧重点不同。在本任务中只列出烃类加氢反应，加氢处理反应将在下一任务中介绍。

烃类加氢反应主要包括两类反应：一是有氢气直接参与的化学反应，如加氢裂化和不饱和键的加氢饱和反应，此过程表现为耗氢；二是在临氢条件下的化学反应，如异构化反应，此过程中虽然有氢气存在，但不消耗氢气，其中临氢降凝是其应用之一。

1）烷烃加氢反应

烷烃在催化加氢条件下进行的反应主要有加氢裂化和异构化。其中加氢裂化反应包括C—C键的断裂反应和生成的不饱和分子碎片的加氢饱和反应；异构化反应包括原料中烷烃分子的异构化反应和加氢裂化生成的烷烃的异构化反应。加氢裂化和异构化属于两类不同的反应，需要两种不同的催化剂活性中心以提供加速各自反应进行的功能，即要求催化剂具备双活性，并且两种活性需要有效配合。烷烃进行加氢反应的反应式如下：

$$R_1—R_2+H_2 \longrightarrow R_1H+R_2H$$

$$n\text{-}C_nH_{2n+2} \longrightarrow i\text{-}C_nH_{2n+2}$$

烷烃在催化加氢条件下进行的加氢反应遵循正碳离子反应机理，生成的正碳离子在 β 位上发生断键，因此气体产品中富含 C_3 和 C_4 组分。由于既有裂化又有异构化，加氢过程可起到降凝作用。

2）环烷烃加氢反应

环烷烃在加氢裂化催化剂上的反应主要是脱烷基、异构化和开环反应。环烷烃正碳离子与烷烃正碳离子最大的不同在于前者裂化困难，只有在苛刻的条件下，环烷烃正碳离子才发生 β 位断裂。带长侧链的单环环烷烃主要发生断链反应。六元环烷烃相对比较稳定，一般是先通过异构化反应转化为五元环烷烃后再断环成为相应的烷烃。双六元环烷烃在加氢裂化条件下往往是其中的一个六元环先异构化为五元环后再断环,然后才是第二个六元环的异构化和断环。在这两个环中,第一个环的断环是比较容易的,而第二个环则较难断开。例如:

环烷烃异构化反应包括环的异构化和侧链烷基的异构化。环烷烃加氢反应产物中异构烷烃与正构烷烃含量之比和五元环烷烃与六元环烷烃含量之比都比较大。

3)芳烃加氢反应

苯在催化加氢条件下的反应首先是生成六元环烷烃,然后发生与前述相同的反应。

烷基苯加氢裂化反应主要有脱烷基、烷基转移、异构化、环化等反应,使得产品具有多样性。$C_1 \sim C_4$ 侧链烷基苯的加氢裂化以脱烷基反应为主,异构化和烷基转移次之,分别生成苯、侧链异构化程度不同的烷基苯、二烷基苯。烷基苯侧链的裂化既可以是脱烷基生成苯和烷烃,也可以是侧链中的 C—C 键断裂生成烷烃和较小的烷基苯。对于正烷基苯,后者比前者更容易发生,而对于脱烷基反应,则 α-C 上的支链越多越容易进行。以正丁苯为例,脱烷基速率有以下顺序:

叔丁苯>仲丁苯>异丁苯>正丁苯

短烷基侧链比较稳定,甲基、乙基难以从苯环上脱除,而 C_4 或 C_4 以上的烷基侧链从环上脱除很快。对于侧链较长的烷基苯,除发生脱烷基、断侧链等反应外,还可能发生侧链环化反应生成双环化合物。苯环上烷基侧链的存在会使芳烃加氢变得困难,烷基侧链的数目对加氢的影响比侧链长度的影响大。

芳烃的加氢饱和及裂化反应,无论是对降低产品中芳烃含量(生产清洁燃料),还是对降低催化裂化和加氢裂化原料的生焦量都具有重要意义。在加氢裂化条件下,多环芳烃的反应非常复杂,它只有在芳香环加氢饱和反应之后才能开环,并进一步发生随后的裂化反应。稠环芳烃中每个环的加氢和脱氢都处于平衡状态,其加氢过程是逐环进行的,并且加氢难度逐环增加。

4)烯烃加氢反应

烯烃在催化加氢条件下主要发生加氢饱和及异构化反应。其中,烯烃加氢饱和是将烯烃通过加氢转化为相应的烷烃,烯烃异构化包括双键位置的变动和烯烃链空间形态的变动。这两类反应都有利于提高产品的质量。其反应式如下:

$$R—CH=CH_2 + H_2 \longrightarrow R—CH_2—CH_3$$
$$R—CH=CH—CH=CH_2 + 2H_2 \longrightarrow R—CH_2—CH_2—CH_2—CH_3$$
$$n\text{-}C_nH_{2n} \longrightarrow i\text{-}C_nH_{2n}$$
$$i\text{-}C_nH_{2n} + H_2 \longrightarrow i\text{-}C_nH_{2n+2}$$

焦化汽油、焦化柴油和催化柴油在加氢精制的条件下发生的烯烃加氢反应是完全的。因此,在油品加氢精制过程中,烯烃加氢反应不是关键的反应。

值得注意的是,烯烃加氢饱和反应是放热的,且热效应较大。因此,对不饱和烃含量高的油品加氢时,要注意控制反应温度,避免反应床层超温。

5）烃类加氢反应的热力学和动力学特征

（1）热力学特征。

烃类裂解和烯烃加氢饱和等反应的化学平衡常数较大，不受热力学平衡常数的限制。芳烃加氢反应随着反应温度的升高和芳烃环数的增加，平衡常数减小。在加氢裂化过程中，形成的正碳离子异构化的平衡转化率随碳原子数的增加而增大，因此产物中异构烷烃与正构烷烃含量之比较高。

加氢裂化反应中加氢反应是强放热反应，而裂解反应是吸热反应，但裂解反应的吸热效应远低于加氢反应的放热效应，总的结果表现为放热效应。单体烃加氢反应的反应热与分子结构有关，芳烃加氢的反应热低于烯烃和二烯烃加氢的反应热，而含硫化合物氢解的反应热与芳烃加氢的反应热大致相等。整个过程的反应热与断开一个键（并进行碎片加氢和异构化）的反应热和断键的数目成正比。

（2）动力学特征。

烃类加氢裂化是一个复杂的反应体系，在进行加氢裂化的同时，还进行加氢脱硫、脱氮、脱氧及脱金属等反应，它们之间相互影响，使得动力学问题变得相当复杂。下面以催化裂化循环油在10.3 MPa下的加氢裂化反应为例，简单地说明各种烃类反应之间的相对反应速率。

多环芳烃很快加氢生成多环环烷芳烃，其中的环烷环较易开环，继而发生异构化、断侧链（或脱烷基）等反应。对于分子中含有两个芳环以上的多环芳烃，其加氢饱和及开环断侧链的反应都较容易进行（相对反应速率常数为1～2）；对于含单芳环的多环化合物，苯环加氢较慢（相对反应速率常数只有0.1），但其饱和环开环和断侧链的反应仍然较快（相对反应速率常数大于1）；单环环烷烃较难开环（相对反应速率常数为0.2）。因此，多环芳烃加氢裂化的最终产物可能主要是苯类和较小分子烷烃的混合物。

4. 加氢催化剂的构成

加氢裂化装置所用的催化剂包括保护剂、加氢精制剂、加氢裂化剂。加氢裂化装置可用这三种催化剂，也可只用加氢精制剂和加氢裂化剂，还可只用加氢裂化剂，此时加氢裂化剂将集所有功能于一体。

1）保护剂

保护剂是一个广义上的名词，包括一般意义上的保护剂、脱金属剂，目的是改善被保护催化剂的进料条件，抑制杂质对催化剂孔道的堵塞及对活性中心的覆盖，即脱除机械杂质、胶质、沥青质及金属化合物，保护催化剂的活性和稳定性，延长催化剂的运转周期。

保护剂一般由惰性物质、具有微量或少量加氢活性的催化剂组成，采用分级技术装填于反应器顶部。保护剂的形状有球形、圆柱形、三叶草形、车轮形、拉西环形、蜂窝形等。

2）加氢精制剂

加氢精制剂分前加氢精制剂和后加氢精制剂两类。前加氢精制剂的作用是脱除硫、氮、氧等杂原子化合物及残余的金属有机化合物，饱和多环芳烃，降低加氢裂化剂的反应温度，减缓加氢裂化剂的失活，从而延长加氢裂化剂的运转周期。后加氢精制剂的作用是饱和烯烃，脱除硫醇，提高产品质量。

加氢精制剂一般由金属组分、载体和助剂三部分组成。

　　(1)金属组分。

　　金属组分主要提供加氢活性及能够加速 C—N 键氢解的弱酸性,主要是ⅥB族或Ⅷ族的金属。

　　(2)载体。

　　载体的作用是提供适宜反应与扩散所需的孔结构,担载均匀分散金属的有效表面积和一定的酸性,同时改善催化剂的压碎、耐磨强度与热稳定性。加氢精制剂的载体主要为 Al_2O_3。

　　(3)助剂。

　　助剂的作用是调节载体性质及金属组分的结构和性质,催化剂的活性、选择性,以及氢耗和寿命。

　　3)加氢裂化剂

　　加氢裂化剂属于双功能催化剂,主要由提供加氢/脱氢功能的金属组分和提供裂化功能的酸性组分组成,其作用是将进料转化成希望的目的产品,并尽量提高目的产品的收率和质量。

　　(1)加氢裂化剂的分类。

　　按金属分类:贵金属 Pt,Pd 等;非贵金属 Mo-Ni,W-Ni,Mo-Co,W-Mo-Ni,Mo-Ni-Co 等。

　　按酸性载体分类:无定型硅酸铝、无定型硅酸镁、改性氧化铝等。

　　按工艺过程分类:单段、两段。

　　按压力分类:高压(10 MPa 以上)、中压(5～10 MPa)。

　　按目的产品分类:轻油型、中油型、中高油型、重油型。

　　(2)加氢裂化剂的性能。

　　加氢裂化剂的性能取决与其组成和结构。根据加氢反应侧重点的不同,加氢裂化剂还可分为加氢饱和(烯烃、炔烃和芳烃中不饱和键加氢)剂、加氢脱硫剂、加氢脱氮剂、加氢脱金属剂等。

　　(3)加氢裂化剂的组成。

　　加氢裂化剂主要由三部分组成:主催化剂,提供反应的活性和选择性;助剂,主要改善主催化剂的活性、稳定性和选择性;载体,主要提供合适的比表面积和机械强度,有时也提供某些反应活性,如加氢裂化中的裂化及异构化所需的酸性活性。

　　在加氢裂化剂中,加氢组分的作用是使原料中的芳烃尤其是多环芳烃加氢饱和,同时使烯烃,主要是反应生成的烯烃迅速加氢饱和,防止不饱和分子吸附在催化剂表面上,生成焦状缩合物而降低催化活性。因此,加氢裂化剂可以维持长期运转,不像催化裂化催化剂那样需要经常烧焦再生。

　　常用的加氢组分按其加氢活性强弱排序为:

$$Pt,Pd > W\text{-}Ni > Mo\text{-}Ni > Mo\text{-}Co > W\text{-}Co$$

　　铂和钯虽然具有最高的加氢活性,但由于对硫的敏感性很强,仅能在两段加氢裂化过程中无硫、无氨气氛的第二段反应器内使用。在这种条件下,酸性功能也得到最大限度的发挥,因此产品都是以汽油为主。

　　在以中间馏分油为主要产品的单段加氢裂化剂中,普遍采用 Mo-Ni 或 Mo-Co 组合。

当以润滑油为主要产品时,则采用 W-Ni 组合,有利于脱除润滑油中最不希望存在的多环芳烃组分。

加氢裂化剂中裂化组分的作用是促进碳链的断裂和异构化反应。常用的裂化组分是无定型硅酸铝和沸石,通称为固体酸载体。其结构和作用机理与催化裂化催化剂相同。无论是进料中存在的氮化物还是反应生成的氨,对加氢裂化剂都具有毒性。这是因为氮化物尤其是碱性氮化物和氨会强烈地吸附在催化剂表面上,使酸性中心被中和,导致催化剂活性损失。因此,加工含氮量高的原料时,对于无定型硅酸铝作载体的加氢裂化剂,需要将原料预加氢脱氮,并分离出氨以后再进行加氢裂化反应。但对于含分子筛的加氢裂化剂,则允许预先加氢脱氮过的原料带着未分离的氨直接与之接触。这是因为分子筛虽然对氨也是敏感的,但由于它具有较多酸性中心,即使在氨存在下仍能保持较高的活性。

考察加氢裂化剂的性能时,需要综合考虑催化剂的加氢活性,裂化活性,对目的产品的选择性,对硫化物、氮化物及水蒸气的敏感性,运转稳定性和再生性能等因素。

5. 加氢催化剂的使用与再生

1) 催化剂的预硫化

加氢催化剂的钨、钼、镍、钴等金属组分在使用前都是以氧化物的状态分散在载体表面上,只有处于硫化态时才具有加氢活性。在加氢过程中,虽然因原料中含有硫化物,金属组分可通过反应而转变成硫化态,但往往由于在反应条件下原料中含硫量过低,硫化不完全而导致一部分金属还原,使催化剂的活性达不到正常水平。因此,目前这类加氢催化剂多采用预硫化方法,即将金属氧化物在进油反应前转化为硫化态。

加氢催化剂的预硫化有气相预硫化与液相预硫化两种方法。气相预硫化(亦称干法预硫化)即在循环氢气存在下,注入硫化剂进行硫化;液相预硫化(亦称湿法预硫化)即在循环氢气存在下,以低氮煤油或轻柴油为硫化油,携带硫化剂注入反应系统进行硫化。

影响预硫化效果的主要因素为预硫化温度和硫化氢含量。

预硫化温度主要取决于硫化剂的分解温度。例如,采用 CS_2 为硫化剂时,CS_2 与氢气开始反应生成 H_2S 的温度为 175 ℃,因此注入 CS_2 的温度应在 175 ℃以下,使 CS_2 先在催化剂表面上吸附,然后在升温过程中分解。在反应器催化剂床层被 H_2S 穿透前,应严格控制床层温度不能超过 230 ℃,否则一部分氧化态金属组分会被氢气还原成低价金属氧化物或金属元素,致使硫化不完全。另外,还原反应与硫化反应会使催化剂颗粒产生内应力,导致催化剂的机械强度降低。同时,还原金属对油具有强烈的吸附作用,在正常生产期间会加速裂解反应,造成催化剂大量积炭,使其活性迅速下降。因此,必须严格控制整个预硫化过程各个阶段的温度和升温速度。硫化最终温度一般为 360~370 ℃。

循环氢中硫化氢含量增加时,硫化反应速度加快,当硫化氢含量增加到一定程度之后,硫化反应速度不再增加。但是在实际硫化过程中,受反应系统材质抗硫化氢腐蚀性能的限制,不可能采用过高的硫化氢含量。一般预硫化期间,循环氢中硫化氢含量限制在小于 1.0%(体积分数)。

预硫化过程一般分为催化剂干燥、硫化剂吸附和硫化三个主要步骤。

2) 催化剂的再生

加氢催化剂在使用过程中由于结焦和中毒,催化剂的活性及选择性下降,不能达到预期的加氢目的,必须停工再生或更换新催化剂。

国内加氢裂化装置一般采用催化剂器内再生方式,分为蒸汽-空气烧焦法和氮气-空气烧焦法两种。对于以 γ-Al_2O_3 为载体的 Mo 及 W 系加氢催化剂,其烧焦介质可以为蒸汽或氮气,但对于以分子筛为载体的催化剂,如果再生时水蒸气分压过高,则可能破坏分子筛晶体结构,从而使催化剂失去部分活性,因此必须用氮气-空气烧焦法再生。

再生过程包括以下两个阶段:

(1) 再生前的预处理。

在反应器烧焦之前,需要先进行催化剂脱油与加热炉清焦。催化剂脱油主要采取轻油置换和热氢吹脱的方法。对于采用加热炉加热原料的装置,在再生前,加热炉炉管必须清焦,以免影响再生操作和增加空气耗量。炉管清焦一般采用蒸汽-空气烧焦法,烧焦时应将加热炉出、入口从反应部分切出,蒸汽压力为 0.2~0.5 MPa,炉管温度为 550~620 ℃。可以通过固定蒸汽流量而变动空气注入量,或固定空气注入量而变动蒸汽流量的办法来调节炉管温度。

(2) 烧焦再生。

通过逐步提高烧焦温度和降低氧气含量来控制烧焦过程。

6. 加氢裂化操作参数

加氢裂化过程的主要操作参数有反应温度、反应压力、空间速度和氢油体积比。

1) 反应温度

反应温度是加氢裂化装置需要严格控制的工艺操作参数。由于加氢裂化反应为强放热反应,反应器内催化剂床层温度呈梯度分布,所以控制反应温度可保持进料达到要求的转化率,避免飞温等异常情况发生。在生产操作过程中,当催化剂失活、进料质量变坏、含氮量增多、生产操作方案变化及液体径向分布不均匀等时,都需要调整反应温度。

反应温度主要包括反应器入口温度、反应器出口温度、催化剂床层入口温度、催化剂床层出口温度、催化剂床层平均温度(BAT)、催化剂重量加权平均温度(WABT)、催化剂加权平均温度(CAT)及与反应温度有关的单位体积床层温升(单位长度床层温升)、催化剂允许的最高温度、催化剂允许的最高温升、反应器径向温差等。

2) 反应压力

从经济角度来看,由于装置的投资随压力的升高而增加,因此降低反应压力不但可以减少投资,而且可以提高生产安全性。但反应压力升高时,氢分压相应升高,单位反应体积中氢含量增加,氢通过液膜向催化剂表面扩散的推动力增加,扩散速度提高,有利于提高反应速度,延长反应时间,增加转化率,提高产品质量,延长装置运行周期。反应压力的选择应结合炼厂可能加工的原油品种、加氢裂化的原料组成、原料性质、产品数量、产品质量及对未来产品质量的估计、下游装置对加氢裂化产品的要求、供氢能力和纯度、投资、效益及可能的发展规划等因素综合考虑。

反应压力主要包括反应器入口压力、反应器出口压力、反应器入口氢分压、反应器出口氢分压、平均氢分压及与反应压力有关的催化剂床层压降和反应器压降。加氢裂化装置中,一般高压循环系统不设置可导致循环氢中断的控制阀门,反应压力主要靠高压分离器压力来控制。

3）空间速度

空间速度简称空速,是表征加氢裂化反应深度的参数。当其他条件不变时,空速决定了反应物流在催化剂床层的停留时间、反应器的体积及催化剂的用量。空速降低时,反应时间增加,加氢裂化深度提高,床层温度上升,氢耗量略微增加,催化剂表面积炭也相应增加。实际生产中,如果需降低空速,应先降低反应器入口温度,以保持加氢裂化的反应深度不变。因此,对加氢裂化装置而言,空速是一个重要的技术经济指标。空速的选择涉及原料性质、产品要求、操作压力、运转周期、催化剂价格等多种因素。

空速主要分为体积空速和质量空速。

4）氢油体积比

氢油体积比(或气油体积比)简称氢油比,分为反应器入口氢油体积比和反应器出口氢油体积比,影响加氢裂化反应过程、催化剂寿命、装置操作费用和建设投资。采用大量富氢气体循环的优点是:

（1）原料汽化率提高,催化剂液膜厚度降低,加氢反应顺利进行,转化率提高。

（2）可以及时地把反应热从系统中带出,改善反应床层的温度分布,降低反应器的温升,使反应器温度容易控制,保持反应器温度平稳。

（3）可以保持系统足够的氢分压,使加氢反应顺利进行。

（4）可以防止油料在催化剂表面结焦,起到保护催化剂的作用。

（5）可以促使原料油雾化。

（6）可以提高反应物流速,确保反应物流通过催化剂床层的最小质量流率,保证反应过程中的传质传热效率,确保催化剂的外扩散,保持一定的反应速度。

但是氢油体积比增加过多时,会带来经济上的损失。例如,为了维持系统一定的压差,必须增大管径,增加循环氢压缩机负荷,但这会增大基建投资,同时造成循环氢压缩机功率增加,动力消耗增大。

7. 加氢裂化工艺流程

1）工艺流程的类型

加氢裂化工艺流程的命名和分类过去主要依据装置的核心区域即反应部分。随着技术的发展,这种命名和分类方式已很难适应发展的需要,从而产生了多种商业名称。

（1）单段串联工艺流程。

加氢精制剂(或加氢处理剂)与加氢裂化剂串联在一个高压反应系统,中间没有其他单元操作或只有换热单元的技术称为单段串联技术。采用单段串联技术设计的工艺流程称为单段串联工艺流程。

单段串联工艺使用的加氢裂化剂载体中加入经特殊处理的分子筛,使载体酸性不太强而有较多的酸性中心,能抗氨对催化剂的抑制,并能通过改变分子筛的改性条件和加入量来调节酸性,控制需要的产品分布。由于其不能承受含量过高的有机氮,因此对裂化反应段进料的含氮量有严格的限制,在流程上必须设置精制段。

单段串联工艺流程中由于各种分子筛类型、含量及活性金属组分的不同,催化剂反应特性各异,但共同的特点是反应活性高、选择性好,能够满足不同目的产品生产的要求。

（2）单段工艺流程。

采用单一催化剂（或多催化剂组合）、单反应器（或由于制造、运输限制采用双反应器，但具有同样功能）的加氢裂化技术称为单段技术。采用单段技术设计的工艺流程称为单段工艺流程。

单段加氢裂化剂主要为无定型（以无定型载体为主要裂化组分）催化剂，通常有两种类型：一种为无定型载体＋非贵金属，另一种为无定型载体与分子筛复合＋非贵金属。单段工艺最初所采用的催化剂均为无定型催化剂，其主要特点是加氢性能较强，而裂化性能相对较弱，特别是二次裂解性能较弱。因此，中间馏分油选择性高，但反应温度相对较高，导致装置投资高，运转周期受到限制。为此，在分子筛材料出现以后，催化剂制造商在对无定型载体进行不断改性的同时，纷纷将分子筛引入其中，以期在保证高中间馏分油选择性的同时，有效降低反应温度和装置投资，延长运转周期。目前，在无定型催化剂中复合少量分子筛组分已成为单段加氢裂化剂发展的一个主要趋势，工业上正在使用的单段加氢裂化剂大部分复合有适量的分子筛。

单段工艺过程最初用于制取石脑油，但随着工艺改进和催化剂的开发，已证明它更适于最大量生产中间馏分油。

单段工艺过程的主要特征是在一个反应器内装填单个或组合加氢裂化剂进行操作。有的处理量很大的装置，由于反应器的制造和运输等，可能使用两个以上反应器并列操作，但其基本原理不变。

与单段串联工艺过程相比，单段工艺具有如下特点：

① 催化剂具有较强的抗有机硫、氮的能力，对温度的敏感性低，操作中不易发生飞温。

② 具有良好的中间馏分油选择性。

③ 产品结构稳定，初末期变化小。

④ 装置氢耗在反应末期不会增加或增加很少。

⑤ 投资相对较少，特别是当单个反应器的制造体积和重量不受限制时更是如此。

⑥ 流程简单、操作容易，不用对加氧预处理的脱硫脱氮过程加以控制。

⑦ 相同条件下反应温度偏高，装置的运转周期相对较短。

（3）两段工艺流程。

由加氢精制、加氢处理或（和）加氢裂化反应组成一个高压系统，与另一加氢裂化反应组成的高压系统组合形成的加氢裂化技术称为两段技术。采用两段技术设计的工艺流程称为两段工艺流程。

典型的两段工艺流程主要有：

① 两段一次通过工艺流程。渣油加氢裂化采用原料→膨胀床加氢裂化→分离→加氢精制→分离→产品的工艺流程（H-Oil 法的改进），即两段一次通过工艺流程。

② 两段全转化工艺流程。可采用单一气体回路或双气体回路流程。

（4）次序反应工艺流程。

由循环油加氢裂化与未裂化油＋新鲜原料加氢裂化组成顺序加氢裂化反应组合而形成的加氢裂化技术称为次序反应加氢裂化技术。采用次序反应加氢裂化技术设计的工艺流程称为次序反应工艺流程，如图 7-2 所示。

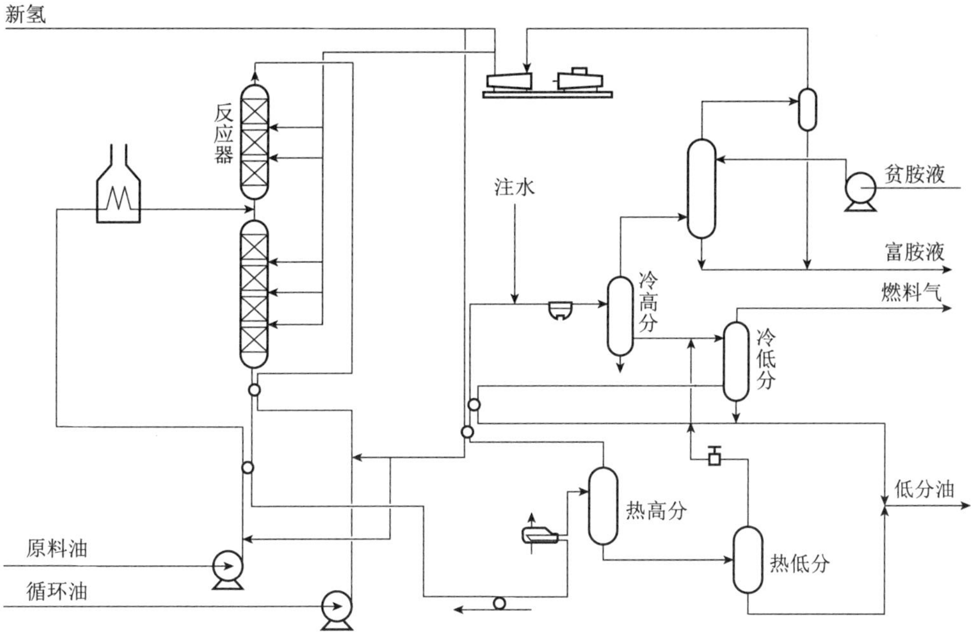

图 7-2　次序反应工艺流程

该工艺流程的特点：

① 第二反应器放在第一反应器上游，第二反应器的流出物作为第一反应器进料的部分。

② 第二反应器未利用的氢气在第一反应器再利用，降低循环氢量。

③ 第二反应器的流出物在第一反应器取热，降低冷氢量。

④ 高压换热器面积小。

⑤ 设置高压蒸汽发生器，降低蒸汽消耗。

⑥ 循环氢量小、高压蒸汽消耗低，降低了操作费用。

（5）Hycyle 工艺流程。

由循环油加氢裂化、未裂化油＋新鲜原料加氢处理及热高分油加氢后处理组成加氢裂化反应组合而形成的加氢裂化技术称为 Hycycle 加氢裂化技术。采用 Hycycle 加氢裂化技术设计的工艺流程称为 Hycycle 工艺流程，如图 7-3 所示。

该工艺流程的特点：

① 较低的操作压力、设计压力和氢耗。

② 第二反应器放在第一反应器上游，第二反应器流出物作为第一反应器进料的一部分。

③ 第二反应器未利用的氢气在第一反应器再利用，降低循环氢量。

④ 第二反应器的流出物在第一反应器取热，降低冷氢量。

⑤ 设有独特的增强式热高压分离器。

⑥ 设置长循环和短循环。

⑦ 分馏塔采用分壁式设计。

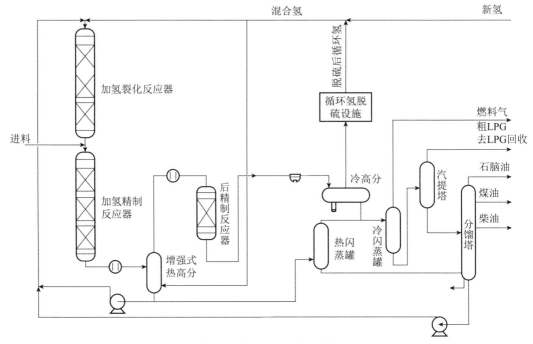

图 7-3　Hycycle 工艺流程图

（6）双系列工艺流程。

由一段（或单段）工艺流程的反应部分或反应部分主体设备并列组成高压系统组合而形成的加氢裂化技术称为双系列加氢裂化技术。采用双系列加氢裂化技术设计的工艺流程称为双系列工艺流程，如图 7-4 所示国外某厂渣油加氢装置双系列工艺流程（虚线部分为反应部分双系列中的一个系列）。

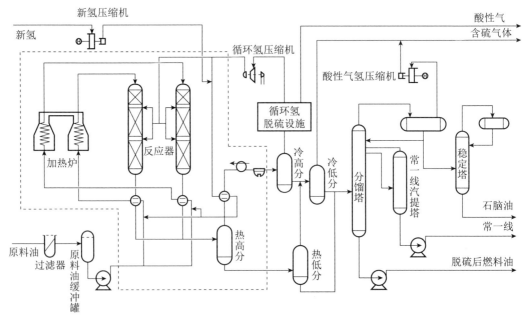

图 7-4　渣油加氢装置双系列工艺流程

2) 工艺流程的选择

宏观工艺流程的选择受催化剂性能、原料性质及生产周期等因素的影响,如果原料的干点和含氮量都高,要想使运转周期≥2 a,一般应采用两段流程。如果想采用贵金属催化剂,则只能采用两段流程。如果装置规模过大(如大于 3.5 Mt/a),且受设备制造、运输、物流均匀分配困难等因素影响,则可采用双系列工艺流程。

加氢裂化生产润滑油基础油料的工业装置可采用单段一次通过、单段串联一次通过或两段流程。另外,也有炼厂将原料→加氢脱氮→加氢裂化→分离→异构化→加氢处理→分离→产品的工艺流程称为三段工艺流程。

对于渣油加氢裂化装置,当转化率≤20％时,可采用单段一次通过工艺流程;当转化率≥80％时,可采用两段一次通过工艺流程。

目前,应用最多的工艺流程为单段串联和单段一次通过工艺流程。

七、思考题

(1) 简述催化加氢技术分类及各自目的。

(2) 催化加氢的作用是什么?

(3) 催化加氢主要涉及的两类反应过程是什么?

(4) 加氢裂化装置所用催化剂有哪些?

(5) 加氢裂化过程的主要操作参数有哪些?

任务八　加氢精制工艺操作

一、任务目标

1. 知识目标

(1) 了解加氢精制生产过程的作用。

(2) 熟悉加氢精制主要反应的原理及特点、催化剂的组成及性质、工艺流程及操作影响因素分析。

2. 能力目标

(1) 能根据原料的来源和组成、催化剂的组成和结构、工艺过程、操作条件对加氢产品的组成及特点进行分析和判断。

(2) 能对影响加氢生产过程的因素进行分析和判断,进而能对实际生产过程进行操作和控制。

二、案　例

某公司 120×10⁴ t/a 加氢改质装置采用中国石化石油化工科学研究院(RIPP)中压加氢改质技术(MHUG),由中国石化洛阳工程有限公司设计。该装置以含酸环烷基原油的直馏柴油、焦化汽油和焦化柴油的混合油为原料(表 8-1),生产满足欧 V 排放标准的柴油,同时副产石脑油。该装置包括反应部分(包括新氢压缩机、循环氢压缩机)、分流部分、公用工程部分,具体工艺参数为:操作压力 10.0 MPa(反应器入口氢分压和循环氢压缩机入口压力),氢油比 650,主剂总体积空速 1.2 h^{-1},化学氢耗 1.71 m^3/h,最高平均反应温度 382 ℃。该装置自 2015 年 5 月正式投入运行以来总体良好,但运行过程中反冲洗过滤器系统存在以下问题:

生产原料为直馏柴油、焦化汽油和焦化柴油的混合油,其中焦化汽油、焦化柴油直接自装置外来,直馏柴油有装置外来和罐区两条管线,这两条进料管线可以作为加工量波动时的调节手段。在生产过程中生产方案调整相对频繁,负荷调整较大,经常在 60%～110% 之间运行。运行中由于进料量变化、原料油性质变化(原料油进料性质见表 8-1,尤其是焦化汽油、焦化柴油中夹带焦粉)等,过滤器设计压差偏小问题暴露较为突出,导致过滤器反吹频繁,污油量过大,使原料油过滤器不能正常投入使用,经常出现由于过滤器检修而切副线操作的工况,把原料中的部分大分子杂质带进高压换热器及反应器床层,影响换热器的换热效果及催化剂活性的正常发挥,使反应器床层压降上升,而且由于过滤器反冲洗使用精制柴油,造成不必要的浪费,导致装置能耗上升。

表 8-1　加氢改质装置原料油进料性质

原料油		直馏柴油	焦化柴油	焦化汽油	混合油
加工比例/%		52.65	30.42	16.93	100.00
密度(20 ℃)/(g·cm^{-3})		0.896 5	0.847 0	0.729 5	0.848 5
硫含量/(μg·g^{-1})		1 670	2 200	1 600	1 819
氮含量/(μg·g^{-1})		315	2 200	425	907
碱性氮含量/(μg·g^{-1})		—	—	233	—
凝点/℃		<−20	−15		
酸值/(mg KOH·g^{-1})		1.133	—	—	—
酸度/[mg KOH·(100 mL)$^{-1}$]		—	10.2	6.6	
10%残炭含量/%			0.17		
馏程/℃	初馏点	202	120	24	40
	10%	241	214	53	138
	30%	277	245	82	235
	50%	303	275	111	276
	70%	325	301	138	307
	90%	357	327	163	342
	终馏点	373	349	198	373
十六烷值(ASTM-D 4737)		36.6	47.8	—	40.1
十六烷值指数		—	46.5	—	—

另外,高压换热器是螺纹锁紧式换热器,到目前为止还不能够正常检修,因此避免大分子杂质进入高压换热器,确保其安全运行显得特别重要。在实际生产过程中,由于过滤器故

障,曾经多次导致采取装置大幅度降量、部分改循环等应急措施,特别是在 2016 年下半年,装置在处理量加大、原料性质变化的情况下,反吹周期明显缩短,曾多次发生反吹时间长达 3 h 不停的状况,只能临时改副线,未经过滤进料,降量生产,同时现场紧急采用蒸汽多次吹扫等措施,虽然效果略有改观,但是维持数天后又会发生过滤器频繁反冲洗、不进料问题,严重影响生产和催化剂的使用寿命。

三、问题分析及解决方案

1. 工作原理

列管式反冲洗式原料过滤器采用机械分离原理,使用进口的金属锁形缠绕丝网滤芯将原料油中的杂质分离出来。通过反冲洗将产生的污油储存在污油罐中,达到一定容积后由污油泵抽出。其流程如图 8-1 所示,主要由原料油过滤器、污油罐、管道过滤器、污油泵、冷却器及管路、仪表和控制系统等组成。其中原料油过滤器由 3 列共 15 组并联的过滤单元组成,当其中任意 1 组进行反冲洗时,其余 14 组过滤单元均处于正常运行状态,可实现全天无间隙运行。

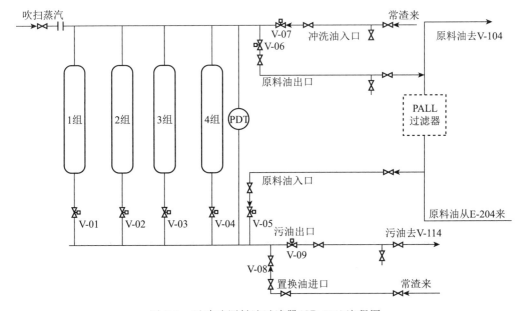

图 8-1　反冲洗原料油过滤器(SR-101)流程图

具体工作过程:当原料油流经装有滤芯的过滤器时,颗粒物逐渐沉积并聚集在滤芯外表面形成滤饼。随着滤饼厚度的增加,液流穿过滤芯的阻力增大,压差上升。当压差或时间达到预先设定值时,PLC(可编程控制器)控制系统依次对各组过滤单元进行反冲洗。反冲洗时,依次关闭原料油进口阀和出口阀,快速打开冲洗油进口阀和排污阀,利用外接柴油从过滤器顶部到过滤器底部形成一个压迫流,通过流体的冲洗使滤芯表面的滤饼脱落,随反冲洗介质一起排入地下污油池。该组过滤单元反冲洗完成后自动投入正常运行状态,下组过滤单元开始进行反冲洗,直到 15 组单元全部反冲洗完毕,过滤器进入正常运行状态,待下一次反冲洗信号的到来。该过滤器设有自动、手动、蒸汽反吹三种清洗方式,自动化程度高,设备的进出口压差变化、反冲洗频率等参数均可在集散控制系统(DCS)内直接显示。

2. 问题分析

1)原料油性质变化

装置进料为直馏柴油、焦化汽油和焦化柴油的混合油,在实际加工过程中由于焦化汽油、焦化柴油直接从焦化装置来,没有库存,加工量较多,使原料油密度加大,其中大分子颗粒增多。在检修滤芯时多次发现滤芯表面黑色油污多为重油混合物、焦粉等。该滤芯油污经柴油清洗后可溶解脱落。此外,原料油中水含量高,对过滤器影响也很大,装置多次发生由于原料油带而水引发过滤器频繁冲洗的现象,经加强脱水后情况明显好转。

2)原料油过滤器过滤能力不足

在装置大负荷、长周期生产过程中,当一列过滤器需要检修时,其他两列按正常设计只能承担66%的过滤要求,处于严重超负荷状况;再加上自身滤芯表面的堵塞,很大一部分按原设计可通过滤芯的微细颗粒由于滤芯表面杂质的堵塞而不能通过,使过滤器压差上升,反冲洗间隔时间持续缩短,形成恶性循环,甚至直接导致过滤器不能运行,以致改循环或走副线生产,使原料中的部分大分子杂质直接带进高压换热器及反应器床层,影响换热器的换热效果及催化剂活性的正常发挥,使反应器床层压降上升,严重增加装置能耗。

3)部分设计不合理

反冲洗油按原设计来自装置产品精制柴油,但由于精制柴油压力(0.3～0.4 MPa)低,反冲洗压差小,致使反冲洗不彻底。压差小的另一个隐患是当原料油罐压力意外升高时,易引发原料油窜入精制柴油中,导致产品质量不合格。而且若以精制柴油作为反冲洗油,会造成不必要的浪费,特别是连续反冲洗时,大量精制柴油进入污油系统,造成装置能耗增加。此外,按照原设计,原料油过滤器后无压力调节阀,无法控制过滤器背压,也影响了反冲洗效果。

4)在线处理不及时

在运行过程中,当发生反冲洗时间缩短等影响过滤器正常运行的现象时,若处理不及时,则会使其运行工况进一步恶化,造成生产波动,特别在夜班期间更为普遍。另外,当仪表故障频繁,特别是球阀经常泄漏时,需要在线将该列过滤器隔离吹扫后处理,若处理时间较长,则会引发恶性循环。

3. 解决及优化措施

1)新增一座原料油过滤器(SR-102)

该装置在2018年大修期间新增了原料油过滤器Ⅱ(SR-102),可与现有的原料油过滤器(SR-101)并联工作,也可单独过滤,两者共同承担 120×10^4 t/a加氢精制原料油的处理,从而延长过滤器的反冲洗周期。由于增加了原料油过滤器Ⅱ(SR-102),整套过滤系统每次反冲洗时所产生的污油量将会增加,按原有控制逻辑,之前的反冲洗污油罐(V201)容积偏小,通过改变泵的启动液位及泵的开启数和改变每组的反冲洗间隔时间可以解决这一问题。新增原料油过滤器Ⅱ(SR-102)与现有的原料油过滤器(SR-101)组合后,相当于一套7列35组过滤单元组成的过滤系统,即当其中1组进行反冲洗时,其余34组过滤单元均处于正常过滤状态,使原料油过滤器设计过滤能力不足问题得到彻底解决。但在平时使用时,2座反冲洗过滤器实行"一用一备"形式,当 SR-101 频繁反冲洗时,将其切除,投用 SR-102,同时将切除的 SR-101 进行蒸汽吹扫备用。

2)及时清洗滤芯,适时更换滤芯及球阀等组件

滤芯是过滤器的关键部件,只有保持滤芯清洁,过滤器才能提供最佳的去除效率,故必须加强在线清洗,特别是在原料油性质变重、水含量较高等不良工况下,更需要加强清洗。一般在系统大修后或反冲洗周期太短时,可用低压蒸汽对过滤器进行反吹以恢复滤芯的清洁,延长整套设备的使用寿命。当过滤器反冲洗周期太短,精制柴油反冲洗无法解决,用蒸汽吹扫也无法解决时,可将其切除,停运检修,对滤芯进行清洗。如果滤芯表面油污难以清洗,则可更换滤芯。实际生产中通过隔离处理及检修,组织更换了一批滤芯,同时对部分易泄漏球阀也进行了更换,联系仪表等单位对过滤器控制系统进行了校对,消除了运行隐患。

3)改造反冲洗污油系统等

利用检修机会,还对反冲洗污油系统进行了改造,将反冲洗油由精制柴油改为过滤后原料油,增设反冲洗污油至焦化装置跨线,使反冲洗过滤器污油随常压重油送至焦化塔回炼,实现了污油的零排放,同时增设原料油过滤器后压力调节阀,实现了过滤器背压的有效控制。通过提高过滤后反冲洗油的压力,增加了反冲洗的压差,提高了过滤效果。

4)加强原料油性质控制,特别是水含量

原料油进料中焦化汽油、柴油含有焦粉颗粒时容易堵塞过滤器滤芯,建议加强控制,特别是控制含焦粉最多的焦化汽油的掺炼量;对直馏柴油建议在罐区加强脱水,同时控制好掺炼量。在此基础上,操作人员必须加强原料油质量及工艺参数的监控,及时进行现场脱水等优化作业。

5)优化在线控制

为了确保装置长周期运行,在线控制是关键。在线控制应把握三个方面:① 保持原料油罐液位稳定控制在 $40\%\sim60\%$;② 保持反冲洗压差稳定;③ 加强原料油过滤器的维护,确保各组件运行良好。同时,加强对突发反冲洗频繁现象的优化处理:① 当原料油罐液位由于反冲洗过于频繁而下降较多时,改部分精制柴油循环以保持液位稳定;② 通过过滤器后的压力调节阀适当提高反冲洗压差以提高过滤效果;③ 通过蒸汽反冲洗线接口,规定在反冲洗时间间隔如 30 min 内必须及时隔离被堵塞过滤单元,手动进行蒸汽反吹,这样可避免班组内推诿而导致滤芯堵塞更为严重。

4. 优化效果及操作要点

1)优化效果

经过上述措施,装置投用后实现了一年无检修的稳定运行,大颗粒分子过滤较彻底,有效减少了换热器杂质堆积和结垢,保证了换热效率,提高了换热器使用寿命;循环氢压缩机、原料泵、新氢压缩机在出口压力相对较低的情况下运行,再加上将反冲洗油由精制柴油改为过滤后原料油等措施,有效降低了装置的能耗;将拆除的程控阀及组件作为正常配件使用,大大减少了重新采购新阀的成本,提高了装置的安全系数,延长了装置安全平稳运行周期。

2）操作要点

（1）在线检修过程中经常发生部分柴油泄漏而污染地面环境的问题。要注意加强蒸汽反吹,尽可能吹尽残油。同时加强现场管理,实现清洁检修作业。

（2）在生产中发现有部分参数设置不合理。在实际生产中,有时发现在低处理量、按压差反吹设置的工况下反冲洗时间间隔可达24 h等情况,这时应注意进一步优化参数设置,适当调整压差或根据实际调整反冲洗方式,如在低处理量时由压差设定调整为时间设定进行反冲洗等。

（3）注意加强对过滤器反冲洗时间间隔、反冲洗时间长短与投用过滤器数量多少的监控,并通过对比以找到它们之间的最佳组合,进一步优化参数,从而保证过滤器安全平稳运行,创造出最大效益。

四、拓展资料

目前我国对环境保护日益重视,2020 年全国机动车保有量达 3.72 亿辆,其中汽车 2.81 亿辆,机动车成了大气污染的重要来源。燃料油中所含的硫在燃烧过程中会生成 SO_x 等有害气体,排放到大气中,直接对人类的身体健康及生活环境造成危害。

根据表 8-2 所示我国燃料油标准的变化来看,燃料油标准正在向低密度、低硫、低芳烃、高十六烷值方向发展。原料油通过加氢精制,一方面能够脱除油品中的含硫、含氮等非金属化合物,另一方面能够使硫化物中部分芳香环加氢生成环烷烃或者裂解成带支链的单环芳烃,改善油品质量,提高燃料油的燃烧性能。

表 8-2　我国燃料油规范部分质量标准变化（以柴油为例）

项　目	规　范			
标准牌号级别	国Ⅲ	国Ⅳ	国Ⅴ	国Ⅵ
密度（20 ℃）/(kg・m⁻³)	820～860	810～850	810～850	810～845
硫含量/(μg・g⁻¹)	≤350	≤50	≤10	≤10
总芳烃含量/%	≤15	≤11	≤11	≤7
十六烷值	≥46	≥49	≥51	≥51

什么是加氢精制工艺技术? 总体来说,该技术是指炼厂直馏/二次加工出来的燃料油在催化剂和氢气存在以及一定的温度和压力下,石油馏分中含有的硫、氮、氧的非烃组分和有机金属化合物分子发生脱除硫、氮、氧和金属氢解反应,烯烃和芳烃分子发生加氢反应,从而使燃料油符合国家现行燃料油标准,实现油品清洁化的目的。

1. 加氢精制反应原理

催化加氢反应主要涉及两种反应过程:一是加氢处理反应过程,二是烃类加氢反应过程。这两类反应过程在加氢处理和加氢裂化过程中都存在,只是侧重点不同。任务七中已列出了烃类加氢反应,本任务则主要讨论加氢处理反应。

1）加氢脱硫（HDS）

石油馏分中的硫化物主要有硫醇、硫醚、二硫化物及杂环硫化物等,其在加氢条件下发

生氢解反应,生成烃和 H_2S。主要反应如下:

$$RSH + H_2 \longrightarrow RH + H_2S$$

$$R—S—R + 2H_2 \longrightarrow 2RH + H_2S$$

$$(RS)_2 + 3H_2 \longrightarrow 2RH + 2H_2S$$

$$R—\text{[噻吩]} + 4H_2 \longrightarrow R—C_4H_9 + H_2S$$

$$\text{[二苯并噻吩]} + 2H_2 \longrightarrow \text{[联苯]} + H_2S$$

各种硫化物的反应活性主要取决于硫化物分子的大小及结构。一般来说,对于同一结构的硫化物,分子越大,加氢脱硫反应速率越慢,但其影响程度远低于分子结构的影响。不同结构硫化物的反应速率顺序如下:

硫醇(醚)≫噻吩>苯并噻吩>二苯并噻吩>烷基二苯并噻吩类

在满足国Ⅵ柴油标准的超深度加氢脱硫工艺过程中,4,6-DMDBT(二甲基二苯并噻吩)是必须要脱除的硫化物,这就对工艺操作参数、催化剂性能以及相关设备提出了更高的要求。

2) 加氢脱氮(HDN)

石油馏分中的氮化物主要是杂环氮化物及少量的脂肪胺或芳香胺。在加氢条件下,氮化物反应生成烃和 NH_3。主要反应如下:

$$R—CH_2—NH_2 + H_2 \longrightarrow R—CH_3 + NH_3$$

$$\text{[吡啶]} + 5H_2 \longrightarrow C_5H_{12} + NH_3$$

$$\text{[喹啉]} + 7H_2 \longrightarrow \text{[环己烷-}C_3H_7] + NH_3$$

$$\text{[吡咯]} + 4H_2 \longrightarrow C_4H_{10} + NH_3$$

加氢脱氮反应包括两种不同类型的反应,即 C=N 的加氢和 C—N 键的断裂,因此加氢脱氮反应较脱硫反应困难。加氢脱氮反应中存在受热力学平衡影响的情况。

馏分越重,加氢脱氮越困难。这主要是因为馏分越重,氮含量越高,同时重馏分氮化物结构越复杂,空间位阻效应越强,且其中芳香杂环氮化物居多。

3) 加氢脱氧反应(HDO)

石油馏分中的氧化物主要是环烷酸及少量的酚、脂肪酸、醛、醚及酮。氧化物在加氢条件下通过氢解生成烃和 H_2O。主要反应如下:

$$\text{[苯酚]}—OH + H_2 \longrightarrow \text{[苯]} + H_2O$$

$$\text{[环己烷]}—COOH + 3H_2 \longrightarrow \text{[环己烷]}—CH_3 + 2H_2O$$

不同结构氧化物的反应活性大小顺序为:

呋喃环类＞酚类＞酮类＞醛类＞烷基醚类

氧化物在加氢反应条件下分解很快,对于杂环氧化物,当其有较多的取代基时,反应活性较低。

4）加氢脱金属（HDM）

石油馏分中的金属主要有镍、钒、铁、钙等,主要存在于重馏分尤其是渣油中。这些金属对石油炼制过程尤其对各种催化剂参与的反应影响较大,必须除去。渣油中的金属化合物可分为卟啉化合物（如镍和钒的络合物）和非卟啉化合物（如环烷酸铁、钙、镍等）。以非卟啉化合物形式存在的金属反应活性高,很容易在 H_2/H_2S 存在条件下转化为金属硫化物沉积在催化剂表面上。而以卟啉化合物形式存在的金属化合物则先可逆地生成中间产物,然后中间产物进一步氢解,生成硫化态镍等并以固体形式沉积在催化剂上。例如:

$$R—M—R' \xrightarrow{H_2, H_2S} MS+RH+R'H$$

综上可知,加氢处理脱除硫、氮、氧及金属杂质反应类型不同。这些反应一般是在同一催化剂床层上进行,此时要考虑各反应之间的相互影响。例如,氮化物的吸附会使催化剂表面中毒,氮化物会导致活氢从催化剂表面活性中心脱除而使加氢脱氧反应速率下降;硫化物在加氢反应开始前需要对催化剂进行预硫化,使催化剂上负载的氧化态活性金属转变为具有催化活性的硫化态活性组分,有利于加氢反应的进行,但是反应后期,随着循环氢内富集的硫化物增多,会严重抑制加氢脱硫反应的深度和速率;渣油中的金属很容易以硫化物的形式沉积在催化剂的孔口,堵塞催化剂孔道,影响加氢反应。所以,加氢反应可以在不同的反应器中采用不同的催化剂分别进行反应,以减小反应之间的相互影响并优化反应过程。

2. 加氢精制工艺流程

1）加氢处理工艺流程

加氢处理根据处理原料可划分为两种主要工艺:一是馏分油的加氢处理,包括传统石油产品加氢精制和原料油预处理;二是渣油的加氢处理。

（1）馏分油加氢处理。主要包括汽油馏分加氢、煤油馏分加氢、柴油馏分加氢等。其工艺流程如图 8-2 所示。

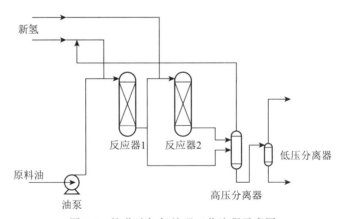

图 8-2 馏分油加氢处理工艺流程示意图

（2）渣油加氢处理。由于石油资源有限、原油变重变劣、中间馏分油的需求量增加及环保法规越来越严格等,渣油轻质化技术不断发展。通过加氢处理后的渣油可送到催化裂化装置处理,生产出大量的合格轻质油。

减压渣油是指原油经过加工后密度最大、杂质组分含量最高的油品,含有相当多的金属、硫化物、氮化物及残炭等物质,其中杂质金属、氮化物会使下游装置催化剂失去活性,严重影响下游装置的生产周期;硫化物会腐蚀生产装置的设备及管线;残炭在下游催化裂化装置深加工过程中极不稳定,很容易结焦,影响催化裂化装置的长周期运行。在装置原料中掺入减压重蜡油与焦化蜡油,可有效降低渣油进料的黏度与杂质含量,有利于催化加氢反应的进行,有利于装置的操作与长周期运行。

渣油加氢装置采用固定床加氢工艺。在适当的温度、压力、氢油比和空速条件下,原料油和氢气在催化剂的作用下进行反应,使油品中的杂质如硫化物、氮化物、氧化物转化成相应的易于除去的 H_2S,NH_3 和 H_2O 而脱除,重金属杂质与 H_2S 反应生成金属硫化物沉积在催化剂上,稠环芳烃及一部分不饱和烃得到加氢饱和,为下游装置生产出合格的原料油,同时副产部分柴油及石脑油。

在渣油加氢处理过程中,所发生的化学反应很多,非常复杂,但主要发生的反应有加氢脱硫反应、加氢脱金属反应、加氢脱氮反应、加氢脱残炭反应等。

2)影响加氢的因素

实际生产过程中,影响催化加氢结果的因素主要有原料油的组成和性质、催化剂的性能、工艺条件及设备结构等。

(1)催化剂性能。

① 催化剂类型。

加氢精制催化剂一般以分子筛为载体,通过负载不同类别和数量的 W,Mo,Ni,Co 等重金属经煅烧制成,适合加工不同的原料油,如适合加工直馏柴油与二次加工柴油混合油的 W-Mo-Ni-Co 型催化剂、适合催化柴油等二次加工柴油超深度脱硫的 W-Mo-Ni 型催化剂和适合直馏柴油在低氢耗下深度脱硫的 Mo-Co 型催化剂等。

② 催化剂硫化。

催化剂所含的活性金属组分(Mo,Ni,Co,W 等)都是以氧化态形式存在的。催化剂经过硫化,活性金属组分由氧化态转化为硫化态,具有良好的加氢活性和热稳定性。因此,在加氢催化剂接触原料油之前,需要先进行预硫化,将催化剂活性金属组分由氧化态转化为硫化态。

催化剂硫化一般分为湿法硫化和干法硫化两种,其中湿法硫化是在 H_2 存在下,采用硫化物或馏分油在液相或半液相状态下的预硫化;干法硫化是在 H_2 存在下,直接用含有一定浓度的 H_2S 或直接向循环氢中注入有机硫化物进行的预硫化。

(2)工艺条件。

影响石油馏分加氢过程的主要工艺条件有反应压力、反应温度、空速和氢油比等。

① 反应压力。

反应压力的影响是通过氢分压体现的。系统中的氢分压取决于操作压力、氢油比、循环氢纯度以及原料油的汽化率。

对于硫化物的加氢脱硫和烯烃的加氢饱和反应,在压力不太高时就有较高的平衡转化率。在工业加氢过程中,反应压力不仅是一个操作参数,而且关系到工业装置的设备投资和能量消耗。

② 反应温度。

提高反应温度会使加氢精制反应速率加快。工业上希望有较高的反应速率,但反应温度的提高受某些反应的热力学限制,所以必须根据原料油性质和产品要求等条件来选择适宜的反应温度。在通常使用的压力范围内,加氢精制的反应温度一般不超过 420 ℃,因为高于 420 ℃时会发生较多的裂化反应和脱氢反应。

③ 空速和氢油比。

空速反映了装置的处理能力。工业上希望采用较高的空速,但空速受反应速率的制约。根据催化剂活性、原料油性质和反应深度的不同,空速在一较大范围内($0.5 \sim 10 \ h^{-1}$)波动。重质油料和二次加工中得到的油料在加氢处理时需要采用较低的空速。在加氢精制过程中,在给定的温度下降低空速时,可提高烯烃饱和率、脱硫率和脱氮率。

提高氢油比可以提高氢分压,这在很多方面对反应是有利的,但会增大动力消耗,使操作费用增加。因此,需要根据具体条件选择合适的氢油比。

3)加氢精制工艺最新发展趋势

中国石化抚顺石油化工研究院开发的 SRH(液相循环加氢精制工艺)技术,依靠液相产品循环时携带进反应系统的溶解氢来提供新鲜原料进行加氢反应所需要的氢气,并成功实现了工业化。其流程如图 8-3 所示。SRH 技术的优点是催化剂处于全液相中,可以消除催化剂的润湿因子影响,大大提高了催化剂的利用效率;循环油的比热容大,从而使催化剂床层接近等温操作,可以延长催化剂的使用寿命,减少裂化等副反应,提高产品收率;装置取消了循环氢压缩机系统、高压换热器、高压空冷器、循环氢脱硫塔等,热量损失小,可以大幅度降低装置能耗,使装置投资费用和操作费用均较低,是低成本实现油品质量升级的较好技术。

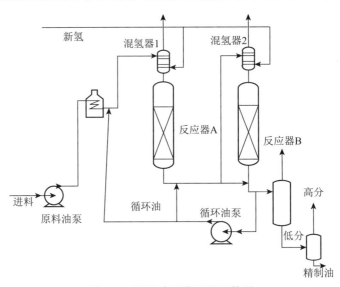

图 8-3　SRH 中试装置流程简图

中型装置试验结果证明,SRH 技术可以在适宜的工艺条件下加工各种柴油原料,对原料适应性强、产品质量好。长岭 20×10^4 t/a SRH 装置工业应用结果表明:以煤油为原料可以生产合格的 3 号喷气燃料,以常二柴油、催化柴油或常二柴油、焦化柴油的混合油为原料可以生产满足国Ⅲ质量标准的清洁柴油,以常二线柴油为原料可以生产满足欧Ⅳ质量标准的清洁柴油。该装置可长期稳定生产运行,表明 SRH 技术和关键设备成熟可靠。

五、思考题

（1）什么是加氢精制工艺技术？
（2）加氢精制的反应原理是什么？
（3）简述加氢精制的工艺流程。
（4）影响馏分油加氢精制的主要因素有哪些？

任务九　制氢工艺操作

一、任务目标

1. 知识目标
（1）了解制氢在炼油生产过程中的作用。
（2）熟悉制氢工艺的主要反应原理及特点、催化剂的种类、工艺流程及操作影响因素分析。

2. 能力目标
（1）掌握制氢装置的开停车操作。
（2）能对影响制氢生产过程的因素进行分析和判断，进而能对实际生产过程进行操作和控制。

二、案　例

某炼厂 50 000 m³/h 制氢装置由中国石化洛阳工程有限公司设计，采用烃类蒸汽转化制氢技术及冲洗再生式变压吸附（PSA）提纯氢气的工艺路线。该装置于 2012 年 4 月投产，生产过程中存在以下问题：

受全厂氢气平衡的影响，长期处于低负荷（实际负荷为设计负荷的 30%～45%）运行，低于设计操作弹性下限（设计负荷的 50%）。当装置处于低负荷运行时，其操作方式、操作参数等与设计指标存在一定的差异，最突出的问题是容易造成转化炉炉管内物料偏流，进而影响炉管及转化催化剂的使用寿命。

三、问题分析及解决方案

1. 工艺流程

制氢装置采用硫含量较低的天然气作为制氢原料，其中甲烷、氮气的体积分数分别为 99.53%，0.47%，硫含量为 2.78 $\mu g/g$。该装置生产纯度不小于 99.9%（体积分数）的氢气。产品供应至该炼厂氢气管网，用作汽油/煤油/柴油加氢装置的补充氢气。

2. 装置低负荷运行时存在问题及优化措施

1）转化炉存在的问题及优化措施

转化炉是烃类蒸汽转化制氢技术的关键设备。制氢装置转化炉共有 176 根炉管及 70

支同时燃烧高压和低压瓦斯的火嘴。装置低负荷运行时,由于反应空速下降,在达到相同转化率时所需的反应温度较低,但为了保证每根炉管反应温度分布均匀的要求,操作过程中不能通过减少点燃火嘴的数量来控制,因此增大了炉膛温度的控制难度。另外,装置低负荷运行时,由于天然气加工量很低,易导致反应介质在176根炉管内分布不均,产生偏流,同时物料的流速低、空速小,还会导致热量不能及时带出,对炉管及催化剂的正常运行造成较大影响,严重时会造成催化剂表面积炭、失活,炉管外壁局部温度偏高,引发炉管发生花斑、红管等现象。

优化措施:

(1)选择合适的水碳比。水碳比是烃类蒸汽转化制氢的一个重要参数。由于水蒸气是转化反应的反应物之一,因此控制较高的水碳比能够提高烃类的转化率,降低转化气中残余甲烷的含量,而且可避免催化剂结焦,保持催化剂活性。

制氢装置低负荷运行时,一般会控制水碳比高于设计值(最小水碳比与负荷量的关系见表9-1),这是因为低负荷运行时水碳比的选择是保证176根炉管内反应介质均匀分布、防止偏流的唯一方法。

表9-1　最小水碳比与负荷量关系

负荷/%	天然气加工体积流量/(m³·h⁻¹)	最小配汽体积流量/(m³·h⁻¹)	最小水碳比(物质的量之比)
100	18 876	56 400	≥3.0
30	6 000	32 000	5.2
32	6 500	31 500	4.8
35	7 000	31 000	4.3
37	7 500	30 500	4.0
40	8 000	30 000	3.7
42	8 500	29 500	3.4
45	9 000	29 000	3.2
48	9 500	28 500	3.0
50	10 000	30 000	3.0

但水碳比控制过高又会产生以下问题:一是增加中压蒸汽和燃料的消耗;二是造成转化催化剂钝化,甚至使上层催化剂中抗积炭组分钾碱流失,降低催化剂的活性及物理性能;三是造成中变反应器入口温度升高,容易使变换余热回收系统设备超温。根据实际生产情况,表9-1中列出了低负荷下水碳比的最小控制值。

(2)调整转化反应温度。

转化反应温度是烃类蒸汽转化制氢的一个重要影响因素。烃类蒸汽转化反应是强吸热反应,升高反应温度有利于转化率的提高,降低转化气中残余甲烷含量。但反应温度过高会缩短转化炉炉管的使用寿命,还会加速转化催化剂失活,因此生产中在满足转化气质量要求(残余甲烷含量3.5%~4.5%)的前提下,尽量采用较低的转化反应温度。

控制较低转化反应温度的关键在于调整火嘴,使炉膛温度及炉出口温度均匀分布。制氢装置转化炉炉膛内70支火嘴呈5排、每排14支分布。正常生产时,转化炉燃料采用管网高压瓦斯和 PSA 系统副产的低压解吸气。因为解吸气受 PSA 程序特性的影响,其压力及组成均随吸附时间 t_1,t_2(分别为 PSA 运行时的奇数与偶数步序)的交替呈现较大幅度的波动,所以导致转化炉温度难以控制。

针对该装置转化炉火嘴多、分布分散、燃料气组分复杂的情况,日常操作中通过优化 PSA 操作,将解吸气压力控制指标由 0.01~0.03 MPa 减小至 0.01~0.02 MPa,同时将高压瓦斯压力控制指标由 0.08~0.16 MPa 减小至 0.08~0.12 MPa,从而使火嘴全部投用。另外,对转化炉炉膛横面温差和出口支路温差进行严格管控,将前者的控制指标由不高于 50 ℃ 减小至不高于 30 ℃,将后者的控制指标由不高于 20 ℃ 减小至不高于 10 ℃,保证转化炉内温度的均匀分布,尽量降低转化反应温度。

(3) 优化效果。

水碳比、转化反应温度这 2 个操作参数优化后,转化炉运行良好,炉管颜色分布均匀,未发现花斑、亮带、红管等异常现象;转化催化剂活性良好,转化炉出口平衡温差仅为 2 ℃,低于设计值(5 ℃),完全满足设计及生产要求;造气系统各类催化剂的使用寿命达 52 个月,超出设计使用寿命(16 个月)。

2) 变换余热回收系统存在的问题及优化措施

由于制氢装置低负荷运行时不可避免地要选择较高的水碳比进行控制,因此造成变换余热回收系统的中温热源过剩,若控制不当,很容易造成设备超温。

变换余热热源主要用于三个方面:一是为原料加氢反应提供热量;二是对汽包给水进行加热;三是对除氧器给水进行加热。

在装置低负荷运行时,合理的取热分布控制是保证换热器及空冷器安全长周期运行的重要手段,同时可适当降低中压及低压蒸汽消耗。实际生产中,主要采取以下措施进行管控:

(1) 当天然气加工体积流量小于 8 000 m³/h 时,由于自产蒸汽量不足,必须从外管网引入部分中压蒸汽以满足高水碳比配汽所需。由于装置外围中压蒸汽管线距系统总线较远,为了保证管线内中压蒸汽不产生凝液,外围管线内介质流量必须控制在不小于 3 t/h。此时应尽量将变换余热用于加氢反应进料换热,降低汽包给水温度,减少自产蒸汽量并提高产汽温度,避免自产蒸汽通过消音器放空而造成浪费。

(2) 当天然气加工体积流量不小于 8 000 m³/h 时,应充分利用原料第二预热器(热源为中压蒸汽)来保证加氢反应温度,使变换余热尽量用于汽包给水温度的控制,增加自产蒸汽量,保证外输中压蒸汽流量不小于 3 t/h。

(3) 控制除氧器给水温度为 96~98 ℃,这不仅能确保空冷器运行不超温,还能降低低压汽提蒸汽的消耗和水冷器的循环水消耗。

3) 配氢量存在的问题及优化措施

由于装置低负荷运行,装置配氢量相对较高,从而导致催化剂失硫,致使其活性组分被破坏。

配氢的目的是使氢气作为反应物参与原料加氢反应。制氢装置加氢催化剂技术要求:采用天然气加氢时,原料中配氢量一般控制为天然气加工量的 2%~5%,同时要求原料中硫含量不小于 2 μg/g。由于制氢装置是按照使用国产制氢催化剂进行设计的,加氢反应器直径较大,但实际运行时采用了进口催化剂,反应器内实际催化剂的装填量较少,仅为设计装填体积的60%,因此配氢量过低容易造成加氢反应不彻底。装置低负荷运行时,控制配氢量为600~800 m^3/h,其上限调整为不超过天然气加工量的10%。

　　4)锅炉操作存在的问题及优化措施

　　受下游汽油/煤油/柴油加氢装置用氢量变化的影响,制氢装置还需要短时间内大幅度提降原料进料量。由于装置采用加注磷酸三钠处理炉水,通常在负荷快速调整过程中会发生盐类暂时消失与回溶的现象,这会造成锅炉内部磁性氧化铁保护层的溶解,从而加速设备腐蚀。

　　优化措施:在调整生产负荷时应遵循制氢提降量原则,且天然气加工体积流量最大调整值不能超过1 000 m^3/h。

四、操作要点

　　如前文所述,制氢装置低负荷运行容易造成转化炉炉管内物料偏流,进而影响炉管及转化催化剂的使用寿命,可通过控制适宜的水碳比来保证每根炉管内的介质分布均匀。在满足转化率的前提下,应严格管控炉膛及炉出口温度的分布,从而降低反应苛刻度,延长催化剂及炉管的使用寿命。装置低负荷运行时,要合理利用中变热源,防止设备超温,同时减少公用工程的消耗,提高装置的经济效益。

五、拓展资料

　　制氢装置采用烃类蒸汽转化法造气和变压吸附氢气提纯工艺,工艺流程简单、成熟、可靠,产品氢气纯度高。装置由原料升压及原料精制部分、转化余热回收部分、变换及变换气换热和冷却部分、变压吸附及氢气提纯部分、锅炉给水及蒸汽发生部分和公用工程等组成。制氢原料一般为天然气,也可用液化气作为补充原料;产品为工业氢气,主要供给全厂氢气管网。装置副产的变压吸附尾气全部用作转化炉燃料。另外,装置设计负荷下副产3.5 MPa过热蒸汽供给蒸汽管网。

1. 工艺原理

　　装置从原料加氢精制到原料蒸汽转化及中温变换,每个过程都包含复杂的化学反应,而产物分离则是一个除去杂质的变压吸附过程。其流程如图9-1所示。

　　制氢原料中的硫、氯等有害杂质能使转化催化剂中毒而失活,而原料中的烯烃在较高的温度下极易裂解、缩合,使转化催化剂积炭而失活,因此在原料进行转化前必须除去这些有害杂质。但是,原料中的硫、氯大多以有机硫、氯形式存在,要想除去,必须进行加氢转化处理,使之生成易于除去的 H_2S 和 HCl,同时原料中的烯烃需要经过加氢饱和才能达到转化的要求。

　　原料预加氢的目的是在一定的温度下使原料中的烯烃加氢饱和及有机硫、氯加氢生成 H_2S 及 HCl 以便除去。由于制氢装置设计原料中基本不含烯烃,故在此只讨论原料中有机硫、氯等杂质的加氢转化。加氢转化的反应机理如下:

$$R-SH(硫醇)+H_2 \longrightarrow RH+H_2S$$

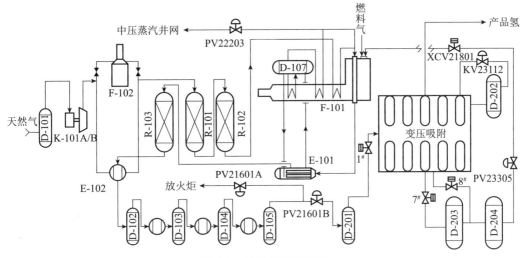

图 9-1　制氢装置流程图

$$R—S—R'(硫醚)+2H_2 \longrightarrow RH+R'H+H_2S$$
$$R—S—S—R'(二硫醚)+3H_2 \longrightarrow RH+2H_2S+R'H$$
$$CS_2(二硫化碳)+4H_2 \longrightarrow CH_4+2H_2S$$
$$COS(硫氧化碳)+H_2 \longrightarrow H_2S+CO$$
$$R—Cl(有机氯化物)+H_2 \longrightarrow R—H+HCl$$

这些反应都是放热反应,反应平衡常数很大。因此,只要反应速度足够快,有机硫、氯的转化是很完全的。利用钴-钼加氢催化剂可使烯烃加氢成为饱和烃,同时使有机氮化物在一定程度上转化成氨和饱和烃类。

加氢转化反应的影响因素如下:

(1)温度。

钴-钼催化剂进行加氢脱硫时,操作温度通常控制在 260～400 ℃范围内。当温度低于 220 ℃时加氢效果明显下降,当温度高于 420 ℃时催化剂表面聚合和结炭现象增加。

(2)压力。

由于有机硫化物在轻油中的含量不高,故压力对加氢脱硫反应影响不大。一般压力由整个工艺流程的要求决定,通常控制在 2.0～4.0 MPa。

(3)空速。

空速是指介质在单位时间通过单位体积催化剂的流量,一般是指体积空速。体积空速是单位时间通过单位体积催化剂的介质(气体折合为标准状态下)的体积流量,单位为 $m^3/(h \cdot m^3)$,可简写为 h^{-1}。有些反应中水蒸气参与反应过程,但计算空速时不计算水蒸气的体积,这时的空速称为干气空速。在烃类转化反应中,一般把碳原子数大于2的烃折算为 CH_4 后再计算空速,这时的空速称为碳空速。使用液体原料时,按液体的体积计算出来的空速称为液空速。加氢反应属内扩散控制,如果增加空速,则原料流速加大,使原料在催化剂床层中的停留时间缩短,反应不完全,所以加氢反应应在一定的空速下进行。但为了提高生产能力,在保证出口硫含量满足工艺要求的条件下,通常采用尽可能高的空速。一般轻油的液空速范围为 1～6 h^{-1},气体原料的空速范围为 1 000～3 000 h^{-1}。

2. 原料脱毒(脱氯)

1) 反应原理

有机氯化物经钴-钼催化剂转化生成无机氯化物,主要以氯化氢的形式存在,其能与脱氯剂中碱性或与氯有较强亲合力的金属元素的氧化物反应生成稳定的金属氯化物而被固定下来。反应式如下:

$$MO + nHCl \longrightarrow MCl_n + H_2O$$

式中,M 为金属。

2) 影响因素

主要影响因素是温度、压力、空速。

制氢原料中氯含量较少,温度、压力对反应的影响较小,且脱氯剂常与加氢脱硫剂一起使用,温度、压力、空速等因素已由加氢脱硫反应系统决定。

一般脱氯剂适应的条件为:温度 $200 \sim 400$ ℃,压力常压 ~ 5.0 MPa,气体原料的空速 $\leqslant 2\,000$ h^{-1},液空速 $\leqslant 4.0$ h^{-1}。

3. 原料脱毒(脱硫)

1) 反应原理

原料净化的目的主要是脱除原料中的硫,保证转化催化剂的正常运行。其反应机理为:利用金属氧化物在一定的温度下与 H_2S 反应生成金属硫化物,使原料中的硫被吸收下来,进而从原料气中脱除。

制氢装置脱硫剂的主要活性组分为 ZnO,其脱硫机理为:

$$ZnO + H_2S \Longrightarrow ZnS + H_2O$$

制氢装置脱硫剂的脱硫机理与脱氯剂的脱氯机理相同,都属于化学吸收型。随着化学吸附反应的进行,脱氯剂、脱硫剂中的有效活性组分含量降低,最终达到工业条件下的饱和而使催化剂失活。因此,催化剂需要及时更换,以免脱硫剂达到饱和硫容量而失去吸附作用后引起床层的硫穿透,进而导致转化催化剂中毒。

2) 影响因素

(1) 温度。

氧化锌脱硫反应均为放热反应,在正常生产中为了保证脱硫剂的脱硫效果及脱硫速度,以及最大硫容量,要求脱硫剂有一定的使用温度。目前使用的中温型脱硫剂所要求的操作温度为 $200 \sim 380$ ℃,最高活性温度要求大于 350 ℃。特别是在催化剂使用后期,提高一点反应温度对提高硫容量、延长更换周期都是有好处的,但不能超过 420 ℃,以防止烃类热裂解而造成结炭。

(2) 压力。

提高压力,相当于提高了硫化物的分压,增加了气体与脱硫剂的接触面积,有利于提高反应速度。一般压力由整个工艺流程的要求决定,通常控制在 $2.0 \sim 4.0$ MPa。

(3) 空速。

在保证有足够的线速度,不存在气膜效应的前提下,采用较低的空速对提高脱硫效率是有利的,但同时需要考虑到设备的体积和利用率。一般空速范围:气体原料的空速为 $1\,000 \sim$

$2\ 000\ h^{-1}$，液空速为 $1\sim6\ h^{-1}$。

4. 蒸汽转化

1）反应原理

烃类的蒸汽转化是以烃类为原料，在一定的温度和催化剂作用下使烃类和蒸汽经过一系列的分解、裂化、脱氢、结炭、消炭、氧化、变换、甲烷化等反应，最终转化为 H_2，CO，CO_2 及少量残余的 CH_4，其中 H_2 是制氢装置的目的产物。烃类的蒸汽转化反应如下：

$$C_nH_m + nH_2O(蒸汽) \longrightarrow nCO + (n+m/2)H_2$$
$$CH_4 + H_2O(蒸汽) \longrightarrow CO + 3H_2$$
$$CO + H_2O(蒸汽) \longrightarrow CO_2 + H_2$$

转化炉内进行的烃类蒸汽转化反应是很复杂的，这些反应构成了一个极其复杂的平行、顺序反应体系。结炭是转化过程中的必然反应，当结炭反应速度大于消炭反应速度时，转化催化剂就会积炭，使催化剂活性下降甚至丧失。为了保证转化催化剂的活性，就要有一定量的蒸汽来消炭。因此，正常生产时，要求转化进料始终保持一定的水碳比，使消炭反应速度大于结炭反应速度，避免催化剂上积炭，同时要求在催化剂床层中，只要有烃类存在就不允许中断蒸汽，因为一旦转化配汽中断，瞬间就会使催化剂形成不可挽回的热力学积炭。另外，从平衡角度看，提高水碳比可以促进转化反应，但在催化剂表面存在着烃类和蒸汽的竞争吸附，因此过高的水碳比对转化反应速度反而不利。

为了充分发挥转化催化剂的活性，并获得较高的氢收率，转化床层一般装填有两种不同性能的催化剂。上段床层催化剂使用含有一定量碱金属的抗结炭助剂，具有较好的低温活性及抗积炭性能；下段床层催化剂具有较高的转化活性，但抗结炭性能差。整个催化剂床层是 $480\sim850\ ℃$ 的变温床层，在生产中一旦烃类在上段床层不能裂解转化为小分子烃类，进入下段床层后就会造成下段床层催化剂的结炭。若这种高温结炭在不具有消炭功能的下段床层催化剂中发生，则会使催化剂快速失活而影响生产。因此，在生产中严禁在转化炉入口温度不具备进料的情况下使烃类进入床层，危害催化剂。

转化催化剂的主要活性组分为单质 Ni，但由于新鲜催化剂提供的是氧化态组分，所以在使用前必须进行还原，使 NiO 还原成具有活性的单质 Ni。在正常生产中应尽量保证催化剂在一定的还原气氛中，以免催化剂被钝化而失活。在事故状态下，一旦催化剂被氧化，就必须对催化剂进行还原才能组织进料。炼厂条件下的还原介质一般用 H_2。

2）影响因素

（1）温度。

转化反应是强吸热反应，提高温度对反应有利，但需要考虑炉管的承受能力。一般控制炉管表面温度不大于 $930\ ℃$，最大不得大于 $960\ ℃$。

（2）压力。

转化反应过程是气体体积增大的一种反应过程，增大反应压力对反应不利。由于工业氢气一般用于高压的化工过程，所以从总体节能上考虑，转化工艺一般都在加压下进行。

（3）水碳比。

水碳比是用来表示制氢转化炉操作条件的一个术语，是指转化进料中水（蒸汽）分子的总数和碳原子总数的比值。水碳比是轻油转化过程中最敏感的工艺参数。在生产中，提高水碳比可以减少催化剂的结炭,降低床层出口残余甲烷的含量,对转化反应非常有利。然而,提高水碳比也相应增加了能耗,所以在生产中只能根据具体的工艺装置确定合适的水碳比。当以天然气为原料时,制氢装置的水碳比控制在 3.0 以上(最低不小于 2.5)。

（4）空速。

一般用液空速或碳空速来表示转化负荷。空速越大,原料在转化催化剂床层中的停留时间越短,反应深度越差,使转化炉出口残余甲烷的含量升高,转化催化剂结炭增加。制氢装置的碳空速一般采用 1 000 h^{-1}。

5. 中温变换

1）反应原理

原料经转化生成的产品气中含有 11%～12% 的 CO。为了尽可能多地产氢气以节约原料消耗及减少变压吸附系统进料的杂质,需要使转化气中的 CO 继续与蒸汽反应生成 H$_2$ 及 CO$_2$,这就是变换反应,其反应机理为:

$$CO + H_2O \longrightarrow CO_2 + H_2$$

2）影响因素

（1）温度。

变换反应是放热反应,温度低时反应平衡常数大,一氧化碳转化率高。如果提高温度,则反应平衡常数减小,一氧化碳转化率降低。所以,为了提高一氧化碳的转化率,宜采用较低的反应温度。但温度过低时反应速率慢,达到化学平衡的时间长。在实际生产中,只要能达到工艺指标(出口 CO 的含量＜3%),就尽可能降低温度。中温变换反应温度一般控制在 350～400 ℃。

（2）压力。

变换反应是等分子的可逆反应,压力变化对反应平衡没有影响,但压力增大时可加快反应速率。在生产过程中,压力由装置前部系统压力决定。

6. 催化剂及助剂

1）加氢催化剂

加氢催化剂的主要活性组分为 Co 及 Mo,有些加氢催化剂中还加有 Ni。氧化态的 Co,Mo,Ni 的加氢活性较低。为了达到正常生产的目的,延长催化剂的使用寿命及有效发挥催化剂的初活性,需要对新鲜催化剂进行预硫化,使之变成具有较高活性的硫化态的金属硫化物。

预硫化是指在一定的氢气浓度下,利用硫化剂与氢气反应生成的 H$_2$S 在一定的温度下与催化剂中氧化态的活性组分反应,生成具有较高活性的金属硫化物的过程。通常使用的硫化剂为二甲基二硫醚(DMDS)或 CS$_2$。

2）脱氯剂

脱氯剂以 Al$_2$O$_3$ 为载体,以 Na,Ca,Zn,Cu 等金属氧化物为活性组分。它属于化学吸收型吸附剂。

3）脱硫剂

脱硫剂的主要活性组分为 ZnO,主要用于脱除原料中的硫。

脱硫剂能脱除无机硫和一些简单的有机硫,硫容量较高,能使原料中的硫含量降至$(0.02\sim0.2)\times10^{-6}$。脱硫剂的操作反应温度范围较宽($180\sim400$ ℃),但在较高的温度($350\sim400$ ℃)条件下使用效果更好。

4)转化催化剂

转化催化剂中含有一种带稳定剂的硅酸钾复盐,可使催化剂中的抗积炭组分钾碱缓慢释放,保证催化剂较好的抗积炭性能和稳定的再生性能。所以,一般转化催化剂用于积炭倾向很大的炉管床层上部。转化催化剂是一种以镍为活性组分,以铝酸钙为载体的预烧结载体浸渍型催化剂,具有很高的机械强度,热稳定性和活性良好。

5)中温变换催化剂

中温变换催化剂的主要活性组分为铁铬,以Fe_2O_3为载体,以Cr_2O_3为助剂,由于新鲜催化剂是以Fe_2O_3的形式提供的,故在使用前必须对催化剂进行还原。通常用H_2将Fe_2O_3还原成Fe_3O_4。为了防止催化剂还原过度,在还原及正常使用时必须配一定量的蒸汽,一般要求H_2O与H_2的体积比大于0.2。由于催化剂还原为放热反应,还原初期应缓慢增加H_2含量并适当控制入口温度,防止反应速率过快,造成催化剂床层飞温;同时为了保证还原完全,还原后期要求氢含量大于60%。

中温变换催化剂的突出特点是具有良好的抗沸水和抗蒸汽冷凝性能,在事故状态下,用工艺气干燥处理后催化剂的强度不减,床层阻力不增加,能保持良好的活性。

6)变压吸附剂

(1)活性氧化铝。

制氢装置吸附塔所用活性氧化铝为一种物理化学性能极其稳定的高孔隙Al_2O_3,规格为$\phi3\sim5$ mm,球状,抗磨耗,抗破碎,无毒。其对几乎所有的腐蚀性气体和液体均不起化学反应,易吸水,主要装填于吸附塔底部,用于脱除水分。

(2)活性炭。

制氢装置吸附塔所用活性炭是以煤为原料,以特殊的化学和热处理工艺得到的孔隙特别发达的专用活性炭。活性炭属于耐水型无极性吸附剂,对原料气中几乎所有的有机化合物都有良好的亲和力,且易吸水。制氢装置所用活性炭的规格为$\phi1.5$ mm,条状,装填于吸附塔中部,主要用于脱除二氧化碳和部分甲烷。

(3)分子筛。

制氢装置吸附塔所用的分子筛是一种具有立方体骨架结构的硅铝酸盐,型号为5A,规格为$\phi2\sim3$ mm,球状,无毒,无腐蚀性。5A分子筛不仅有着发达的比表面积,而且有着非常均匀的空隙分布,其有效孔径为0.5 nm。5A分子筛是一种吸附量较高且吸附选择性极佳的优良吸附剂,装填于吸附塔上部,用于脱除甲烷、一氧化碳。由于5A分子筛具有极强的亲水性,如果受潮,则必须做活化处理。

7. 变压吸附工艺技术

1)基本原理

吸附是指当两种相态不同的物质接触时,其中密度较低物质的分子在密度较高物质的表面被富集的现象和过程。

变压吸附制氢装置中的吸附主要为物理吸附。物理吸附是指依靠吸附剂与吸附质分子间的分子力(即范德华力)进行的吸附,其特点是吸附过程中没有化学反应,吸附过程进行得极快,参与吸附的各相态物质间的平衡在瞬间即可完成,并且这种吸附是完全可逆的。

2)吸附剂

工业上变压吸附制氢装置所用的吸附剂均为具有较大比表面积的固体颗粒,主要有活性氧化铝、活性炭、硅胶和分子筛等类别。不同的吸附剂由于具有不同的孔隙分布、不同的比表面积和不同的表面性质,对混合气体中的各组分具有不同的吸附能力和吸附容量。制氢装置吸附塔所用吸附剂的特性见表 9-2。

表 9-2　制氢装置吸附塔所用吸附剂的特性

序 号	名 称	规 格	作 用
1	GL-H2 吸附剂	$\phi 3 \sim 5$ mm,球状,白色	吸附水
2	HXSI-01 吸附剂	$\phi 1 \sim 3$ mm,球状,白色	吸附水及 CO_2
3	HXBC-15B 吸附剂	$\phi 1.5 \sim 2$ mm,柱状,黑色	吸附 CO_2 等
4	HXNA-CO 吸附剂	$\phi 2 \sim 3$ mm,柱状,黑色	吸附 CO
5	HX5A-98 分子筛	$\phi 2 \sim 3$ mm,球状,灰白色	吸附 CO,N_2
6	瓷 球	$\phi 15$ mm,球状	保护吸附剂

3)变压吸附工艺流程

在工业上的变压吸附工艺中,吸附剂通常都是在常温和较高压力下将混合气体中的易吸附组分吸附,而不易吸附的组分从床层的一端流出,之后降低吸附剂床层的压力,使被吸附的组分脱附出来,从床层的另一端排出,从而实现了气体的分离与净化,同时使吸附剂得到再生。

但在通常的变压吸附工艺中,吸附剂床层的压力即使降至常压,被吸附的杂质也不能完全解吸,这时可采用两种方法使吸附剂完全再生:一种是用产品气对床层进行冲洗以降低被吸附杂质的分压,将较难解吸的杂质置换出来,其优点是常压下即可完成,但缺点是会多损失部分产品气;另一种是利用抽真空的办法进行再生,使较难解吸的杂质在负压下强行解吸下来,即通常所说的真空变压吸附(vacuum pressure swing adsorption,VPSA 或 VSA)。真空变压吸附工艺的优点是再生效果好,产品收率高,但缺点是需要增加液压泵,装置能耗相对较高。在实际应用过程中,究竟采用何种工艺,主要视原料气的组成条件、流量、产品纯度及收率要求,以及工厂的资金和场地等情况而定。

为了提高氢气的回收率,进而提高装置的经济效益,在原料气组成、流量以及温度一定的情况下应尽量提高吸附压力、降低解吸压力、延长吸附时间、降低产品纯度(在允许范围内)。当原料气流量发生变化时,应适当调整吸附时间以保证产品纯度。

工业上变压吸附流程的主要工序如下:

(1)吸附工序——在常温、高压下吸附杂质,出产品。

(2)降压工序——通过一次或多次均压降压过程,回收床层死空间内的氢气。

(3)顺放工序——通过顺向减压过程,获得吸附剂再生气源。

(4)逆放工序——通过逆着吸附方向减压使吸附剂获得部分再生

（5）冲洗（或抽真空）工序——用产品氢气冲洗（或通过抽真空）降低杂质分压使吸附剂完成最终再生。

（6）升压工序——通过一次或多次均压升压和产品氢气升压过程使吸附塔压力升至吸附压力，为下一次吸附做好准备。

工艺流程（图9-2）简述如下：

（1）吸附过程。

压力为 2.5 MPa（表压）左右、温度为 40 ℃的变换气自装置外来，由塔底进入正处于吸附状态的吸附塔内（同时有 2 个吸附塔处于吸附状态）。在多种吸附剂的依次选择吸附下，其中的 H_2O，CO_2，CH_4 和 CO 等杂质被吸附下来，而未被吸附的 H_2 作为产品从塔顶流出，经压力调节系统稳压后送出界区去后续工段。H_2 纯度大于 99.9%，压力大于2.4 MPa。

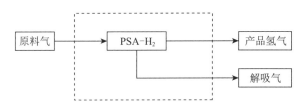

图9-2　变压吸附工艺流程简图

图中虚线框范围内为变压吸附装置界区，装置采用 10-2-4 变压吸附工艺流程，即装置的 10 个吸附塔中有 2 个吸附塔始终处于同时进料吸附的状态。其吸附和再生工艺流程由吸附、连续 4 次均压降压、顺放、逆放、冲洗、连续 4 次均压升压和产品氢气终升等过程组成。最终合格的产品氢气输送到氢气管网，解吸气作为燃料输送到转化炉烧掉

当被吸附杂质的传质区前沿（称为吸附前沿）到达床层出口预留段时，关闭该吸附塔的原料气进料阀和产品气出口阀，停止吸附。吸附床开始转入再生过程。

（2）均压降压过程。

这是在吸附过程结束后顺着吸附方向将吸附塔内较高压力的氢气放入其他已完成再生的较低压力的吸附塔的过程。该过程不仅是降压过程，更是回收吸附床层死空间内的氢气的过程。变压吸附工艺流程共包括 4 次连续的均压降压过程，分别称为一均降、二均降、三均降、四均降，从而保证氢气的充分回收。

（3）顺放过程。

这是在均压降压过程结束后顺着吸附方向将吸附塔顶部的产品氢气快速回收进顺放气缓冲罐的过程。这部分氢气将用作吸附剂的再生气源。

（4）逆放过程。

顺放过程结束后，吸附前沿已到达吸附床层出口。这时逆着吸附方向可将吸附塔压力降至 0.03 MPa 左右，此时被吸附的杂质开始从吸附剂中大量解吸出来，逆放解吸气进入逆放解吸气缓冲罐。

（5）冲洗过程。

在逆放过程全部结束后，为了使吸附剂得到彻底的再生，可用顺放气缓冲罐中的氢气逆着吸附方向对吸附床层进行冲洗，进一步降低杂质组分的分压，使吸附剂再生效果更好。该过程应尽量缓慢匀速进行，以保证再生效果。

（6）均压升压过程。

冲洗过程完成后，用来自其他吸附塔的较高压力的氢气依次对该吸附塔进行升压。这一过程与均压降压过程相对应，其不仅是升压过程，更是回收其他吸附塔吸附床层死空间内的氢气的过程。变压吸附工艺流程共包括连续 4 次均压升压过程，分别称为四均升、三均升、二均升和一均升。

（7）产品氢气终升过程。

在 4 次均压升压过程完成后，为了使吸附塔可以平稳地切换至下一次吸附并保证产品纯度在这一过程中不发生波动，需要通过升压调节阀缓慢而平稳地用产品氢气将吸附塔压力升至吸附压力，即产品氢气终升过程。经这一过程后，吸附塔便完成了一个完整的吸附-再生循环，为下一次吸附做好了准备。

10 个吸附塔交替进行以上的吸附-再生操作（始终有 2 个吸附塔处于吸附状态）即可实现气体的连续分离与提纯（10 个吸附塔分 2 列布置，每列 5 个，在故障时装置可自动切换至 9 塔、8 塔、7 塔、6 塔、5 塔、4 塔操作，以便不停车在线检修故障。这一功能大大地提高了装置的可靠性）。

4）变压吸附工艺流程特点

（1）均压次数多，氢气回收充分，氢气损失少。

（2）冲洗时间连续，冲洗过程和冲洗气流量稳定，吸附剂再生效果好。

（3）特殊的复合床吸附剂装填使该工艺能同时适用于脱除变换气中除氢气以外的全部杂质。

（4）采用多床同时吸附的变压吸附工艺流程，吸附循环周期短，吸附剂利用率高。

（5）该工艺的自动切塔程序实现了对故障塔的不停车检修（主要指程控阀）。

8. 制氢事故退守状态

退守状态为事故处理过程的相对稳定状态。事故处理过程中，班长及岗位内操需结合装置事故处理实际进程，及时调整事故处理的退守状态。

根据制氢装置高温、高压、临氢的反应特点，按照事故发生的危害性、影响程度、影响范围、可能造成的后果标示了以下若干事故退守状态。

退守状态 1：装置降量维持生产，部分设备或仪表故障，某种公用系统供应故障，故障设备或仪表处理中，装置外公用系统正在恢复中。

退守状态 2：装置维持大循环，切断原料后加氢反应器切出系统并撤压，脱硫、转化、中温变换系统适当降温循环，转化配汽量适当降低，动设备正常运转，变压吸附系统停车保压。

退守状态 3：切断原料及配氢后加氢反应器切出系统并撤压，脱硫、转化、中温变换系统循环降温，转化配汽量适当降低，动设备正常运转，变压吸附系统停车保压。

退守状态 4：加氢、脱硫反应器不置换，缓慢撤压，转化炉管通蒸汽（蒸汽量为满负荷的 30%），压缩机运行，氮气全量入转化炉，火嘴熄灭。

退守状态 5：加氢、脱硫反应器不置换，缓慢撤压，转化炉管通蒸汽（蒸汽量为满负荷的 30%），压缩机不运行，氮气全量入转化炉，火嘴熄灭。

退守状态 6：加氢、脱硫反应器单独置换，转化、中温变换系统氮气置换，原料、配氢、瓦斯全切断，自产蒸汽放空，转化炉停配汽，变压吸附系统停车保压，动设备全部停运。

退守状态并不是一个必须严格执行的指标,而是一个必须参照的指标,具体操作中应根据实际情况灵活掌握,原则是在装置安全的前提下保证事故的危害性、影响程度减到最小。

六、思考题

(1)制氢反应的原理是什么?

(2)制氢装置中所用的催化剂有哪些? 分别有什么作用?

(3)制氢工艺的操作条件有哪些?

(4)制氢装置生产的氢气是通过什么单元进行提纯的?

(5)变压吸附单元进行一次完整的氢气提纯需要经历哪些步骤?

任务十 硫黄回收工艺操作

一、任务目标

1. 知识目标

(1)了解硫黄回收在炼油生产过程中的作用。

(2)熟悉硫黄生产的主要反应原理及特点、催化剂的种类、工艺流程及操作影响因素分析。

2. 能力目标

(1)掌握硫黄装置的开停车操作。

(2)能对影响硫黄生产过程的因素进行分析和判断,进而能对实际生产过程进行操作和控制。

二、案 例

某公司联合装置以酸性水汽提和溶剂再生装置产生的酸性气为原料,采用镇海石化工程股份有限公司硫黄回收技术,于 2013 年基础完工,并于当年一次开车成功。该联合装置由一套 $1×10^4$ t/a 硫黄回收装置、一套 80 t/h 溶剂再生装置和一套 60 t/h 酸性水汽提装置组成:① 硫黄回收装置采用二级催化转化 Claus 工艺＋尾气加氢还原-吸收工艺,由二级催化转化 Claus 硫黄回收、尾气加氢还原-吸收和焚烧三部分组成;② 溶剂再生装置采用常规汽提再生法,再生后的贫液送至硫黄回收装置和上游各装置循环使用,再生塔塔底重沸器热源采用低压蒸汽;③ 酸性水汽提装置采用单塔低压汽提工艺,塔顶酸性气作为硫黄回收装置的原料,塔底净化水可送各装置回用。

装置开工后能满足初始设计需要:① 硫黄回收装置的硫黄回收率大于 99.8％,烟道气中 SO_2 含量低于 960 mg/m³,装置的操作弹性为 30％～110％;② 溶剂再生装置的操作弹性为 60％～120％,贫溶剂中 H_2S 与 CO_2 含量之和不大于 1.2 g/L;③ 酸性水汽提装置的

操作弹性为 $60\% \sim 120\%$，净化水中 H_2S 含量不大于 20 mg/L，NH_3 含量不大于 50 mg/L。装置开工后进行了校准，各部分都达到了初始设计标准。

三、问题分析及解决方案

硫黄回收装置是炼厂中关键的环保装置。国家对环境保护十分重视，提高了炼厂 SO_2 排放含量标准，如 2015 年国家要求新建硫黄回收装置中烟道气中 SO_2 的含量确保达到《石油炼制工业污染物排放标准》（GB 31570—2015）中规定的不大于 400 mg/m³ 的排放要求。但目前的设计标准是烟道气中 SO_2 的含量低于 960 mg/m³，这对炼厂来说是一个极大的环保考验。

针对排放 SO_2 含量标准提高的问题，应对装置进行以下优化调整：

（1）液硫池设置液硫脱 H_2S 设施，使液硫中 H_2S 的含量达到成型机成型或液硫出厂条件；液硫脱 H_2S 废气必须经过再处理后方可进入焚烧炉焚烧，或通过其他技术进入 Claus 反应炉进行再反应。

（2）Claus 工艺所用催化剂为钛铝复合多功能催化剂或钛基催化剂和普通氧化铝基催化剂的合理级配，以提高催化剂的有机硫水解活性。

（3）由于装置控制要求高，重点关注装置在线分析仪的配置情况以及装置运行期间自控率和在线分析仪表的投用率，以确保 Claus 工艺的硫黄转化率和尾气加氢还原的效果。

（4）装置所产生的尾气至焚烧炉跨线和尾气加氢还原-吸收单元至焚烧炉的开车放空线设置双阀。阀门选用密封等级最高的六级密封阀门，并在双阀中间加氮气密封。

（5）进入 Claus 反应炉的酸性气流量必须保持平稳，避免出现波动，以确保配风效果，提高硫黄转化率。

四、拓展资料

1. 硫黄回收工艺方法及原理

1）液相直接氧化硫黄回收工艺

有代表性的液相直接氧化工艺有 ADA 法和改良 ADA 法脱硫、栲胶法脱硫、氨水液相催化法脱硫等。液相直接氧化硫黄回收工艺适用于硫的粗脱。如果要求高的硫黄回收率和达到排放标准的尾气，宜采用固定床催化氧化硫黄回收工艺或生物法硫黄回收工艺。

2）固定床催化氧化硫黄回收工艺

硫黄回收率较高的 Claus 工艺是固定床催化氧化硫回收工艺的代表。Claus 工艺装置一般都配有相应的尾气处理单元。这些先进的尾气处理单元或与硫回收装置组合为一个整体，或单独成为一个后续装置。Claus 工艺及尾气处理方式种类繁多，但基本是在 Claus 硫回收技术基础上发展起来的，主要有 SCOT 工艺、SuperClaus 工艺、Clinsulf 工艺、Sulfreen 工艺、MCRC 工艺等。

常规 Claus 工艺是目前炼厂气、天然气加工副产酸性气体及其他含 H_2S 气体回收硫的主要方法。其特点是流程简单、设备少、占地少、投资省、回收硫黄纯度高。但是，由于受到化学平衡的限制,两级催化转化的常规 Claus 工艺的硫回收率为 $90\%\sim95\%$,三级催化转化的也只能达到 $95\%\sim98\%$。随着人们环保意识的日益增强和环保标准的提高,常规 Claus 工艺的尾气中硫化物的排放量已不能满足现行环保标准的要求,降低硫化物排放量和提高硫回收率已迫在眉睫。

一般 Claus 工艺尾气吸收需要先经过尾气焚烧炉,再通过吸收塔,在吸收塔内用石灰乳溶液或稀氨水吸收硫,生成亚硫酸氢钙或亚硫酸氢铵,之后通过向溶液中通入空气,将其转化为石膏或硫酸铵,达到无害处理。硫回收后的尾气送至焚烧炉燃烧并脱硫后排放。

Claus 硫回收装置主要用来处理低温甲醇洗的酸性气,使酸性气中的 H_2S 转变为单质硫。首先在反应炉内 $1/3$ 的 H_2S 与氧气燃烧生成 SO_2,然后剩余的 H_2S 与生成的 SO_2 在催化剂的作用下进行 Claus 反应生成单质硫。其主要反应式为:

$$H_2S + \frac{3}{2}O_2 = SO_2 + H_2O$$

$$2H_2S + SO_2 = 3S + 2H_2O$$

酸性气中除含有 H_2S 外,通常还含有 CO_2,H_2O 及烃类气体等,化学反应十分复杂,伴有多种副反应发生。

Claus 工艺方法有部分燃烧法、分流法等(表 10-1)。

表 10-1　不同工艺方法选择

原料气中 H_2S 含量	工艺方法
50% 以上	部分燃烧法
$40\%\sim50\%$	带预热部分燃烧法
$25\%\sim40\%$	分流法
$15\%\sim25\%$	带预热分流法
15% 以下	直接氧化法及其他处理贫酸气方法

大部分装置采用分流法,即将 $1/3$ 的酸性气通入反应炉,加入空气使其燃烧生成 SO_2,而其余 $2/3$ 酸性气走旁路,绕过反应炉,与燃烧后的气体汇合后进入催化剂床层反应。这种装置可处理 H_2S 含量为 35% 左右的酸性气,并采用二级催化转化、三级冷凝工艺流程,回收硫的纯度较高(大于 99.8%)。

2. 国内硫黄回收装置工艺技术

中国石化在引进国外装置工艺包的基础上,经过消化、吸收和再创新,开发出一系列具有自主知识产权的硫黄回收工艺技术,其中主要有镇海石化工程股份有限公司开发的 Claus＋ZHSR 技术、洛阳工程有限公司开发的 LQSR 技术、山东三维石化工程股份有限公司开发的 Claus＋SSR 技术等。经过多年的发展,上述国内开发的硫黄回收工艺技术已日趋成熟,达到和国外同类工艺相当的水平。

1) 镇海石化工程股份有限公司 Claus＋ZHSR 技术特点

镇海石化工程股份有限公司 Claus＋ZHSR 技术主要采用二级 Claus 反应器制硫＋尾气加氢还原-吸收工艺,由二级常规 Claus 硫黄回收、尾气加氢还原-吸收和尾气焚烧三部分

组成,总硫回收率达99.9%以上。其主要技术特点如下:

(1)装置中二级Claus硫黄回收单元采用在线炉再热流程(或蒸汽再热流程),尾气加氢还原-吸收单元设在线还原加热炉和尾气焚烧炉。

(2)为了保证装置的正常操作和较高的硫回收率,在二级Claus反应器后设置空气需氧分析仪,在急冷塔后设置H_2分析仪,在急冷塔的循环急冷水管线上设置pH分析仪,在焚烧炉后设置O_2和SO_2分析仪。

(3)反应炉采用高强度烧嘴,以保证酸性气中的NH_3和烃类全部氧化。

(4)二级Claus硫黄回收单元采用在线炉再热工艺,使装置具有较大的操作弹性。

(5)酸性气进料设置预热器,避免产生铵盐晶体堵塞管道和设备。

(6)在线炉、反应炉和焚烧炉均配备可伸缩点火器、火焰检测仪,并采用光学(红外)温度计测量反应炉温度。

(7)装置1号、2号、3号硫黄冷凝冷却器合三为一,一级、二级Claus反应器合二为一,减少了设备占地面积,使设备布局更加紧凑合理。

(8)装置操作自动化程度高,仪表控制回路采用多参数串级控制,装置开停工实现了按开停工程序自动化操作,并设置有安全联锁系统。

2)洛阳工程有限公司LQSR技术特点

洛阳工程有限公司LQSR技术采用二级Claus反应器制硫+尾气加氢还原-吸收工艺,由二级常规Claus硫黄回收、(低温)尾气加氢还原-吸收和尾气焚烧三部分组成,总硫回收率达99.9%以上。其主要技术特点如下:

(1)反应炉废热锅炉产生4.2MPa中压蒸汽。硫黄回收采用二级Claus工艺,过程气利用废热锅炉自产的4.2MPa中压蒸汽进行加热。

(2)Claus尾气与加氢反应器出口过程气通过气/气换热器加热至所需温度;利用外补H_2作为加氢反应的H_2来源,保持尾气加氢反应所需的H_2浓度;开工时Claus尾气由电加热器加热到所需温度。

(3)尾气焚烧炉出口设置蒸汽过热器及余热锅炉。余热锅炉产生压力为2.0MPa的蒸汽,减压至1.0MPa后供联合装置自用。

(4)仪表控制采用DCS控制系统和ESD联锁自动保护系统;设置Claus尾气在线分析控制系统,可连续分析尾气的组成;在线控制进入反应炉的空气量,尽量保证过程气中H_2S与SO_2的体积比为2∶1,提高总硫回收率。

3)山东三维石化工程股份有限公司Claus+SSR技术特点

山东三维石化工程股份有限公司Claus+SSR技术为国内开发较早的Claus反应器制硫+尾气加氢还原-吸收工艺技术,由二级常规Claus硫黄回收、尾气加氢还原-吸收和尾气焚烧三部分组成,总硫回收率达99.8%以上。其主要技术特点如下:

(1)从制硫至尾气处理全过程中只有反应炉和尾气焚烧炉,中间没有任何在线加热炉或外供能源的加热设备,使装置的设备台数、控制回路数均少于类似工艺,具有投资省、占地面积小、运行费用低的特点。

(2)由于该工艺无在线加热炉,不会有额外的惰性气体进入系统,过程气总体积流量较有在线加热炉的同类工艺少5%～15%,故设备尺寸相对较小。

（3）工艺尾气加氢使用外供氢源,但对外供氢的纯度要求不高,广泛适用于石油化工企业硫黄回收装置。

（4）工艺的主要设备使用碳钢,均可由国内制造,具有投资低、国产化程度高的特点。

3. 中海沥青股份有限公司利用 Claus＋ZHSR 技术的生产方法及工艺流程

1）原料

（1）硫黄回收装置。

硫黄回收装置的原料（酸性气）性质见表 10-2。

表 10-2 酸性气性质

项 目		清洁酸性气	含氨酸性气	设计酸性气
组成/%	H_2S	82.3	25.91	58
	CO_2	12.9	0	7
	H_2O	4.41	20.3	10
	NH_3	0	53.79	24
	C_3H_3	0.05	0	0
	C_2H_6	0.09	0	0
	C_3H_6	0.26	0	0
	总 计	100.00	100.00	100.00
温度/℃		40	90	40
压力（表压）/MPa		0.06	0.065	0.05

（2）酸性水汽提装置。

酸性水汽提装置的原料主要来自老区常减压、润滑油加氢和新建的加氢改质装置、焦化装置,以及联合装置内的硫黄回收装置,其性质见表 10-3。

表 10-3 酸性水性质

项 目		混合酸性水	设计酸性水
组成/%	H_2S	0.18	0.2
	H_2O	99.45	99.4
	NH_3	0.38	0.4
	总 计	100.00	100.00
温度/℃		49	40
压力（表压）/MPa		0.4	0.4

2）产品

工业硫黄质量符合国家标准优等品指标,即脱气后液硫中硫化氢含量≤$10×10^{-6}$。

3）工艺流程

硫黄回收装置工艺流程如图 10-1 所示。

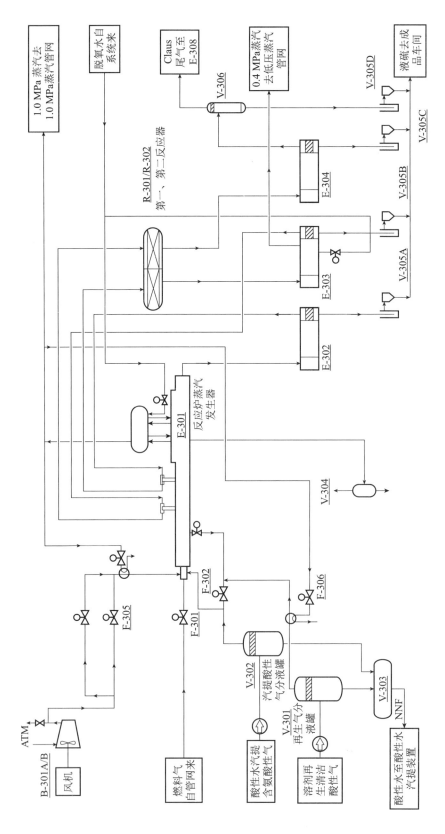

图10-1 硫黄回收装置工艺流程

(1) Claus 硫回收单元。

来自溶剂再生装置的清洁酸性气经再生酸性气分液罐(V-301)分离凝液后进入酸性气预热器(E-306)加热；从酸性水汽提装置来的富氨酸性气进入含氨酸性气分液罐(V-302)分离凝液。上述两种酸性气原料分离出的凝液排入酸性水排液罐(V-303)，间断压送至酸性水汽提装置处理。经分离凝液的清洁酸性气原料分成两路，分别进入燃烧室主烧嘴前部和主燃烧室后部；经分离凝液的全部含氨酸性气原料进入主烧嘴的前部。

自主空气风机(B-301A/B)来的适量空气经空气预热器(E-305)加热，进入主烧嘴(F-301)与混合酸性气一起在主烧嘴内进行混合燃烧反应。反应物接着在主燃烧室(F-302)内进一步达到平衡。生成的过程气经反应炉蒸汽发生器(E-301)取热发生 1.0 MPa 蒸汽后冷却，进入第一硫冷凝器(E-302)被除氧水冷却，其中的硫蒸气被冷凝、捕集、分离。从第一硫冷凝器出来的过程气经一级掺合阀与炉内高温气流掺混至 240 ℃后进入一级 Claus 反应器(R-301)，在 Claus 催化剂的作用下，硫化氢与二氧化硫发生反应生成硫黄。过程气出一级 Claus 反应器后进入第二硫冷凝器(E-303)被除氧水冷却，其中的硫蒸气被冷凝、捕集、分离。从第二硫冷凝器出来的过程气经二级掺合阀与炉内高温气流掺混至 220 ℃后进入二级 Claus 反应器(R-302)，在 Claus 催化剂的作用下，硫化氢与二氧化硫继续发生反应生成硫黄。过程气出二级 Claus 反应器后进入第三硫冷凝器(E-304)被除氧水冷却，其中的硫蒸气被冷凝、捕集、分离。从第三硫冷凝器出来的过程气经捕集器(V-306)进一步分离出液硫后进入尾气净化单元。当尾气净化单元故障时，可直接去焚烧炉(F-304)焚烧。

各个硫冷凝器(E-302/303/304)和捕集器(V-306)出来的液硫经硫封罐(V-305A/B/C/D)汇集到液硫池，液硫在液硫池中由液硫脱气泵进行液硫循环脱气，释放出的少量 H_2S 用蒸汽喷射抽送到焚烧炉。经过脱气后液硫自流入液硫池储藏部分由液硫泵送至液硫成型机厂房，进行造粒、包装后出厂。液硫池产生的废气由蒸汽喷射器送至焚烧炉焚烧。

(2) 尾气净化单元。

经捕集硫雾后的 Claus 尾气在气/气换热器(E-308)中与尾气焚烧炉(F-304)焚烧后的烟道气换热升温，Claus 尾气被加热至 290 ℃左右后与外补富氢气(由工厂系统供给)混合后进入加氢反应器(R-303)。Claus 尾气在加氢催化剂的作用下，其中的 SO_2，COS，CS_2 及液态硫、气态硫等均被转化为 H_2S。加氢反应为放热反应，离开加氢反应器的温度为324 ℃的过程气进入急冷塔(T-301)冷却，其中的蒸汽组分被冷凝成工艺水，其余气体进入吸收塔(T-302)，其中的 H_2S 和部分 CO_2 等气体被 MDEA(甲基二乙醇胺)溶剂吸收。吸收塔塔顶的尾气进入焚烧炉(F-304)焚烧。

出急冷塔(T-301)塔底的急冷水由急冷水泵(P-301A/B)送至急冷水冷却器(E-310A～B)冷却后循环使用，部分急冷水由急冷水泵送至酸性水汽提装置。

(3) 尾气焚烧单元。

来自尾气净化单元的尾气或尾气净化单元旁路的 Claus 尾气进入焚烧室(F-304)焚烧。燃料气在焚烧炉烧嘴(F-303)与来自焚烧炉风机(B-302A/B)的空气焚烧升温后进入焚烧炉，过剩的空气与尾气混合至适当的焚烧温度。进入焚烧炉的气体有来自尾气净化单元的气体、液硫池的抽出气、进入烧嘴的化学计量部分空气及进入焚烧炉的空气。根据尾气中氧气的含量调节焚烧炉配风。

焚烧后的高温烟道气经随后的焚烧炉蒸汽发生器(E-309)取热发生 1.6 MPa 蒸汽，温度降到 410 ℃,部分进尾气加热器(E-308)与 Claus 尾气换热后和未进行换热的烟道气混合后经烟囱(ST-301)排空。

（4）硫黄成型单元。

从硫黄回收装置来的液硫进入硫黄成型单元,先经过过滤除去机械杂质,然后进入转动的造粒机头,滴落在成型机钢带上冷却成型,再经过包装系统称重、包装,最后通过叉车运送到硫黄仓库。

（5）水及蒸汽单元。

① 给水系统。

来自系统的除氧水直接供给反应炉蒸汽发生器(E-301)、焚烧炉蒸汽发生器(E-309)和第一、第二、第三硫冷凝器(E-302/303/304)。

② 蒸汽、凝结水系统。

由反应炉蒸汽发生器(E-301)及焚烧炉蒸汽发生器(E-309)产生的 1.0 MPa 蒸汽作为空气预热器(E-305)和酸性气预热器(E-306)的热源,未完全利用完的 1.0 MPa 蒸汽经加热送至装置蒸汽管网,作为酸性水汽提装置汽提塔重沸器的热源。

由硫冷凝器(E-302/303/304)发生的 0.4 MPa 蒸汽和装置外来的 0.4 MPa 蒸汽作为再生塔重沸器的热源。

装置产生的 1.0 MPa 蒸汽和酸性水汽提装置产生的凝结水进入蒸汽闪蒸罐(V-402)发生二次汽化,低压蒸汽进入装置 0.4 MPa 蒸汽管网,其底部凝结水和 0.4 MPa 蒸汽产生的凝结水由凝结水回收设施(ME-403)加压后送出装置。

③ 加药系统。

为了保证锅炉水质符合要求,防止汽包及受热面结垢和腐蚀,需要向汽包(E-301 和 E-309)内加入磷酸三钠药剂,外购来的磷酸三钠药剂在药剂罐内用除盐水调至合适的浓度,经加药设施分别送至汽包。

4）溶剂再生装置

上游焦化等装置的富液进入溶剂再生装置界区后,与联合装置内硫黄回收装置的富液混合后经富液过滤器(SR-201A/B)过滤,再经贫富液换热器(E-201A/B)与贫液换热后进入中温低压富液闪蒸罐(V-201),闪蒸脱气后由再生塔进料泵(P-203A/B)加压,之后与贫富液换热器(E-201C/D)换热后进入溶剂再生塔(T-201)再生。溶剂再生塔(T-201)塔底出来的贫液经再生塔塔底泵(P-202A/B)提升送至贫富液换热器(E-201A/B/C/D)冷却后进入再生装置。贫液经空冷器（A-202A/B/C/D）冷却后进入溶剂储罐（V-203）。溶剂储罐(V-203)出来的贫液经再生贫液泵(P-204A/B)加压后分为三路:一路送至贫液三级过滤器(SR-202/203/204)过滤后返回溶剂储罐(V-203),一路送至富液闪蒸罐(V-201),一路送出装置供上游各装置及硫黄回收装置使用。

溶剂再生塔(T-201)塔顶出来的酸性气经塔顶空冷器（A-201A/B）、塔顶后冷器（E-203)冷却后进入再生酸性气分液罐(V-202)进行气液分离,酸性气送至硫黄回收装置。再生酸性气分液罐(V-202)的酸性水经再生塔塔顶回流泵(P-201A/B)升压后返回溶剂再生塔(T-201)上部。

5）酸性水汽提装置

自各上游装置来的原料水进入原料水脱气罐(V-101)进行脱气脱油。脱出的轻油气送至低压瓦斯管网,部分污油排入地下污油罐(V-107)。脱气脱油后的原料水经液位调节控制后送入原料水罐(V-102A)进行沉降脱油。

原料水罐(V-102A)采用罐中罐脱油技术脱除大部分浮油,脱出的污油排入地下污油罐(V-107)。脱油后的原料水经原料水泵(P-101A/B)升压、原料水除油器(V-103A/B)进一步除油后进入原料水罐(V-102B)。原料水罐(V-102B)出来的原料水经原料水增压泵(P-102A/B)增压及流量调节控制,与原料水/净化水换热器(E-101A～D)换热至 100 ℃后进入汽提塔第一层塔板。原料水罐(V-102A/B)采用氮封,氮封压力控制在 150 mmH₂O$(1 mmH_2O = 9.8 Pa)$。氮封后的尾气经水封罐(V-106A/B)水封后进入尾气吸收塔(T-102),经吸收脱臭后送至硫黄回收装置烟囱高空排放。

汽提塔设一段 3 m 高的散堆填料和 38 层塔板。原料水在汽提塔中自上而下流动,由塔底重沸器(E-102)汽提后 H_2S 和 NH_3 组分自酸性水中逸出,由下而上从塔顶分出。塔顶酸性气经酸性气空冷器(A-101A/B)冷却至 90 ℃后进入塔顶回流罐(V-104)进行气液分离,分离后的酸性气经压力控制后去硫黄回收装置作原料,酸性水则由塔顶回流泵(P-103A/B)升压及流量调节控制后返回塔顶作为回流。

塔底液体经重沸器(E-102)重沸到 130 ℃后变成气液两相返回汽提塔。气体在塔内参与传质,液体作为净化水由净化水泵(P-104A/B)升压、原料水/净化水换热器(E-101A～D)换热至 70 ℃,再经净化水空冷器(A-102A/B)冷却至 55 ℃及流量控制调节后送出装置。

1.0 MPa 汽提蒸汽自联合装置内的系统管网来,经流量控制调节后作为重沸器的热源,其凝结水则进入凝结水罐,经流量控制调节、联合装置内的凝结水回收设施回收后送出装置。

五、思考题

(1) 常用硫回收工艺有哪些? 分别有什么样的特点?

(2) Claus 硫回收工艺特点以及工艺原理是什么?

(3) 国内的硫黄回收装置工艺技术有哪些典型代表?

气体分馏

教学目标	知识目标	了解石油气体种类及其利用;熟悉石油气体精制、叠合、烷基化、异构化过程的反应机理及最新技术;掌握气体各加工过程的操作条件及产品特征
	能力目标	能根据炼厂所产生的气体的组成和性质合理选择气体加工利用方式;能对影响石油气体加工生产过程的因素进行分析和判断,进而能对实际生产过程进行操作和控制
	素质目标	学会发现问题、思考问题、分析和解决问题
教材分析	重 点	石油气体精制、叠合、烷基化、异构化过程的反应机理
	难 点	对石油气体加工生产过程的因素进行分析和判断
任务分解	任务十一	气体分馏工艺操作
任务教学设计		
新课导入	汽油牌号对其使用性能的影响——高辛烷值组分在燃料油生产中的重要性	
新知学习	一、思考一 提高车用汽油辛烷值的意义是什么? 二、讲 解 点火式内燃机(汽油机)所用的燃料是一种由石油炼制成的液体燃料,主要供汽车、摩托车使用。车用汽油是由石油经过直馏馏分和二次加工馏分调和精制并加入必要添加剂而成的,沸点范围为30~205 ℃。如果车用汽油只有直馏汽油,其辛烷值只有10~40,远远满足不了车用汽油对辛烷值的要求。 三、交流一 如何选用车用汽油? 目前常用的高辛烷值汽油有 92 号、93 号、95 号、97 号、98 号无铅汽油,此类汽油含有高支链成分及更多芳香族成分的烃类,如苯、芳烃、硫化物等。若车辆气缸的压缩比为 9.1 以下,应以 92 号无铅汽油为燃料;若压缩比为 9.2~9.8,应使用 95 号无铅汽油;若压缩比为 9.8 以上或者车辆为涡轮增压引擎车种,则需要使用 98 号无铅汽油。 四、思考二 高辛烷值汽油的技术发展趋势是什么? 目前提高汽油辛烷值的技术主要有催化重整技术、烷基化技术、异构化技术,以及采用高辛烷值裂化催化剂、助剂和添加汽油辛烷值改进剂等。 催化重整汽油的最大优点是其重组分的辛烷值较高,而轻组分的辛烷值较低,这正好弥补了FCC(流化催化裂化)汽油重组分辛烷值低、轻组分辛烷值高的不足。 烷基化油具有辛烷值高、敏感度好、蒸气压低、沸点范围宽的优点,是不含芳烃、硫和烯烃的饱和烃,是理想的高辛烷值清洁汽油组分。	

续表

新知学习	异构化是提高整体汽油辛烷值较便宜的方法之一,可使轻直馏石脑油的辛烷值提高 $10\%\sim22\%$。助剂是一种双功能催化剂,它既具有裂化活性,又具有提高汽油辛烷值的能力。 五、交流二 烷基化油与其他组分相比在哪些方面占优势?			

项 目		烷基化油	催化裂化汽油	催化重整汽油
研究法辛烷值(RON)		93.2	92.1	97.7
马达法辛烷值(MON)		91.1	80.7	87.4
馏程/℃	50%	102	104	124
	90%	143	186	168
芳烃含量(体积分数)/%		0	29	63
烯烃含量(体积分数)/%		0	29	1
硫含量(质量分数)/%		16	756	2

任务小结	高辛烷值组分的生产 { 烷基化工艺 / 异构化工艺 / 高辛烷值添加剂的类型及特点
教学反思	在本项目学习过程中引导学生用正确的思路思考问题,全面分析问题,多途径解决问题,培养学生学习的积极性和创新意识

任务十一 气体分馏工艺操作

一、任务目标

1. 知识目标

(1)了解石油气体种类及其利用。

(2)熟悉石油气体精制过程的反应机理及最新技术。

(3)掌握气体各加工过程的操作条件及产品特征。

2. 能力目标

(1)能根据炼厂所产生的气体的组成和性质合理选择气体加工利用方式。

(2)能对影响石油气体加工生产过程的因素进行分析和判断,进而能对实际生产过程进行操作和控制。

二、案 例

气体分馏装置是以液化石油气为原料的三次加工装置,采用五塔流程,分别为脱丙烷塔、脱乙烷塔、脱丙烯塔、脱异丁烯塔及脱戊烷塔,其中脱丙烯塔为两塔串联。主要产品有丙烷、丙烯、丁烷、丁烯、戊烷,可为后续炼油及化工装置提供原料和燃料。

气体分馏装置的工艺流程如图 11-1 所示。

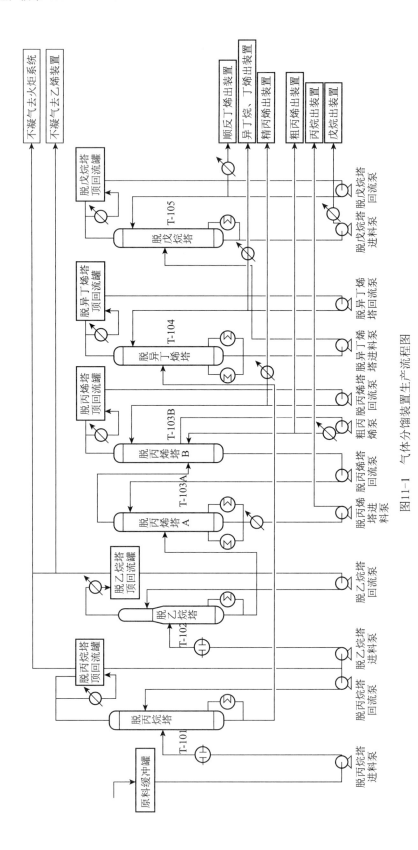

图11-1　气体分馏装置生产流程图

自罐区来的精制液化石油气经原料缓冲罐加热后进入脱丙烷塔,塔顶气体经冷凝后一部分作为塔顶回流,一部分送至脱乙烷塔作为进料;脱丙烷塔塔底液体降压后直接作为脱异丁烯塔的进料。从脱丙烷塔来的液体经脱乙烷塔进料加热器加热后进入脱乙烷塔,塔顶气体经塔顶冷凝器冷凝后少量不凝气(主要含有乙烷、乙烯)送至乙烯化工厂的乙烯装置或燃料气高压瓦斯系统,大部分液体由脱乙烷塔回流泵送回塔顶,塔底液体经过降压后直接作为脱丙烯塔的进料。脱丙烯塔塔顶气体经冷凝后一部分丙烯液体作为回流,另一部分丙烯液体作为精丙烯产品被送出装置;脱丙烯塔侧线抽出物经冷却后一部分丙烯液体作为回流,另一部分丙烯液体经冷却后作为粗丙烯产品送出装置;塔底丙烷作为产品经冷却后送出装置。脱异丁烯塔塔顶气体经冷凝后一部分液体送回塔顶作为回流,另一部分液体经冷却后送出装置作为甲基叔丁基醚(MTBE)和硫酸烷基化装置的原料;塔底液体作为脱戊烷塔的进料。脱戊烷塔塔顶气体经冷凝冷却后一部分液体送回塔顶作为回流,另一部分液体经冷却后送出装置作为化工原料;塔底戊烷馏分经冷却后送出装置作为汽油调和组分。

装置当前运行情况及存在问题:

(1)脱丙烷塔进料中含有烯烃和二烯烃,在重沸器内易发生聚合反应,产生的聚合物附着在管壁上,使重沸器导热系数降低,热阻增加。塔底重沸器结垢严重时导致塔底温度升不上去,影响装置处理量。出现这种状况时,需要被迫停工清扫重沸器,工期一般需要 5 d。每年要停工清扫 3~4 次,这影响了整个气体分馏装置的大负荷长周期运行。

(2)脱乙烷塔塔底重沸器使用 1.0 MPa 蒸汽作为热源,用量为 7 t/h。1.0 MPa 蒸汽价格约 80 元/t,增加了装置运行成本。

(3)脱丙烯塔塔顶冷却后温度高,导致脱丙烯塔操作压力高,影响脱丙烯塔系统的正常运行和丙烯、丙烷的产品质量。由于粗丙烯的需求量增加,现有的侧线抽出量增大,影响了脱丙烯塔的气液相负荷和物料平衡,导致粗丙烯纯度不合格。

三、问题分析及解决方案

(1)在脱丙烷塔塔底采用阻垢剂,可减缓重沸器内的结垢速度,但不能消除结垢现象,于是增加一台脱丙烷塔塔底重沸器。当在用的重沸器出现结垢时,可切换到备用的重沸器。同时,将结垢的重沸器切除后进行清扫,作为备用重沸器。改造前后脱丙烷塔的操作条件见表 11-1。由表 11-1 可以看出,改造前后脱丙烷塔操作条件基本不变,说明新增加的重沸器可以满足正常的生产要求。

表 11-1 脱丙烷塔改造前后操作条件对比

项　　目	改造前	改造后
压力/MPa	1.63	1.63
塔顶温度/℃	43	42
进料温度/℃	72	72
塔底温度/℃	101	99
进料流量/(t·h⁻¹)	60	60
塔底液面/%	55	55

项　目	改造前	改造后
回流温度/℃	38	39
回流量/(t·h⁻¹)	56	58
塔顶液面/%	30	30
热水流量/(t·h⁻¹)	72	75
蒸汽流量/(t·h⁻¹)	11.7	11.2

（2）脱乙烷塔的改造主要是塔底重沸器停用 1.0 MPa 蒸汽，改由重油催化装置 87 ℃低温位热水加热，原热水经水厂冷却后返回装置。脱乙烷塔改造前后的操作条件见表 11-2。表 11-2 中的数据表明，脱乙烷塔塔底重沸器满足生产要求。改造前使用 1.0 MPa 蒸汽加热，蒸汽温位较高易使重沸器内烯烃和二烯烃聚合，导致重沸器结垢；改造后由重油催化装置的 87 ℃低温位热水加热，减少了水厂的冷却负荷。热水温位较低，易控制，有利于脱乙烷塔的平稳操作。改造前 1.0 MPa 蒸汽的用量是 7 t/h，蒸汽价格约为 80 元/t，装置开工运行时间按 8 000 h/a 计算，则每年可节约加工费用 448 万元。

表 11-2　脱乙烷塔改造前后操作条件对比

项　目	改造前	改造后
压力/MPa	2.41	2.36
塔顶温度/℃	55	54
进料温度/℃	52	52
塔底温度/℃	60	60
进料流量/(t·h⁻¹)	19	19
塔底液面/%	55	55
回流温度/℃	48	48
回流量/(t·h⁻¹)	24	26
热水用量/(t·h⁻¹)		45
蒸汽用量/(t·h⁻¹)	7	

（3）根据粗丙烯的需求量，在脱丙烯塔（B）增设一个第 144 层的粗丙烯抽出口，由此增加了粗丙烯的产量。改造前后脱丙烯塔产品质量见表 11-3。

表 11-3　改造前后脱丙烯塔产品质量对比分析数据

项　目	改造前	改造后
精丙烯纯度/%	99.6	99.8
粗丙烯纯度/%	93.85	97.03
丙烷纯度/%	82.28	94.55

从表 11-3 可以看出，抽出口上移至第 144 层（原有的抽出口是 132 层和 136 层）后，调整了塔内的气液相负荷，改善了产品组成和分布，不仅提高了粗丙烯的抽出量和纯度，满足

了生产需要,还提高了精丙烯和丙烷的纯度。

四、结果分析

(1)通过增加脱丙烷塔备用重沸器、脱丙烯塔单独铺设循环水线以及新增侧线抽出口等措施,改善了气体分馏装置各塔的操作状况,解决了装置大负荷长周期运行的制约因素。

(2)脱乙烷塔塔底重沸器使用重油催化装置低温位热水作为热源,减少了装置的运行成本。

五、拓展资料

1. 汽油的基础组分

1)汽油的应用

我国原油一般偏重,轻质油品含量低,为了增加汽油、柴油、乙烯裂解原料等轻质油品产量,我国原油二次加工路线已经形成了以催化裂化工艺为主体,以延迟焦化、加氢裂化和减黏裂化等工艺为辅助的加工体系。

汽油是以炼厂中各加工途径生产出的汽油组分调和构成的基础组分。为了兼顾汽油的产量和质量,汽油基础组分是动态变化的。

美国 1995 年生产的汽油构成大致为催化裂化汽油占 1/3,催化重整汽油占 1/3,其他高辛烷值调和组分占 1/3。欧洲汽油构成中催化裂化汽油占 27%,催化重整汽油占 47%,剩余部分主要是其他高辛烷值组分。

我国汽油中催化裂化汽油比例较高,1998 年达 85%,重整汽油、烷基化油、MTBE 等比例很低。汽油组成的差别使得我国汽油质量与国外有一定的差距。

我国目前车用汽油质量的主要问题是烯烃含量和硫含量较高。

2)汽油抗爆剂

为了弥补汽油各方面质量的不足,需要添加各种汽油添加剂。这里以汽油抗爆剂为例加以介绍。

添加汽油抗爆剂的作用是抑制燃烧反应自动加速,将汽油的燃烧速度限制在正常范围之内,即在火焰前锋到达之前抑制烃类自燃,使未燃混合气体的自燃诱导期延长,或使火焰的传播速度增加,以达到消除燃料爆震燃烧的目的。

烷基铅、锰基化合物、铁基化合物连同后来人们研究的稀土羧酸盐等作为抗爆剂,统称为金属有灰类抗爆剂。金属有灰类抗爆剂虽然能有效提高汽油的抗爆性,但由于存在颗粒物的排放等问题,欧美等发达国家已不再提倡使用。近一段时期以来,汽油抗爆剂的开发研究一直朝着有机无灰类方向发展。有机无灰类抗爆剂主要包括一些醚类、醇类、酯类等。

金属有灰类和有机无灰类两类抗爆剂的作用相同,抗爆机理各异。金属有灰类抗爆剂的抗爆机理与四乙基铅$[TEL,Pb(C_2H_5)_4]$相似:在燃烧条件下分解为金属氧化物颗粒,使正构烷烃氧化生成的过氧化物进一步反应为醛、酮或其他环氧化合物,将火焰前链的分支反应破坏,使反应链中断,阻止汽油过度燃烧,使汽缸的爆震减小。苯胺及其衍生物、烯烃聚合物和含氧有机化合物(醇、酮、醚及酯)等有机无灰类抗爆剂按过氧化物减少机理抗爆:在燃烧进入速燃期以前与汽油中的不饱和烃发生反应,生成环氧化合物,使整个燃烧过程中生成的过氧化物减少,避免了多火焰中心的生成,使向未燃区传播活性燃烧核心的作用减弱。

使用抗爆剂是提高汽油抗爆性最经济、最行之有效的方法。

（1）金属有灰类抗爆剂。

① 烷基铅。

1970 年以前,美国主要依靠添加四乙基铅提高汽油的辛烷值。但四乙基铅毒性大,因此于 1970 年颁布清洁空气法,并于 1975 年采取限铅和禁铅措施。1999 年 12 月,我国国家技术监督局发布国家标准《车用无铅汽油》(GB 17930—1999),2000 年 7 月 1 日全国停止销售含铅汽油。

② 锰基化合物。

可作抗爆剂的锰基化合物有多种,以甲基环戊二烯三羰基锰（MMT）的性能最好。使用 MMT 主要有以下效果:

a. 提高无铅汽油辛烷值,与含氧调和组分具有良好的配伍性;

b. 减少炼厂及汽车的 NO_x,CO,CO_2 的排放,总体上减少碳氢化合物排放;

c. 可配合汽车废气排放控制系统,对催化转化器有改善作用,对氧气传感器没有危害;

d. 减少排气阀座缩陷,对进气阀具有保洁作用;

e. 改善炼油操作,降低重整装置操作的苛刻度,降低汽油中的芳烃含量,减少原油的需求量。

③ 铁基化合物。

铁基化合物的代表是二茂铁,其分子式为$(C_2H_5)_2Fe$,也称二环戊二烯合铁,是一种橙黄色针状结晶,具有类似樟脑的气味,能升华,熔点为 173～174 ℃,沸点为 249 ℃,不溶于水,易溶于有机溶剂。汽油中加入质量浓度为 0.01～0.03 g/L 的二茂铁,同时加入质量浓度为 0.05～0.10 g/L 的乙酸叔丁酯,可使其辛烷值增加 4.5～6.0 个单位。此外,目前也有报道采用二茂铁、聚异丁烯基丁二酰亚胺、聚异丁烯钡盐等组成的一种具有抗爆功能、无毒、安全、稳定性好的无铅汽油抗爆添加剂。该添加剂用量小、成本低、使用方便。

（2）有机无灰类抗爆剂。

有机无灰类抗爆剂包括醚类、醇类、酯类。

3）高辛烷值汽油组分

提高汽油辛烷值最根本的途径是调整汽油各主要组分的生产工艺,如改变工艺条件或采用助剂等提高催化裂化汽油的辛烷值,但所需的生产成本将大幅增加。各种添加剂虽然可能显著地提高汽油的抗爆性,但由于它们不是汽油的组分——烃类,所以在使用过程中往往会带来一些问题,同时添加剂的价格也很高。如果加入或增加符合新配方汽油的无硫、无芳烃的优质高辛烷值汽油组分,则不仅可以提高汽油的抗爆性,还可以间接降低汽油中的硫、芳烃和烯烃含量,降低汽油的蒸气压,使汽油的组成更加合理。

在炼厂中,利用炼厂气或轻质石脑油制造的叠合汽油、烷基化汽油、工业异辛烷及异戊烷等组分都是高辛烷值汽油组分,将其调入汽油中不仅可以增加汽油的产量,还可以大大提高汽油的辛烷值。

2. 气体分馏

炼厂气是 C_1～C_4 气体的混合物,并且含有少量的 C_{5+} 及非烃气体。所以,在炼厂气加工之前必须将其中对使用和加工过程有害的非烃气体除去,并根据需要将炼厂气分离成不同的单体烃或馏分,这分别称为气体精制和气体分馏。

1) 气体精制

(1) 气体脱硫。

我国炼厂气脱硫绝大多数采用醇胺湿法。醇胺溶液由醇胺和水组成。所使用的醇胺有一乙醇胺(MEA)、二乙醇胺(DEA)、二异丙醇胺(DIPA)、甲基二乙醇胺(MDEA)等。

(2) 液化气脱硫醇。

液化气中的硫化物主要是硫醇,可用化学或吸附的方法予以除去。其中化学方法主要是催化氧化法脱硫醇,即把催化剂分散到碱液(氢氧化钠)中,将含硫醇的液化气与碱液接触,硫醇与碱反应生成硫醇钠盐,然后将其分出并氧化为二硫化物。所用的催化剂为磺化酞氰钴。

由于存在于液化气中的硫醇相对分子质量较小,易溶于碱液中,因此液化气脱硫一般采用液-液抽提法。

2) 气体分馏

干气一般作为燃料,无须分离,而当液化气用作烷基化、叠合或石油化工原料时,则应进行分离,从中得到适宜的单体烃或馏分。

(1) 气体分馏的基本原理。

炼厂液化气中的主要成分是 C_3 及 C_4 的烷烃和烯烃,即丙烷、丙烯、丁烷、丁烯等,这些烃的沸点很低,如丙烷的沸点为 -42.07 ℃,丁烷的沸点为 -0.5 ℃,异丁烯的沸点为 -6.9 ℃,在常温常压下均为气体,但在一定的压力(2.0 MPa 以上)下可呈液态。由于它们的沸点不同,所以可利用精馏的方法将其分离。

(2) 气体分馏的工艺流程

气体分馏装置中的精馏塔一般为 3 个或 4 个,少数为 5 个,实际中可根据生产需要调整。一般地,如果要将气体分离为 n 个单体烃或馏分,则需要 $n-1$ 个精馏塔。

3. 气体分馏装置现状及项目意义

长期以来,催化裂化和气体分馏大多作为两套装置,分别进行生产操作,其结果导致产生资源无法共用、生产过程割裂、目的产品损失较大、能耗高等弊病。例如,催化裂化装置需要将一定量的非烃气体和轻组分随干气排出,而干气只能作为燃料气使用,造成丙烯损失;气体分馏装置需要将一定量的轻组分由脱乙烷塔塔顶排出,而塔顶排出的气体只能作为燃料气使用,同样造成丙烯损失。类似的工艺过程如果能统一进行处理,则物料损失可大大减少。下面以某 10×10^4 t/a 气体分馏装置为例,分析其丙烯损失,并提出降低损失的方案,以供借鉴。

通常气体分馏装置主要由脱丙烷塔、脱乙烷塔和脱丙烯塔所组成,其主要目的是生产纯度为 99.6% 的聚合级丙烯。大多数气体分馏装置的丙烯回收率为 90% 左右,操作较好的装置也仅在 95% 左右。丙烯损失主要发生在脱丙烯塔塔釜和脱乙烷塔塔顶气相出料。如果脱丙烯塔塔釜中丙烷质量分数控制在 97%~98%,则该塔塔釜损失的丙烯很少,那么脱乙烷塔塔顶变成丙烯的主要损失之处。由于气体分馏装置的原料主要是来自催化裂化装置的液化气,因而通过催化裂化和气体分馏两套装置的联合优化将可以实现资源共享,取消气体分馏装置中的脱乙烷塔,提高丙烯回收率,从而获取较大的经济效益。

4. 项目技术关键

通过催化裂化和气体分馏两套装置的联合模拟和优化,确定适宜的工艺条件,达到取消脱乙烷塔的目的。取消脱乙烷塔的关键是进入气体分馏原料中的乙烷含量必须足够低,以满足生产纯度为 99.6% 的丙烯的要求。气体分馏原料中的液化气来自催化裂化装置的吸收稳定系统,如果能在催化裂化装置将乙烷含量控制得足够低,就有可能将气体分馏装置中的脱乙烷塔取消。催化裂化装置的吸收稳定系统本身就需要将乙烷等轻组分作为干气脱除,因而没有必要在催化裂化装置脱除一次轻组分后再在气体分馏装置又脱除一次轻组分。这是由以往装置彼此隔离、各自为政造成的不合理现象。为了取消气体分馏装置的脱乙烷塔,就必须将这两套装置联合进行设计和优化,确定各套装置合理并满足经济效益最大的工艺操作条件。

六、思考题

(1) 汽油抗爆剂主要有哪两类? 它们各自的典型代表有哪些?

(2) 如何利用炼厂气或轻质石脑油生产高辛烷值汽油组分?

(3) 什么是气体精制? 气体精制去除的物质有哪些?

(4) 什么是气体分馏? 其主要原理是什么?

(5) 气体分馏装置存在的问题主要是什么? 解决的关键技术是什么?

教学项目六

催化重整

教学目标	知识目标	了解催化重整生产过程的作用和地位、发展趋势、主要设备结构和特点;熟悉催化重整生产原料要求和组成、主要反应原理和特点、催化剂的组成和性质、工艺流程和操作影响因素分析
	能力目标	能够根据原料的组成、催化剂的组成和结构、工艺过程、操作条件对重整产品的组成和特点进行分析判断;能够对影响催化重整生产过程的因素进行分析和判断,进而能够对实际生产过程进行操作和控制
	素质目标	培养学生的自学意识和创新意识,学会与人沟通和合作
教材分析	重　点	催化重整生产原料要求、主要反应原理、催化剂的组成、工艺流程
	难　点	操作影响因素分析
任务分解	任务十二	催化重整工艺操作
	任务十三	重整催化剂的使用与评价
任务教学设计		
新课导入	通过简单讲述汽油牌号与车用汽油的使用,引出汽油性质与辛烷值的关系,进而引出如何得到高辛烷值的汽油,即催化重整工艺	
新知学习	一、思考一 石油催化重整是什么意思? 它对汽油生产有什么重要性? 二、讲　解 催化重整:在有催化剂作用的条件下,对汽油馏分中的烃类分子结构进行重新排列,构成新的分子结构的过程。催化重整是石油炼制过程之一,在加热、氢压和催化剂存在的条件下,可使原油蒸馏所得的轻汽油馏分(或石脑油)转变成富含芳烃的高辛烷值汽油(重整汽油)。 三、交流一 要想得到高辛烷值汽油,对原油的加工需要经过哪些步骤? 四、思考二 预处理、反应、分离的关键点在哪里?	

新知学习	重整流程： 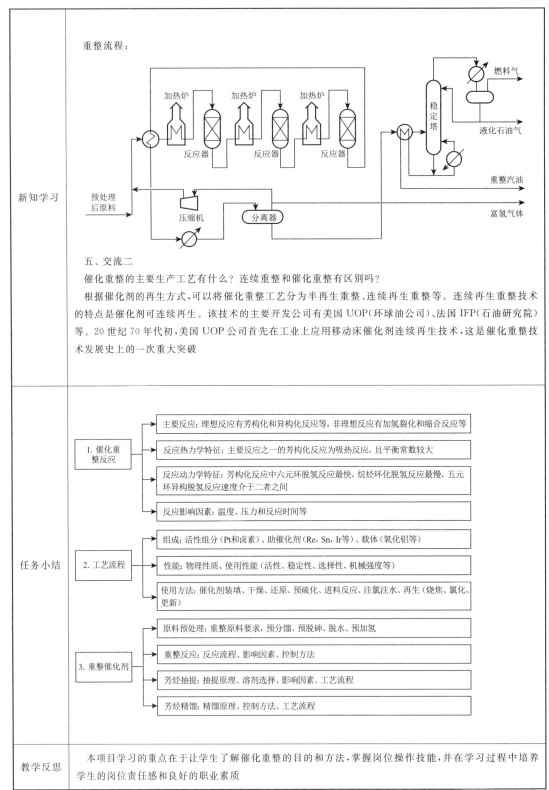 五、交流二 催化重整的主要生产工艺有什么？连续重整和催化重整有区别吗？ 　　根据催化剂的再生方式，可以将催化重整工艺分为半再生重整、连续再生重整等。连续再生重整技术的特点是催化剂可连续再生。该技术的主要开发公司有美国 UOP（环球油公司）、法国 IFP（石油研究院）等。20 世纪 70 年代初，美国 UOP 公司首先在工业上应用移动床催化剂连续再生技术，这是催化重整技术发展史上的一次重大突破
任务小结	**1. 催化重整反应** 主要反应：理想反应有芳构化和异构化反应等，非理想反应有加氢裂化和缩合反应等 反应热力学特征：主要反应之一的芳构化反应为吸热反应，且平衡常数较大 反应动力学特征：芳构化反应中六元环脱氢反应最快，烷烃环化脱氢反应最慢，五元环异构脱氢反应速度介于二者之间 反应影响因素：温度、压力和反应时间等 **2. 工艺流程** 组成：活性组分（Pt 和卤素）、助催化剂（Re，Sn，Ir 等）、载体（氧化铝等） 性能：物理性质、使用性能（活性、稳定性、选择性、机械强度等） 使用方法：催化剂装填、干燥、还原、预硫化、进料反应、注氯注水、再生（烧焦、氯化、更新） **3. 重整催化剂** 原料预处理：重整原料要求，预分馏、预脱砷、脱水、预加氢 重整反应：反应流程、影响因素、控制方法 芳烃抽提：抽提原理、溶剂选择、影响因素、工艺流程 芳烃精馏：精馏原理、控制方法、工艺流程
教学反思	本项目学习的重点在于让学生了解催化重整的目的和方法，掌握岗位操作技能，并在学习过程中培养学生的岗位责任感和良好的职业素质

任务十二　催化重整工艺操作

一、任务目标

1. 知识目标

（1）了解催化重整生产过程的作用和地位、发展趋势、主要设备结构和特点。

（2）熟悉催化重整的生产原料要求和组成、主要反应原理和特点、催化剂的组成和性质、工艺流程和操作影响因素分析。

（3）初步掌握催化重整生产原理和方法。

2. 能力目标

（1）能根据原料的组成、催化剂的组成和结构、工艺过程、操作条件对重整产品的组成及特点进行分析和判断。

（2）能对影响重整生产过程的因素进行分析和判断，进而能够对实际生产过程进行操作和控制。

二、案　例

以采用国产化超低压连续重整技术的某石化公司 100×10^4 t/a 催化重整装置（图 12-1）为例。该装置于 2019 年 4 月投产，装置运行中存在如下问题：

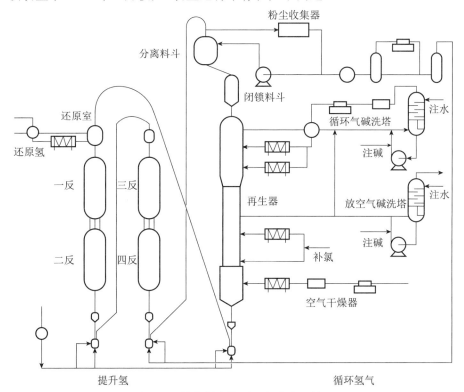

图 12-1　催化剂连续再生部分流程简图

自从再生系统开始催化剂冷循环后,二反、四反底部料腿经常出现催化剂流动困难的情况。重整投料后,这一问题尤为突出,最严重时二反、四反底部有一半料腿出现堵塞,导致二反、四反底部隔离压差,无法进行正常控制。操作人员定期对现场催化剂料腿进行敲击疏通,情况时有好转,但不能彻底解决问题。

三、问题分析

分析二反、四反底部料腿催化剂流动困难的原因:一是料腿管径(DN50)过小,催化剂流动不畅,容易堵塞;二是新催化剂在开工初期易磨损,在流动过程中产生粉尘较多,对催化剂的流动造成不利的影响。

四、解决方案

(1)逐步减少催化剂总提升气流量,直至找到能够将催化剂提升的最小流量。二反、四反提升器一次风量分别以 879 m^3/h 和 389 m^3/h 为基准,以每 10 m^3/h 为单位逐步递减调整风量,找出最优操作值,要求二反、四反提升器一次风量分别控制不低于 452 m^3/h、192 m^3/h。根据中国石化洛阳工程有限公司的计算,密封气阀门开度为 10%~15% 比较适宜,技术服务时阀位处于 30%,通过进一步摸索调整到最佳阀位。

(2)敲击催化剂下料腿(每小时敲击 1 次),让催化剂充满料腿,使反应器底部与催化剂收集器的压差为 3~5 kPa。建立处理下料腿的操作台账。记录每天的处理情况,可以考虑每天热停工一次,用密封气反复扰动,尽量将料腿处疏通。

五、操作要点

调整提升气、密封气参数与敲击料腿相结合。

六、拓展资料

1. 催化重整的进展

催化重整是以石脑油为原料,在催化剂的作用下,烃类分子重新排列成新分子结构的工艺过程。其主要目的:一是生产高辛烷值汽油组分;二是为化纤、橡胶、塑料和精细化工提供原料[苯、甲苯、二甲苯(合称 BTX)等芳烃]。除此之外,催化重整还可生产化工过程所需的溶剂、油品加氢所需的高纯度廉价氢气(75%~95%)和民用燃料液化气等副产品。

由于环保和节能要求,世界范围内对汽油总的要求趋势是高辛烷值和清洁。在发达国家的车用汽油组分中,催化重整汽油占 25%~30%。我国已在 2000 年实现了汽油无铅化,汽油辛烷值在 90 以上,汽油中有害物质的控制指标为:烯烃含量不大于 35%,芳烃含量不大于 40%,苯含量不大于 2.5%,硫含量不大于 0.08%。而目前我国汽油以催化裂化汽油组分为主,烯烃和硫含量较高。降低烯烃和硫含量并保持较高的辛烷值是我国炼厂生产清洁汽油所面临的主要问题。在解决这一问题中,催化重整可发挥重要作用。据统计,2004年世界主要国家和地区原油总加工能力为 4 090 Mt/a,其中催化重整处理能力 488 Mt/a,约占原油加工能力的 11.9%。我国于 1965 年建成了第一套催化重整工业装置,但长时间以来,由于我国催化重整原料较少,加上对汽油辛烷值要求不高,汽油中催化重整汽油组分较少,催化重整能力远低于世界平均水平。随着新配方汽油(RFG)时代的到来,世界各国普遍提高了对汽油品质的要求。

2. 重整化学反应

1) 芳构化反应

凡是生成芳烃的反应都可以称为芳构化反应。在重整条件下,芳构化反应主要包括以下几种类型。

(1) 六元环烷烃脱氢反应。例如:

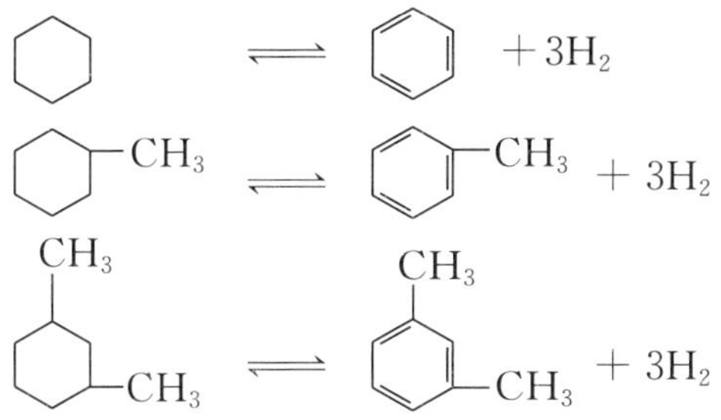

(2) 五元环烷烃异构脱氢反应。例如:

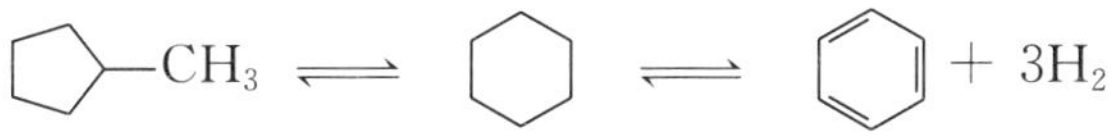

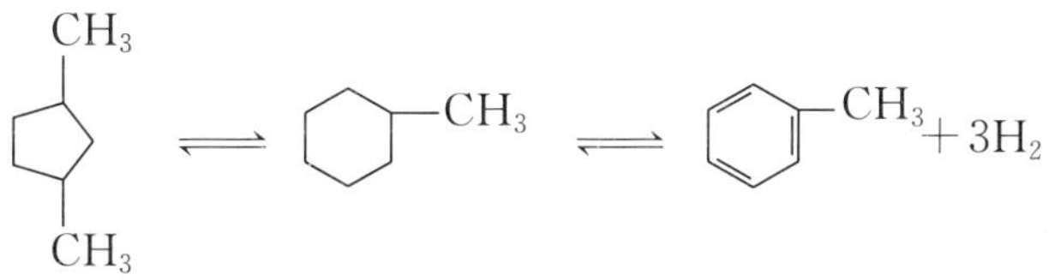

(3) 烷烃环化脱氢反应。例如:

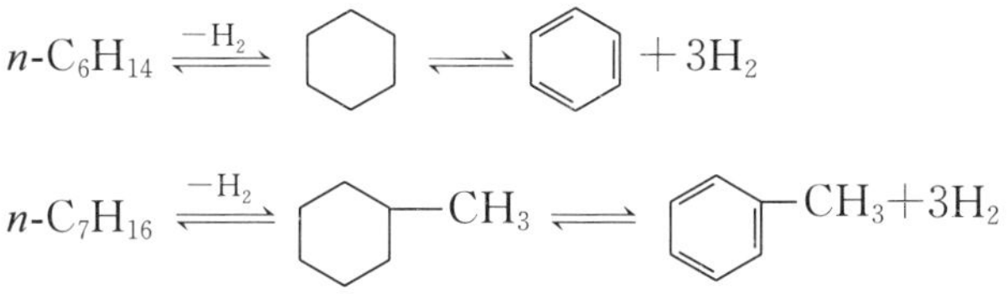

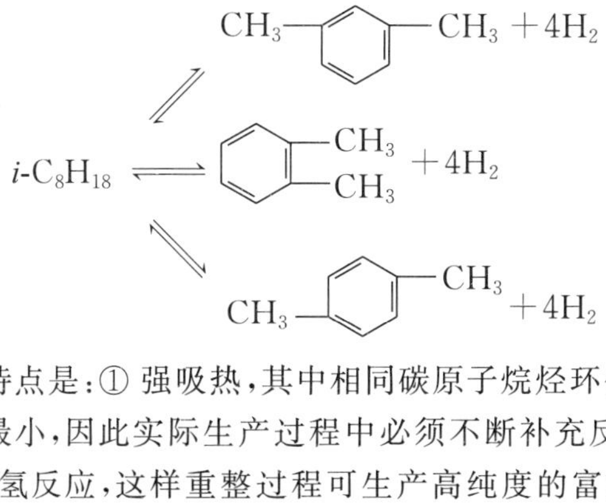

芳构化反应的特点是:① 强吸热,其中相同碳原子烷烃环化脱氢吸热量最大,五元环烷烃异构脱氢吸热量最小,因此实际生产过程中必须不断补充反应过程中所需的热量;② 体积增大,因为都是脱氢反应,这样重整过程可生产高纯度的富产氢气;③ 可逆,实际过程中

可控制操作条件,提高芳烃收率。

对于芳构化反应,无论目的产品是芳烃还是高辛烷值汽油,这些反应都是有利的,尤其是正构烷烃环化脱氢反应,可使汽油辛烷值大幅度提高。这三类反应的反应速率是不同的:六元环烷烃脱氢反应进行得很快,在工业条件下能很快达到化学平衡,是生产芳烃的最重要反应;五元环烷烃异构脱氢反应比六元环烷烃脱氢反应慢很多,但大部分也能转化为芳烃;烷烃环化脱氢反应较慢,在一般铂重整过程中烷烃转化为芳烃的转化率很小。利用铂-铼等双金属和多金属催化剂重整,可使芳烃转化率有很大提高,这主要是因为降低了反应压力,提高了反应速率。

2）异构化反应

例如:

$$n\text{-}C_7H_{16} \rightleftharpoons i\text{-}C_7H_{16}$$

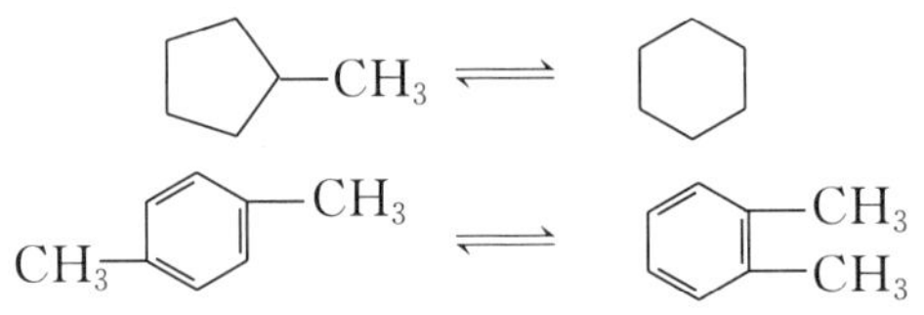

在催化重整条件下,各种烃类都能发生异构化反应且是轻度的放热反应。异构化反应有利于五元环烷烃异构脱氢生成芳烃,可提高芳烃收率。对于烷烃的异构化反应,虽然不能直接生成芳烃,但能够提高汽油辛烷值,并且异构烷烃较正构烷烃容易进行脱氢环化反应。因此,异构化反应对生产汽油和芳烃都有重要意义。

3）加氢裂化反应

例如:

$$n\text{-}C_7H_{16} + H_2 \longrightarrow n\text{-}C_3H_8 + i\text{-}C_4H_{10}$$

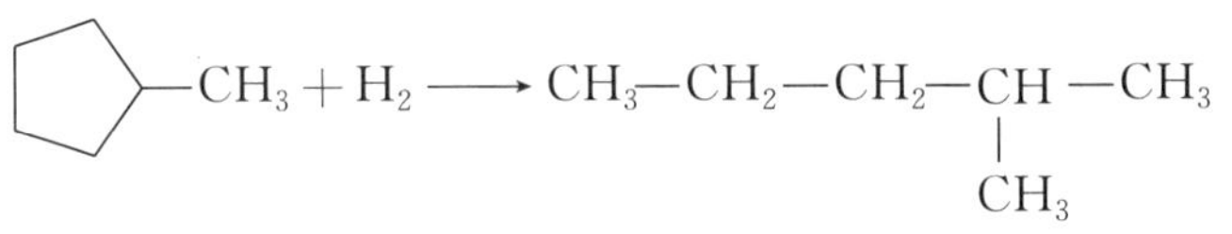

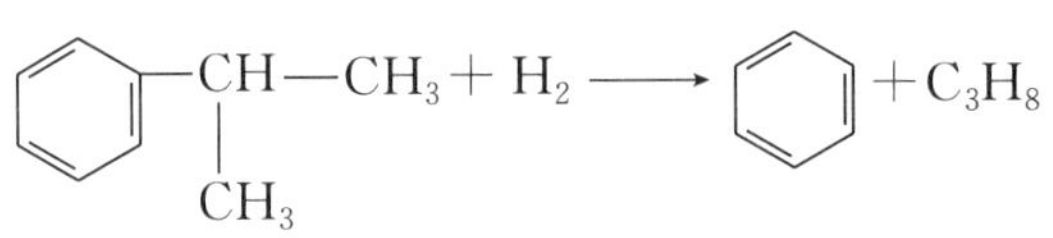

加氢裂化反应实际上是裂化、加氢、异构化综合进行的反应,是中等程度的放热反应。反应结果是生成较小的烃分子。在催化重整条件下的加氢裂化还包括异构化反应,这些都有利于提高汽油辛烷值,但同时由于生成 C_5 以下的气体烃,汽油收率下降,芳烃收率也下降,因此加氢裂化反应要适当控制。

4）缩合生焦反应

在催化重整条件下,烃类还可以发生叠合和缩合等分子增大的反应,最终缩合成焦炭,覆盖在催化剂表面,使其失活。因此,这类反应必须加以控制。工业上采用循环氢保护技术,一方面可使容易缩合的烯烃饱和,另一方面可抑制芳烃深度脱氢。

5）重整反应转化率

在以高辛烷值汽油为生产目的时，既要求汽油的辛烷值高，又要求 C_{5+} 生成油的收率高。反应产物的收率与质量之间的这对矛盾通常反映在辛烷值-收率关系上。对于一定的原料，有一定的辛烷值-收率的理论关系。图 12-2 所示的某重整原料的生成油理论收率与辛烷值的关系。该原料的辛烷值为 31，环烷烃脱氢反应达到化学平衡时汽油的辛烷值并不太高，而烷烃异构化反应达到化学平衡时可得到较高辛烷值的汽油。当这两者都达到化学平衡时，汽油的辛烷值可达到 70 左右，此时汽油收率为 93%。超过此点以后，若想进一步提高辛烷值，可由烷烃脱氢环化反应和加氢裂化反应达到。由图 12-2 可见，通过烷烃脱氢环化可以得到很高的辛烷值，而加氢裂化则要在大大降低汽油收率的情况下才能得到较高的辛烷值。

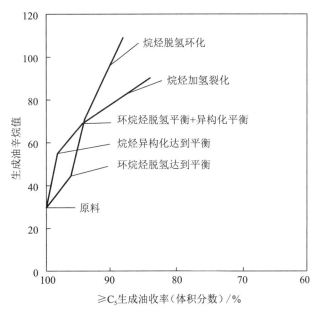

图 12-2 某重整原料的生成油理论收率与辛烷值的关系

由此可见，重整原料的化学组成对其辛烷值-收率关系有重要影响。生产上，通常用芳烃潜含量来表征重整原料的反应性能。芳烃潜含量的实质是当原料中的环烷烃全部转化为芳烃时所能得到的芳烃量。其计算方法（以下五式中的含量皆为质量分数）如下：

芳烃潜含量（%）＝苯潜含量（%）＋甲苯潜含量（%）＋C_8 芳烃潜含量（%）

苯潜含量（%）＝C_6 环烷烃（%）×78/84＋苯（%）

甲苯潜含量（%）＝C_7 环烷烃（%）×92/98＋甲苯（%）

C_8 芳烃潜含量（%）＝C_8 环烷烃（%）×106/112＋C_8 芳烃（%）

式中，78，84，92，98，106，112 分别为苯、C_6 环烷烃、甲苯、C_7 环烷烃、C_8 芳烃和 C_8 环烷烃的相对分子质量。

重整转化率（%）＝芳烃收率（%）/芳烃潜含量（%）

重整转化率也称芳烃转化率。实际上，上式的定义不是很准确。因为在芳烃收率中包含原料中原有的芳烃和由环烷烃及烷烃转化生成的芳烃，其中原有的芳烃并没有经历芳构化反应。此外，在铂重整中，原料中的烷烃极少转化为芳烃，而且环烷烃不会全部转化成芳烃,故重整转化率一般都小于100%。但对于铂-铼重整及其他双金属或多金属重整,由于其促进了烷烃的脱氢环化反应,重整转化率经常大于100%。

想一想:为什么出现芳烃转化率超过100%的情况?

3. 催化重整原料选择及预处理

由于催化重整生产方案、选用催化剂不同,以及重整催化剂本身又比较昂贵和"娇嫩",易受多种金属及非金属杂质影响而中毒,失去催化活性,所以为了提高重整装置运转周期和目的产品收率,必须选择适当的重整原料并予以精制处理。

1) 原料的选择

对重整原料的选择主要有三个方面的要求,即馏分组成、族组成和杂质含量。

(1)馏分组成。

馏分组成要求见表12-1。

表 12-1　生产各种芳烃时的适宜馏程

目的产物	适宜馏程/℃
苯	60~85
甲苯	85~110
二甲苯	110~145
苯-甲苯-二甲苯	60~145

(2)族组成。

环烷烃含量高的原料在重整时不仅可以得到较高的芳烃收率和氢气收率,而且可以采用较大的空速,催化剂积炭少,运转周期较长。一般以芳烃潜含量表示重整原料的族组成。芳烃潜含量越高,重整原料的族组成越理想。

(3)杂质含量。

重整原料中含有的少量砷、铅、铜、铁、硫、氮等杂质会使催化剂中毒失活。水和氯的含量控制不当也会造成催化剂活性下降或失活。为了保证催化剂在长周期运转中具有较高的活性和选择性,必须严格限制重整原料中的杂质含量。重整原料中杂质含量的一般要求见表12-2。

表 12-2　重整原料中杂质含量一般要求

杂　质	含量/(g·g^{-1})
硫	$<0.5 \times 10^{-6}$
氮	$<0.5 \times 10^{-6}$
氯	$<1 \times 10^{-6}$
水	$<5 \times 10^{-6}$
砷	$<1 \times 10^{-9}$
铅、铜等	$<1\,000 \times 10^{-9}$

2) 重整原料的预处理

重整原料预处理的目的是切取符合重整要求的馏分和脱除对重整催化剂有害的杂质及

水分,满足重整原料的馏分、族组成和杂质含量的要求。重整原料的预处理由预分馏、预加氢和脱水等单元组成(图 12-3)。

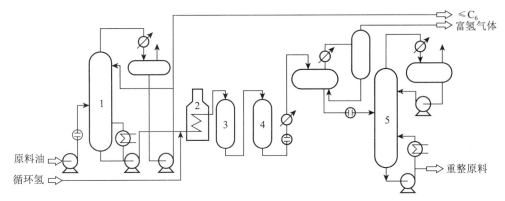

1—预分馏塔;2—预加氢加热炉;3,4—预加氢反应器;5—脱水塔。

图 12-3　重整原料预处理工艺流程

(1) 预分馏。

预分馏的作用是切取适宜馏程的重整原料。在多数情况下,进入重整装置的原料是原油初馏塔和/或常压蒸馏塔塔顶温度小于 180 ℃(生产高辛烷值汽油时)或小于 130 ℃(生产轻芳烃时)的汽油馏分。在预分馏塔,切去温度小于 80 ℃ 或小于 60 ℃ 的轻馏分,同时脱去原料中的部分水分。

(2) 预加氢。

预加氢的作用是脱除原料中对催化剂有害的杂质,使杂质含量符合要求,同时使烯烃饱和,以减少催化剂积炭,从而延长催化剂使用周期。

我国主要原油的直馏重整原料在未精制以前,氮、铅、铜的含量都能符合要求,因此加氢精制的目的主要是脱硫,同时通过汽提塔脱水。对于大庆原油和新疆原油,脱砷也是预处理的重要任务。烯烃饱和和脱氮主要针对二次加工原料。

① 预加氢的作用原理。

预加氢是在催化剂和氢压的条件下,将原料中的杂质脱除。

a. 含硫、氮、氧等的化合物在预加氢条件下发生氢解反应,生成硫化氢、氨和水等,经预加氢反应器或脱水塔分离除去。

b. 烯烃通过加氢生成饱和烃。烯烃饱和程度可用溴价或碘价表示,一般要求重整原料的溴价或碘价小于 1 g/(100 g 油)。

c. 砷、铅、铜等金属化合物在预加氢条件下先分解成单质金属,然后吸附在催化剂表面。

② 预加氢催化剂。

在铂重整中预加氢催化剂常用钼酸钴或钼酸镍。在双金属或多金属重整中,人们开发出适应低压预加氢的 Mo-Co-Ni 催化剂。这三种金属中,钼为活性组分金属,钴和镍为助剂金属,载体为活性氧化铝。一般活性组分金属含量为 10%～15%,助剂金属含量为 2%～5%。

③ 预加氢操作条件。

从预脱砷反应器出来的原料油进入预加氢反应器。预加氢精制后的生成油经换热、冷却后进入高压油气分离器,分出的富氢气体(主要是氢气、轻质烃及少量 H_2S,NH_3 和 H_2O

等)出装置,用于加氢精制等用氢装置;分出的液体油由于溶解有少量水、氨、硫化氢等,需送至脱水塔除去以上溶解物,经脱水后的塔底油便可作为重整进料。

由于原料来源、组成及重整反应催化剂的要求不同,预加氢工艺操作条件不同。典型预加氢工艺操作条件见表12-3。

表 12-3   典型预加氢工艺

操作条件	直馏原料	二次加工原料
压力/MPa	2.0	2.5
温度/℃	280～340	<400
氢油比/(m³·m⁻³)	100	500
空速/h⁻¹	4	2

（3）预脱砷。

砷不仅是重整催化剂最严重的毒物,也是各种预加氢精制催化剂的毒物,因此必须在预加氢前把砷含量降到较低程度。重整反应原料中要求砷含量在 1×10^{-9} g/g 以下。如果原料中砷含量小于 100×10^{-9} g/g,则可不用单独脱砷,仅通过预加氢就可符合要求。

目前,工业上使用的预脱砷方法主要有三种:吸附法、氧化法和加氢法。

① 吸附法。

吸附法是采用吸附剂将原料中的含砷化合物吸附在脱砷剂上而除去。常用的脱砷剂是浸渍有 5%～10%硫酸铜的硅铝小球。

② 氧化法。

氧化法是将氧化剂与原料在反应器中混合进行氧化反应,将含砷化合物氧化后经蒸馏或水洗除去。常用的氧化剂是过氧化氢异丙苯,有时也用高锰酸钾。

③ 加氢法。

加氢法是将加氢预脱砷反应器与预加氢反应器串联在一起,两个反应器的反应温度、压力及氢油比基本相同。加氢法所用的催化剂是四钼酸镍加氧精制催化剂。

4. 重整加工方案的确定

催化重整装置一般分为两种类型,这是基于其所具有的两个重要作用:一方面,催化重整是生产高辛烷值汽油的重要途径;另一方面,催化重整是生产三苯芳烃的主要手段。生产的目的产品不同时,采用的工艺流程也不相同。生产高辛烷值汽油时,催化重整工艺流程比较简单,由原料预处理、重整反应、反应产物分离等部分组成(图12-4)。生产芳烃时,工艺流程除了原料预处理、重整反应部分外,还必须把目的产品——芳烃从重整生成油中分离出来,这就需要芳烃抽提部分和芳烃精馏部分或其他方法。

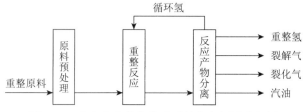

图 12-4   生产高辛烷值汽油重整方案原则流程图

5. 催化重整反应系统流程

工业上催化重整装置广泛采用的反应系统流程可分为两大类:固定床半再生式重整工艺流程和移动床连续再生式重整工艺流程。

1) 固定床半再生式重整工艺流程

固定床半再生式重整工艺流程的特点是当催化剂运转一定时期后,活性下降而不能继续使用时需就地停工再生(或换用异地再生好的或者新鲜的催化剂),再生后重新开工运转,因此称为半再生式重整过程。

2) 移动床连续再生式重整工艺流程

固定床半再生式重整会因催化剂的积炭而停工进行再生。为了能够经常保持催化剂的高活性,以及考虑到随着炼厂加氢工艺的日益增多,需要连续地供应氢气,美国 UOP 和法国 IFP 分别研究和发展了移动床连续再生式重整(简称连续重整)。其主要特征是设有专门的再生器,反应器和再生器都采用移动床,催化剂在反应器和再生器之间不断地进行循环反应和再生,一般每 3～7 d 全部催化剂再生一遍。

图 12-5 为美国 UOP 的加压连续再生重整工艺流程图。催化剂从第一个反应器依靠重力依次流经重叠的三或四个反应器。从最下面一个反应器底部出来的待生催化剂靠重力通过收集器到提升器,然后用氢气提升至再生器顶部的分离料斗中。催化剂在分离料斗内用氢气吹出其中的粉尘,含粉尘的氢气经粉尘收集器和除尘风机返回分离料斗。

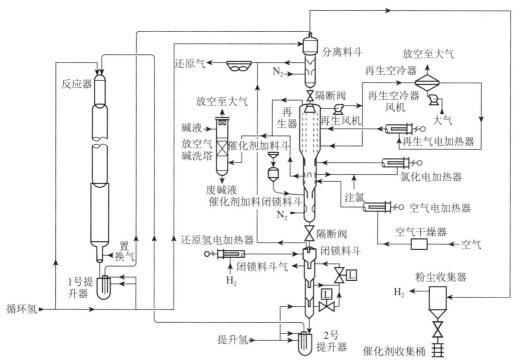

图 12-5　加压连续再生重整工艺流程

再生器从上到下分为烧焦、氯化和干燥三个区域。待生催化剂从分离料斗落入再生器后在两个圆柱形筛网的环形空间进行烧焦。烧焦用再生气中的氧含量为 0.5%～0.8%,再生器入口温度为 477 ℃。再生气用再生风机抽出,经空冷器和电加热器后返回再生器。烧焦后的催化剂依次进入具挡板结构的氯化区和干燥区。用于氯化过程的气体为来自干燥区的空气,注入氯化物后通过氯化区催化剂床层进入再生器,温度为 510 ℃。干燥区设在再生器最下部,干燥介质为 565 ℃的热空气。氧化态的再生催化剂在再生器底部用氮气置换后,送至闭锁料斗上部还原段进行还原。还原使用电加热到 538 ℃的高纯氢气。还原后的再生催化剂落入闭锁料斗,然后通过提升器将再生催化剂送入第一反应器,构成一个循环。

UOP 及 IFP 连续重整反应系统流程如图 12-6 和图 12-7 所示。

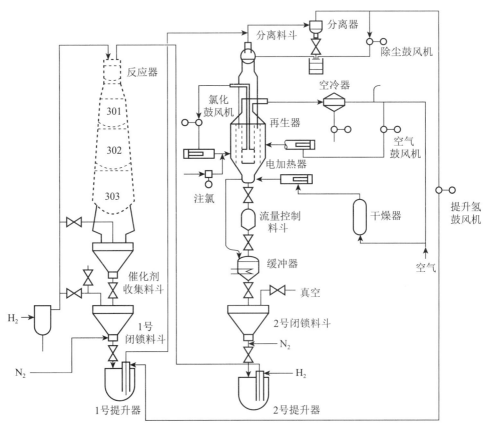

图 12-6　UOP 连续重整反应系统流程

在连续重整装置中,催化剂连续地依次流过串联的三个(或四个)移动床反应器。从最后一个反应器流出的待生催化剂含碳量(质量分数)为 5%～7%。待生催化剂由重力或气体提升输送到再生器进行再生。恢复活性后的再生催化剂返回第一反应器进行反应。这样催化剂在系统内形成一个闭路循环。从工艺角度来看,由于催化剂可以频繁地进行再生,所以可采用比较苛刻的反应条件,即低反应压力(0.35～0.8 MPa)、低氢油物质的量比(4～1.5)和高反应温度(500～530 ℃),其结果是更有利于烷烃的芳构化反应,重整生成油的辛烷值(RON)可高达 100,液体收率和氢气收率高。

UOP 连续重整和 IFP 连续重整采用的反应条件基本相似,均使用铂-锡催化剂。这两种工艺都是先进和成熟的。从外观来看,UOP 连续重整的三个反应器是叠置的,称为轴向

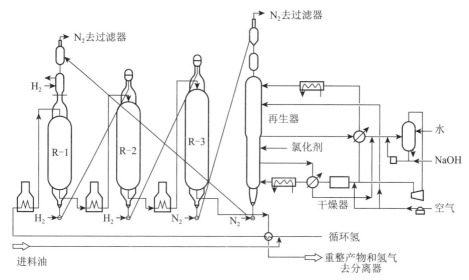

图 12-7　IFP 连续重整反应系统流程

重叠式连续重整工艺,催化剂依靠重力自上而下依次流过各个反应器,从最后一个反应器出来的待生催化剂用氮气提升至再生器的顶部;IFP 连续重整的三个反应器则是并行排列的,称为径向并列式连续重整工艺,催化剂在每两个反应器之间采用氢气提升至下一个反应器的顶部,从最后一个反应器出来的待生催化剂则用氮气提升到再生器的顶部。在具体技术细节上,这两种工艺各具特点。

连续重整技术是重整技术近年来的重要进展之一。它针对重整反应的特点提供了更为适宜的反应条件,因而可获得较高的芳烃收率、较高的液体收率和氢气收率,突出的优点是改善了烷烃芳构化反应的条件。

连续重整和半再生式重整各有特点,选择何种工艺应从以下两个方面综合考虑:

(1)投资数量和资金来源。连续重整中再生部分的投资占总投资的比例相当大,且装置规模越小,其所占的比例越大,因此规模小的装置采用连续重整是不经济的。近年来新建的连续重整装置的规模一般都在 60×10^4 t/a 以上。从总投资来看,一座 60×10^4 t/a 连续重整装置的总投资与相同规模的半再生式重整装置相比约高出 30%。

(2)原料性质和产品。原料油的芳烃潜含量越高,连续重整与半再生式重整在液体产品收率及氢气收率方面的差别越小,连续重整的优越性也就相对下降。当重整装置的主要产品是高辛烷值汽油时,还应当考虑市场对汽油质量的要求。过去提高汽油辛烷值主要依靠提高汽油中的芳烃含量。近年来,出于对环保的考虑,出现了限制汽油中芳烃含量的趋势。另外,在汽油中添加醚类等高辛烷值组分以提高汽油辛烷值的办法也得到了广泛的应用。因此,对重整汽油的辛烷值要求有所降低。对汽油产品需求情况的这些变化促使重整装置降低其反应的苛刻度,但在一定程度上削弱了连续重整的相对优越性。此外,连续重整多产的氢气能否充分利用,也是衡量其经济效益应考虑的一个因素。

综上所述,在选择重整工艺时,必须根据具体情况,以经济效益为衡量标准进行全面综合的分析。

3）影响反应的主要操作因素

影响重整反应的主要操作因素除催化剂的性能外，还有反应温度、反应压力、氢油比、空速等。

（1）反应温度。

提高反应温度不仅可使化学反应速度加快，而且对强吸热的脱氢反应的化学平衡很有利，但是会使加氢裂化反应加剧、液体产物收率下降、催化剂积炭加快以及受到设备材质的限制。因此，在选择反应温度时应综合考虑各方面的因素。工业上重整反应器的入口温度多在 480～530 ℃范围内。在操作过程中，随着反应时间的推移，催化剂因积炭而活性下降。为了维持足够的反应速度，需要用逐步提高温度的办法来弥补催化剂活性的损失，故操作后期的反应温度高于初期。

催化重整采用多个串联的绝热反应器，这就涉及反应器入口温度分布问题。实际上，各个反应器内的反应情况是不一样的。例如，环烷烃脱氢反应主要是在前面的反应器内进行，而反应速度较慢的加氢裂化反应和脱氢环化反应则会延续到后面的反应器。因此，应当按各个反应器的反应情况分别采用不同的反应条件。在反应器入口温度分布上人们曾经有过几种不同的做法：由前往后逐个递降、由前往后逐个递增，或几个反应器的入口温度都相同。近年来，多数重整装置趋向于采用前面反应器的温度较低、后面反应器的温度较高的方案。

重整反应器一般是 3～4 个串联，而且催化剂床层的温度是变化的。图 12-8 所示为某重整反应器的温度分布。由图 12-8 可以看出，各反应器的温降差异很大。温降最大的是第一反应器（ΔT_1），这是由于第一反应器中主要进行的是速度最快且强吸热的六元环烷烃脱氢反应。在第二反应器中主要进行的是五元环烷烃异构脱氢反应，同时还伴随一些放热的裂化反应，因此第二反应器的温降 ΔT_2 比 ΔT_1 显著减小。到后面第三反应器时，环烷烃脱氢反应很少，所发生的吸热反应以烷烃脱氢环化反应为主，但这种反应速度较慢，比较难以进行，必须在较苛刻的反应条件下才能进行，这样伴随的副反应就更多了，除裂化反应外还有歧化、脱烷基等反应，且多是放热反应，因此后面反应器的温降（ΔT_3，ΔT_4）更小。总的趋势是 $\Delta T_1 > \Delta T_2 > \Delta T_3$，$\Delta T_4$（表 12-4）。

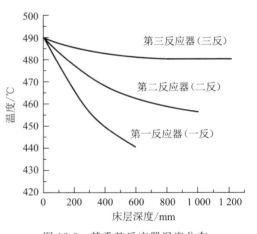

图 12-8　某重整反应器温度分布

由图 12-8 还可以看出，反应温降主要集中在反应器床层顶部，在床层下部很大区域中几乎没有温降。因此，为了有效地利用催化剂，各反应器中催化剂装填比例很重要。把过多的催化剂装入前面的反应器实际上是一种浪费。为了促进反应速度较慢的烷烃脱氢环化和异构化等反应，各重整反应器催化剂常采用前面少、后面多的装填方式。在使用四个反应器串联时，催化剂的装填比例一般为 1∶1.5∶3.0∶4.5（表 12-4）。

表 12-4 催化剂装填比例及床层温降

项　目	第一反应器	第二反应器	第三反应器	第四反应器	总　计
催化剂装填比例	1	1.5	3.0	4.5	10
温降/℃	76	41	18	8	143

(2) 反应压力。

提高反应压力对生成芳烃的环烷烃脱氢、烷烃脱氢环化反应都不利,但对加氢裂化反应有利。因此,从增加芳烃收率的角度来看,希望采用较低的反应压力,在较低压力下可以得到较高的汽油收率和芳烃收率,氢气的收率和纯度也较高。但是,在低压下催化剂受氢气保护的程度下降,积炭速度较快,从而使操作周期缩短。解决这一矛盾的方法有两种:一种是采用较低压力,经常再生催化剂;另一种是采用较高压力,虽然转化率不太高,但可延长操作周期。另外,选择最适宜的反应压力时还要考虑原料的性质和催化剂的性能。例如,高烷烃含量原料比高环烷烃含量原料容易生焦,重馏分也容易生焦,对这类易生焦的原料通常需要采用较高的反应压力。当催化剂的容焦能力大、稳定性好时,可以采用较低的反应压力。例如铂-铼等双金属及多金属催化剂具有较高的容焦能力和稳定性,可以采用较低的反应压力,既能提高芳烃转化率,又能维持较长的操作周期。半再生式铂-铼催化重整时一般采用1.8 MPa 左右的反应压力,铂催化重整时采用 2~3 MPa 的反应压力,连续再生式重整装置的压力可低至约 0.8 MPa。新一代连续再生式重整装置的压力已降低到 0.35 MPa。重整技术的发展就是围绕着反应压力从高到低的变化过程,反应压力已成为反映重整技术水平高低的重要指标。

在现代重整装置中,最后一个反应器的催化剂通常占催化剂总量的 50%,所以通常选用最后一个反应器入口压力作为反应压力。

(3) 空速。

空速反映了原料与催化剂的接触时间。降低空速可以使反应物与催化剂的接触时间延长。催化重整中各类反应的反应速度不同,空速的影响程度也不同。环烷烃脱氢反应的速度很快,在重整条件下很容易达到化学平衡,空速对这类反应影响不大;但烷烃脱氢环化反应和加氢裂化反应的速度慢,空速对这类反应有较大的影响。所以,在加氢裂化反应影响不大的情况下,适当采用较低的空速对提高芳烃收率和汽油辛烷值有利。

通常在生产芳烃时采用较高的空速,而在生产高辛烷值汽油时采用较低的空速,以增加反应深度,使汽油辛烷值提高,但空速太低会加速加氢裂化反应,使汽油收率降低,导致氢消耗和催化剂结焦加快。

选择空速时还应考虑原料的性质。对于环烷基原料,可以采用较高的空速;而对于烷基原料,则需要采用较低的空速。

一般在催化剂装填量和装置处理量一定的情况下,空速不作为调节手段。例如,铂-铼催化重整中,铂-铼催化剂的选择性较铂催化剂好,为了促进烷烃的脱氢环化,应采用较低的空速(1.5 h^{-1} 左右)。

(4) 氢油比。

氢油比常用两种表示方法,即

$$氢油物质的量比 = \frac{循环氢流量(kmol/h)}{原料油流量(kmol/h)}$$

$$氢油体积比 = \frac{循环氢流量(m^3/h)}{原料油流量(m^3/h,按 20\ ℃液体计)}$$

在重整反应中,除反应生成的氢气外,还需要在原料油进入反应器之前混合一部分氢气,这部分氢气并不参与重整反应,工业上称为循环氢。通入循环氢的目的:一是抑制生焦反应,减少催化剂上的积炭,起到保护催化剂的作用;二是起到热载体的作用,减小反应床层的温降,使反应温度不致降得太低;三是稀释原料,使原料更均匀地分布在催化剂床层上。

在总压不变时,提高氢油比意味着提高氢分压,有利于抑制催化剂上的积炭,但会使循环氢量增大,压缩机消耗功率增加。氢油比过大时会由于反应时间减少而使转化率降低。

由此可见,对于稳定性高的催化剂和生焦倾向小的原料,可以采用较小的氢油比,反之则需要采用较大的氢油比。铂重整装置采用的氢油物质的量比一般为 5～8,使用铂-铼催化剂时该比值一般小于 5,对于新一代连续再生式重整装置则可进一步降至 1～3。

综上所述,可以将各类反应的特点和各种因素的影响简要地归纳为表 12-5。

表 12-5　催化重整中各类反应的特点

项　目		六元环烷烃脱氢	五元环烷烃异构脱氢	烷烃脱氢环化	异构化	加氢裂化
反应特性	热效应	吸　热	吸　热	吸　热	放　热	放　热
	反应热/(kJ·kg^{-1})	2 000～2 300	2 000～2 300	约 2 500	很　小	-840
	反应速度	最　快	很　快	慢	快	慢
	控制因素	化学平衡	化学平衡或反应速度	反应速度	反应速度	反应速度
对产品收率的影响	芳　烃	增　加	增　加	增　加	影响不大	减　少
	液体产品	稍　减	稍　减	稍　减	影响不大	减　少
	C$_1$～C$_4$ 气体	—	—	—		增　加
	氢　气	增　加	增　加	增　加	无　关	减　少
对重整汽油性质的影响	辛烷值	增　大	增　大	增　大	增　大	增　大
	密　度	增　大	增　大	增　大	稍　增	增　大
	蒸气压	降　低	降　低	降　低	稍　增	增　大
参数增大时产生的影响	温　度	促　进	促　进	促　进	促　进	促　进
	压　力	抑　制	抑　制	抑　制	无　关	促　进
	空　速	影响不大	影响不很大	抑　制	抑　制	抑　制
	氢油比	影响不大	影响不大	影响不大	无　关	促　进

6. 芳烃抽提工艺流程

1) 溶剂的使用

以生产芳烃产品为目的时,重整反应产物脱戊烷油中一般含芳烃 30%～60%。在这一混合物中,芳烃和非芳烃的沸点相近或有共沸现象,用精馏的方法很难将它们分开。为了获得所需纯度的芳烃,通常采用液-液抽提的方法,即先分出混合芳烃,然后对混合芳烃进行精馏,得到纯苯。

溶剂液-液抽提是根据芳烃和非芳烃在溶剂中的溶解度不同,从而使芳烃与非芳烃得到分离。在芳烃抽提过程中,溶剂与重整油接触后分为两相(在容器中分为两层):一相由溶剂和能溶于溶剂中的芳烃组成,称为提取相(又称富溶剂、抽提液或抽出层);另一相为不溶于溶剂的非芳烃,称为提余相(又称提余液、非芳烃)。两相液层分离后,再用汽提的方法将溶剂和溶质(芳烃)分开,溶剂循环使用。

各种烃类在溶剂中的溶解度不同,其大小顺序为:芳烃>环二烯烃>环烯烃>环烷烃>烷烃。对同一种溶剂来说,沸点相近的芳烃、环烷烃、烷烃的溶解度的比大致为 20∶2∶1;对同种烃类来说,其溶解度随着相对分子质量的增大而降低;对芳烃而言,其溶解度的次序为:重芳烃<二甲苯<甲苯<苯。不同溶剂对同一种烃类的溶解度是有差异的,通常用甲苯溶解度与正庚烷溶解度之比来表示这种差异,该比值称为溶剂的选择性。

溶剂使用性能的优劣对芳烃抽提装置的投资、效率和操作费用起着决定性的作用。在选择溶剂时,需要考虑对芳烃具有较强的溶解能力和较高的选择性;溶剂和芳烃要有较大的相对密度差,以便形成的提取相和提余相便于分离;相界面张力要大,不易乳化,不易发泡,容易使液滴聚集而分层;化学稳定性好,不腐蚀设备;溶剂沸点要高于原料的干点(当油品蒸馏到最后时的最高汽相温度),不生成共沸物,以便用分馏的方法回收溶剂;价格低廉,来源充足。

目前,工业上采用的主要溶剂有二乙二醇醚、三乙二醇醚、四乙二醇醚、二丙二醇醚、二甲基亚砜、环丁砜、N-甲基吡咯烷酮等。

2)芳烃抽提的工艺流程

芳烃抽提的工艺流程一般包括抽提、溶剂回收和溶剂再生三部分。典型的二乙二醇醚抽提装置的工艺流程如图 12-9 所示。

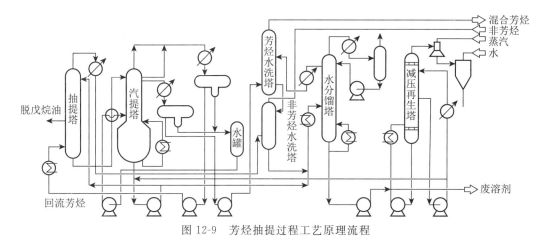

图 12-9　芳烃抽提过程工艺原理流程

(1)抽提部分。

原料(脱戊烷油)从抽提塔(萃取塔)的中部进入。抽提塔是一个筛板塔。溶剂(主溶剂)从塔的顶部进入,与原料呈逆流接触进行抽提。从塔底出来的是提取液(主要是溶剂和芳烃),送去溶剂回收部分的汽提塔以分离溶剂和芳烃。为了提高芳烃的纯度,塔底加入经加热的回流芳烃。

(2)溶剂回收部分。

溶剂回收部分的作用是从提取液中分离出芳烃,以及回收溶剂并使之循环使用。溶剂回收部分的主要设备有汽提塔、水洗塔和水分馏塔。

① 汽提塔。

汽提塔是顶部带有闪蒸段的浮阀塔,全塔分为三段:顶部闪蒸段、上部抽提蒸馏段和下部汽提段。汽提塔在常压下操作。由抽提塔塔底来的提取液经换热后进入汽提塔顶部。在闪蒸段,提取液中的轻质非芳烃、部分芳烃和水因减压闪蒸出去,余下的液体流入抽提蒸馏段。抽提蒸馏段顶部引出的芳烃还含有少量非芳烃(主要是 C_6),这部分芳烃与闪蒸产物混合经冷凝并去去水分后作为回流芳烃返回抽提塔下部。产品芳烃由抽提蒸馏段上部以气相引出。汽提塔底部由重沸器供热。为了避免溶剂分解(二乙二醇醚在 164 ℃ 开始分解),在汽提段引入蒸汽以降低芳烃蒸气分压,使芳烃能在较低的温度(一般约 150 ℃)下全部蒸出。

溶剂的含水量对抽提操作有重要影响。为了保证汽提塔塔底抽出的溶剂有适宜的含水量,必须严格控制汽提段的压力和塔底温度。为了减少溶剂损失,汽提所用蒸汽是循环使用的,一般用量是汽提塔进料量的 3% 左右。

② 水洗塔。

水洗塔有两个:芳烃水洗塔和非芳烃水洗塔。两塔均为筛板塔。在水洗塔中,用水洗去(溶解掉)芳烃或非芳烃中的二乙二醇醚,从而减少溶剂损失。在水洗塔中,水是连续相而芳烃或非芳烃是分散相。从两个水洗塔塔顶分别引出混合芳烃产品和非芳烃产品。

芳烃水洗塔的用水量一般约为芳烃量的 30%。这部分水是可以循环使用的,其循环路线为:水分馏塔→芳烃水洗塔→非芳烃水洗塔→水分馏塔。

③ 水分馏塔。

水分馏塔的作用是回收溶剂并得到干净的循环水。对于送去再生的溶剂,先通过水分馏塔分出水,以减轻溶剂再生塔的负荷。水分馏塔在常压下操作,塔顶采用全回流,以便使夹带的轻油排出,大部分不含油的水从塔顶部侧线抽出。国内的水分馏塔多采用圆形泡帽塔板。

(3) 溶剂再生部分。

二乙二醇醚在使用过程中由于高温及氧化会生成大分子的叠合物和有机酸,会堵塞和腐蚀设备,并降低溶剂的使用效能。为了保证溶剂的质量,一方面在有溶剂存在并可能和空气接触的设备中通入含氢气体(称复盖气),且需要注意经常加入单乙醇胺以中和生成的有机酸,使溶剂的 pH 经常维持在 7.5~8.0;另一方面需要经常从汽提塔塔底抽出的贫溶剂中引出一部分溶剂去再生。再生是采用蒸馏的方法将溶剂和大分子叠合物分离。由于二乙二醇醚的常压沸点是 245 ℃,已超出其分解温度 164 ℃,因此必须采用减压(约 0.002 5 MPa)蒸馏。

减压蒸馏在减压再生塔中进行。塔顶抽真空,塔中部抽出再生溶剂,一部分用于塔顶回流,其余部分送回抽提系统。已氧化变质的溶剂因沸点较高而留在塔底,用泵抽出后与进料一起返回塔内,经一定时间后从塔内可部分地排出老化变质的溶剂。

若溶剂改用三乙二醇醚或四乙二醇醚,则此工艺流程可以不变,但是操作条件需适当改变。工业上还有使用其他类型溶剂的芳烃抽提过程,如环丁砜芳烃抽提过程和二甲基亚砜抽提芳烃过程等,虽然具体的工艺流程会有所不同,但是它们的基本原理是相同的。

3) 抽提过程的主要操作参数

下面主要讨论在原料、溶剂(二乙二醇醚)及抽提方式确定后影响抽提效果的主要因素。

(1) 操作温度。

操作温度对溶剂的溶解度和选择性影响很大。温度升高,溶解度增大,有利于芳烃回收率的增加,但是随着芳烃溶解度的增大,非芳烃在溶剂中的溶解度也会增大,而且比芳烃增大的幅度更大,因而使溶剂的选择性变差,产品芳烃纯度下降。对于二乙二醇醚,当温度低于 140 ℃时,芳烃的溶解度随着温度的升高而显著增大;当温度高于 150 ℃时,随着温度的升高,芳烃溶解度增大不多,选择性下降却很快;当温度低于 100 ℃时,溶剂用量太大,而且会因黏度增大而使抽提效果下降。因此,抽提塔的操作温度一般为 125～140 ℃。而对于环丁砜,操作温度在 90～95 ℃范围内比较适宜。

（2）溶剂比。

溶剂比是进入抽提塔的溶剂量与进料量之比。溶剂比增大,芳烃回收率增加,但提取相中的非芳烃量也增加,使芳烃产品纯度下降,同时设备投资和操作费用增加,所以在保证一定芳烃回收率的前提下应尽量降低溶剂比。溶剂比的选定应当结合操作温度的选择来综合考虑。提高溶剂比或升高温度都能提高芳烃回收率。实践经验表明,温度每升高 10 ℃,大约相当于溶剂比提高 0.780。对于不同的原料,应选择适宜的操作温度和溶剂比。一般选用溶剂比在 15～20 之间。

（3）回流（反洗）比。

回流比是指回流芳烃量与进料量之比。回流比是调节芳烃产品纯度的主要手段。回流比大,则芳烃产品纯度高,但芳烃回收率有所下降。另外,在抽提塔进料口之下引入回流芳烃时,显然要耗费额外的热交换,并且使抽提塔的物料平衡关系变得复杂。回流比应与原料中芳烃含量相适应,原料中芳烃含量越高,回流比越小。回流比和溶剂比是相互影响的,降低溶剂比时,芳烃产品纯度提高,起到提高回流比的作用;反之,增大溶剂比具有减小回流比的作用。因此,在实际操作中,在提高溶剂比之前,应适当增加回流芳烃的流量,以确保芳烃产品纯度。一般选用回流比为 1.1～1.4,此时芳烃产品的纯度可达 99.9%以上。

（4）溶剂含水量。

溶剂含水量越高,其选择性越好,因此溶剂含水量的变化是调节溶剂选择性的一种手段。但是,溶剂含水量的增加将使溶剂的溶解能力降低,因此每种溶剂都有一个最适宜的含水量范围。对于二乙二醇醚,当温度为 140～150 ℃时,溶剂含水量宜选用 6.5%～8.5%。

（5）操作压力。

抽提塔的操作压力对溶剂的溶解度影响很小,因而对芳烃纯度和芳烃回收率影响不大。在抽提温度确定后,抽提操作压力应保证原料处于泡点下液相状态,使抽提在液相下操作,并且操作压力与界面控制有密切关系,因此操作压力也是芳烃抽提系统的重要操作参数之一。

当以 60～130 ℃馏分作重整原料时,抽提温度应在 150 ℃左右,抽提压力应维持在 0.8～0.9 MPa。

7. 芳烃精馏工艺流程

1）温差控制操作

由溶剂抽提出的芳烃是一种混合物,包括苯、甲苯和各种二甲苯异构体、乙基苯及各种不同结构的 C_9 和 C_{10} 芳烃,利用精馏可得到具有使用价值的各种单体芳烃。芳烃精馏与一般石油蒸馏相比具有如下特点:

（1）产品纯度高,可在 99.9%以上,同时要求馏分很窄,如苯馏分的沸程是 79.6～80.5 ℃。

（2）塔顶和塔底同时出合格产品,不能用抽侧线的方法同时取出几个产品,且这两种产品不允许重叠,否则将会造成产品不合格。

（3）由于产品纯度要求高,所以用一般的石油蒸馏塔产品质量控制方法不能满足工艺要求。以苯为例,若生产合格的纯苯产品,则常压下其沸点只允许波动 0.019 4 ℃,这时采用常规的改变回流量以控制顶温的方法是难以做到的,必须采用温差控制法。

实现精馏的条件是精馏塔内存在浓度梯度和温度梯度。温度梯度越大,精馏塔的浓度梯度也就越大。但是,塔内浓度不是在塔内自上而下均匀变化的,而是在塔内某一块塔盘上出现显著变化,这块显著变化的塔盘通常称为灵敏塔盘。灵敏塔盘上的浓度变化对产品质量影响最大。在实际生产操作中,只要控制好灵敏塔盘的温度,就能取得芳烃精馏的平稳操作。因此,温差控制以灵敏塔盘为控制点,选择塔顶或某层塔板作为参考点,通过这两点温差的变化就能很好地反映出塔内的浓度变化情况。

例如,苯塔的灵敏塔盘通常在第 8～第 12 层之间。苯塔的温差控制是控制灵敏塔盘（第 8～第 12 层）与参考点（第 1～第 4 层）之间的温差。灵敏塔盘与参考点分别接入温差控制器以接收温度信号,温差控制器处理后发出调节信号,改变塔顶回流量,以保证塔顶温度稳定。这种控制方法能起到提前发现、提前调节的作用,只要保持塔顶温度稳定,塔顶产品质量就有了保证。

2）芳烃精馏的工艺流程

芳烃混合物经加热到 90 ℃左右后进入苯塔中部。苯塔塔底物料在重沸器用热载体加热到 130～135 ℃,塔顶产物经冷却器冷却至 40 ℃左右后进入回流罐,经沉降脱水后打至苯塔顶用于回流。从苯塔侧线抽出苯产品,经换热冷却后进入成品罐（图 12-10）。

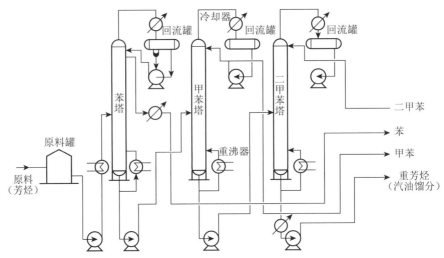

图 12-10　芳烃精馏工艺流程

苯塔塔底芳烃用泵抽出后打至甲苯塔中部。甲苯塔塔底物料经重沸器用热载体加热至155 ℃左右。甲苯塔塔顶馏出的甲苯经冷却后进入回流罐,一部分用于甲苯塔塔顶回流,另一部分去甲苯成品罐。

甲苯塔塔底芳烃用泵抽出后打至二甲苯塔中部。二甲苯塔塔底芳烃在重沸器用热载体加热,控制塔的第 8 层温度为 160 ℃左右。二甲苯塔塔顶馏出的二甲苯经冷却后进入回流罐,一部分用于二甲苯塔塔顶回流,另一部分去二甲苯成品罐。二甲苯塔塔底重芳烃经冷却后入混合汽油线。

二甲苯塔所得产品为混合二甲苯，包括间位、对位、邻位及乙基苯。有的装置为了进一步分离单体二甲苯，将二甲苯塔塔顶得到的混合二甲苯送入乙苯塔。乙苯塔塔顶得到沸点低的乙基苯，塔底得到脱乙苯的 C_8 芳烃，之后采用两段精馏将脱乙苯的 C_8 芳烃进行分离。所谓两段精馏，是首先将沸点较低的间、对二甲苯在第一个塔中脱除，然后在第二个塔中脱除沸点比邻二甲苯高的 C_9 重芳烃。间、对二甲苯的沸点差仅为 0.7 ℃，难以用精馏的方法分开，但是由于它们具有很高的熔点差，可以用深冷法进行分离，或者利用它们对某些吸附剂的选择性，用吸附法进行分离。

苯塔、甲苯塔、二甲苯塔均在常压下操作，主要操作条件见表 12-6。

表 12-6　芳烃蒸馏塔主要操作条件

项　目	苯　塔	甲苯塔	二甲苯塔
进料温度/℃	78～80	108～110	138～139
塔顶温度/℃	81～82	115～117	140～145
塔底温度/℃	130～136	155～160	175～180
回流比	6～8	3～5	2～3

8. 重整反应器的结构形式

按反应器类型，半再生式重整装置采用固定床反应器，连续再生式重整装置采用移动床反应器。

从固定床反应器的结构来看，工业用重整反应器主要有轴向式反应器和径向式反应器两种结构形式。它们之间的主要差别在于气体流动方式和床层压降不同。

图 12-11 所示为轴向式反应器的结构简图。该反应器为圆筒形，高径比一般略大于 3。反应器外壳由 20 号锅炉钢板制成，当设计压力为 4 MPa 时，外层厚度约为 40 mm。壳体内衬 100 mm 厚的耐热水泥层，里面有一层厚 3 mm 的高合金钢衬里。衬里可防止碳钢壳体受高温氢气的腐蚀，水泥层则兼有保温和降低外壳壁温的作用。为了使原料气沿整个床层截面分配均匀，在油气入口处设有分配头，此外还设有事故氮气线。在油气出口处设有钢丝网以防止催化剂粉末被带出。反应器内装有催化剂，其上方及下方均装有惰性瓷球以防止操作波动时催化剂层跳动而引起催化剂破碎，同时也有利于气流的均匀分布。催化剂床层中设有呈螺旋形分布的若干测温点，以便检测整个床层的温度分布情况，这对再生操作尤为重要。

图 12-12 所示为径向式反应器的结构简图。该反应器也为圆筒形。与轴向式反应器相比，径向式反应器的主要特点是气流以较低的流速径向通过催化剂床层，床层压降较低。径向式反应器的中心部位有两层中心管，其中内层中心管的壁上钻有许多几毫米直径的小孔，外层中心管的壁上开有许多矩形小槽。沿反应器外壳壁周围排列几个开有许多小的长形孔的扇形筒，在扇形筒与中心管之间的环形空间是催化剂床层。反应原料油气从反应器顶部进入，经分布器后进入沿壳壁布满的扇形筒内，从扇形筒小孔出来后沿径向通过催化剂床层进行反应，反应后进入中心管，然后导出反应器。中心管顶上的罩帽由几节圆管组成，其长度可以调节，用以调节催化剂的装入高度。径向式反应器的压降比轴向式反应器小得多，这一点对连续重整装置尤为重要。因此，连续重整装置的反应器都采用径向式反应器，而且其再生器也采用径向式(图 12-13)。

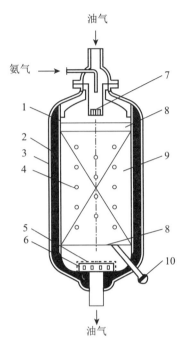

1—高合金钢衬里;2—耐火水泥层;3—碳钢壳体;4—测温点;5—钢丝网;
6—油气出口集合管;7—分配头;8—惰性瓷球;9—催化剂;10—催化剂卸料口。

图 12-11   轴向式反应器结构简图

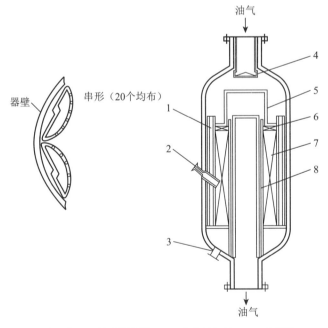

1—扇形筒;2—催化剂取样口;3—催化剂卸料口;4—分配器;
5—中心管罩帽;6—瓷球;7—催化剂;8—中心管。

图 12-12   径向式反应器结构简图

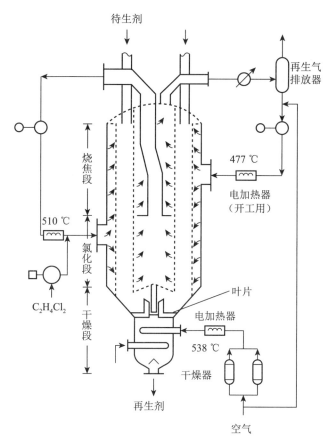

图 12-13 连续重整装置的再生器

七、思考题

(1) 催化重整过程的目的是什么? 了解催化重整技术的发展与变迁。

(2) 催化重整装置的原料来源及其质量控制指标分别是什么? 为了达到指标所采取的技术措施有哪些?

(3) 催化重整过程有哪些主要反应? 其反应热效应如何? 原料油进行反应时经过几个反应器? 经过几次加热? 反应器为什么这样排布?

(4) 记录某时刻苯、甲苯、二甲苯分馏塔的操作条件:

① 各塔原料的构成及流量,产品馏出物的名称及流量。

② 各塔原料入口、塔顶、塔底和侧线抽出口的温度、压力。

③ 各塔塔顶回流的出口与入口温度及塔底重沸器的返回温度。

(5) 调查并记录苯、甲苯、二甲苯分馏塔采用的塔盘(板)类型及板数。

(6) 了解芳烃抽提的工艺过程、设备及原理。

任务十三　重整催化剂的使用与评价

一、任务目标

1. 知识目标

(1)熟悉重整催化剂的组成和性质、工艺流程及操作影响因素分析。

(2)初步掌握重整催化剂的使用和评价方法。

2. 能力目标

(1)能对催化剂的使用状态进行分析和判断,并根据催化剂的使用情况调整操作条件。

(2)能对催化剂的使用和再生过程进行操作和控制。

二、案　例

任务十二案例中装置重整反应单元采用中国石化洛阳工程有限公司设计的具有自主知识产权的超低压连续重整工艺。重整催化剂采用中国石化石油化工科学研究院研制、中国石化催化剂有限公司长岭分公司生产的 PS-Ⅵ 催化剂,其铂含量为 28%。该石化公司生产的高辛烷值汽油中,大部分作为芳烃抽提原料,仅一小部分作为汽油调和组分,并富产大量纯度较高的氢气。采用氨冷低温再接触工艺可进一步提高液体收率和氢气纯度。重整反应平均压力为 0.35 MPa,氢油比为 2.5(物质的量比)。反应加热炉采用"四合一"箱式加热炉,配有 U 形低压降炉管和低 NO_x 燃烧器。对流段设置有 3.5 MPa 蒸汽发生系统,炉效率可达 90% 以上。反应器采用两两重叠布置,器内构件采用向心流动形式,物流上进下出(中心管下流式)。混合进料换热器采用法国进口焊板式换热器,有利于深度换热,降低能耗。

催化剂连续再生单元由一套与反应单元密切相连且相对独立的设备组成,起到实现催化剂连续循环且同时完成催化剂再生的作用。来自重整第四反应器积炭的待生催化剂被提升至再生部分,经闭锁料斗后依次进行催化剂的烧焦、氯化(补氯和金属的再分散)、干燥和还原(氧化态变为还原态)。再生后的催化剂循环回到重整第一反应器。再生器氯化区的含氯气体单独抽出,与再生气体混合碱洗脱氯而不直接进入烧焦区,可以减少再生器的氯腐蚀。再生器烧焦区循环气体经过换热冷却及干燥脱水后实现"干、冷"循环,使进入再生器的循环气含水量低,防止催化剂的比表面积降低,延长催化剂的寿命。闭锁料斗布置于再生器上方,利用再生器上部的缓冲区作为闭锁料斗的高压区,实现"新型无阀输送",可减少催化剂磨损;闭锁料斗高压区压力更加稳定,操作更加平稳可靠。

三、问题分析

投产后发现重整反应系统及再生系统催化剂料位持续偏低,对各系统进行检查时发现再生碱洗循环泵 P301A/B 入口倒淋处有大量催化剂,经判断分析是再生器内件出现问题。随后再生系统停工检查,发现再生器中心网上部严重损坏,催化剂被再生循环气带出再生器,导致再生系统催化剂不断减少,最后经清理共回收催化剂 5.1 t。之后再生器中心网经过检修补焊,并在再生气出口增加一过滤器,再生系统重新开工。

经过分析,此次中心网损坏的部位集中在中心网的最上部。该部位由于太靠上,原设计的 8 支催化剂床层热电偶均无法检测它的烧焦温度,催化剂床层烧焦温度出现盲区,从而导致再生器烧焦温度失去控制,使中心网烧坏。另外,再生循环气在线氧分析仪在再生系统开工初期经常出现监测不准的情况,使催化剂烧焦过程中再生循环气的实际氧含量无法得到有效控制,这也是中心网烧坏的一个主要原因。催化剂烧焦过程中,中心网处于高温(480~520 ℃)状态,如果温度频繁、大幅度波动,就会因为热应力影响而导致网变形、断裂。

四、解决方案

为了防止修复后的再生器中心网再次受损,影响再生系统的操作,一方面要求加强对催化剂再生系统的监控,保持平稳操作,减少热停车次数;另一方面经与中国石化洛阳工程有限公司沟通,在保证系统安全的情况下对一些再生系统控制参数进行了调整,见表 13-1。

表 13-1 再生系统参数调整表

项 目	设计值	调校值
再生烧焦床层温度(TI30601~T130603)/℃	小于 570	≤540
再生过热区温度(TI30607,TI30608)/℃	≤过热区入口气温度(TI30624)	
再生循环气氧含量(ASHH30602)高高联锁值(摩尔分数)/%	1.2	1.1
再生器缓冲区与烧焦区压差(PDZT30506) 低低联锁值/kPa	1	0.5
二反下部料斗与二反压差(PDICA30201) 低位报警值/kPa	3	1
四反下部料斗与四反压差(PDIC30401) 正常操作值/kPa	5	3~4

经处理,当待生催化剂含碳量接近设计值 5% 时,再生催化剂含碳量小于 0.05%,远小于设计值(<0.2%)(表 13-2),说明再生效果良好,再生技术先进可靠。

表 13-2 再生系统操作条件

项 目	设计值	标定 1	标定 2
再生床层温度/℃		527.5	523.8
再生气氧含量/%	0.5~0.8	0.67	0.66
再生气循环量/(m³·h⁻¹)	33 600	32 073	30 122
下部空气量/(m³·h⁻¹)	1 534	1 001.0	1 102.4
待生催化剂含碳量/%	<5	3.83	4.78
再生催化剂含碳量/%	<0.2	<0.05	<0.05
再生催化剂含氯量/%		0.69	0.7
再生催化剂表面积/m²		197	198
注氯量/(kg·h⁻¹)		4	4

五、操作要点

（1）再生烧焦床层温度控制。

（2）再生过热区温度控制。

（3）不同反应器间压差控制。

六、拓展资料

1. 重整催化剂的应用进展

1940 年工业上第一次实现了催化重整工艺。该工艺使用氧化钼-氧化铝（MoO_3-Al_2O_3）催化剂，以重汽油为原料，在温度 480～530 ℃、压力 1～2 MPa（氢压）的条件下，通过环烷烃脱氢和烷烃脱氢环化生成芳烃，再通过加氢裂化反应生成小分子烷烃等，所得汽油的辛烷值达 80 左右。这一工艺也称为临氢重整。但是该工艺存在较大的缺点：催化剂活性不高，汽油收率和辛烷值都不理想。在第二次世界大战以后临氢重整工艺停止发展。

1949 年以后出现了贵金属铂催化剂，使催化重整工艺重新得到迅速发展，并成为石油工业中的一个重要过程。铂催化剂比铬、钼催化剂的活性高得多，在比较缓和的条件下就可以得到辛烷值较高的汽油，同时催化剂上积炭速度较慢，在氢压下操作一般可连续生产半年至一年而不需要再生。铂催化重整一般是以常压 80～200 ℃馏分油为原料，在温度 450～520 ℃、压力 1.5～3.0 MPa（氢压）及铂/氧化铝催化剂作用下进行，汽油收率为 90％左右，辛烷值达 90 以上。铂催化重整生成油中含芳烃 30％～70％，是芳烃的重要来源。1952 年人们发展了以二乙二醇醚为溶剂的重整生成油抽提芳烃的工艺，可得到硝化级工业苯类产品。由此，铂催化重整-芳烃抽提联合装置迅速发展成为生产芳烃的重要过程。

1968 年开始出现 Pt-Re 双金属催化剂，使催化重整工艺又有了新的突破。与铂催化剂相比，Pt-Re 催化剂和随后陆续出现的各种双金属（Pt-Ir，Pt-Sn）或多金属催化剂的突出优点是具有较高的稳定性。例如，Pt-Re 催化剂在积炭量达 20％时仍有较高的活性，而铂催化剂在积炭量达 6％时就需要再生。双金属或多金属催化剂有利于烷烃环化反应，可增加芳烃收率，汽油辛烷值（RON）高达 105，芳烃转化率可超过 100％，能够在较高温度、较低压力（0.7～1.5 MPa）的条件下进行操作。

目前，应用较多的是双金属或多金属催化剂，同时催化重整工艺也相应做了许多改进，如催化剂的循环再生和连续再生、为减小系统压降而采用径向式反应器、采用大型立式换热器等。

2. 重整催化剂的选择

工业上重整催化剂分为两大类：非贵金属催化剂和贵金属催化剂。

非贵金属催化剂主要有 Cr_2O_3/Al_2O_3，MoO_3/Al_2O_3 等，其活性组分主要为元素周期表中第ⅥB族金属元素的氧化物。这类催化剂的性能较贵金属低得多，已被淘汰。

贵金属催化剂主要有 Pt-Re/Al_2O_3，Pt-Sn/Al_2O_3，Pt-Ir/Al_2O_3 等系列，其活性组分主要是元素周期表中第ⅧB族的金属元素，如铂、钯、铱、铑等。

贵金属催化剂由活性组分、助剂和载体构成。

1）活性组分

由于催化重整过程中有芳构化和异构化两种不同类型的理想反应,因此要求重整催化剂具备脱氢和裂化、异构化两种活性功能,即重整催化剂的双功能。一般由一些金属元素提供环烷烃脱氢生成芳烃、烷烃脱氢生成烯烃等脱氢反应功能,也称金属功能;由卤素提供烯烃环化、五元环烷烃异构等异构化反应功能,也称酸性功能。通常情况下,提供活性功能的组分称为活性组分,又称主催化剂。

重整催化剂的这两种功能在反应中是有机配合的,它们并不是互不相干的,应保持一定的平衡。

（1）铂。

活性组分中的脱氢反应功能一般由金属元素提供,目前应用最广的是贵金属 Pt。一般来说,催化剂的活性、稳定性和抗毒物能力随铂含量的增加而增强。但铂是贵金属,铂催化剂的成本主要取决于铂含量。研究表明,当铂含量接近于 1% 时,继续提高铂含量几乎没有裨益。随着载体及催化剂制备技术的改进,分布在载体上的金属能够更加均匀地分散,重整催化剂的铂含量趋向于降低,一般为 0.1%～0.7%。

（2）卤素。

活性组分中的酸性功能一般由卤素提供。随着卤素含量的增加,催化剂对异构化和加氢裂化等酸性反应的催化活性也相应增加。活性组分中的卤素通常有氟氯型和全氯型两种。氟在催化剂上比较稳定,在操作时不易被水带走,因此氟氯型催化剂的酸性功能受重整原料含水量的影响较小。一般氟氯型新鲜催化剂中氟含量和氯含量分别约为 1%,但氟的加氢裂化性能较强,使催化剂的选择性变差。氯在催化剂上不稳定,容易被水带走,这也正好通过注氯和注水控制催化剂的酸性功能,从而实现重整催化剂双功能的合理配合。一般全氯型新鲜催化剂中氯含量为 0.6%～1.5%,实际操作中要求氯含量稳定在 0.4%～1.0%。

2）助剂

助剂本身不具备催化活性或活性很弱,但其与活性组分共同存在时能改善活性组分的活性、稳定性及选择性。近年来重整催化剂的发展主要是引进第二、第三及更多的其他金属作为助剂,一方面可减小铂含量以降低催化剂的成本,另一方面可改善铂催化剂的稳定性和选择性。这种含有多种金属元素的重整催化剂称为双金属或多金属催化剂。目前,双金属和多金属重整催化剂主要有以下三大系列:

（1）铂-铼系列。与铂催化剂相比,这种系列催化剂的初活性没有很大改进,但在低温高压下活性、稳定性大大提高,且容炭能力增强(铂-铼催化剂容炭量可达 20%,铂催化剂仅为 3%～6%),主要用于固定床重整工艺。

（2）铂-铱系列。在铂催化剂中引入铱可以大幅度提高催化剂的脱氢环化能力。铱是活性组分,其环化能力强,氢解能力也强,因此在铂-铱催化剂中常常加入第三组分作为抑制剂,以改善其选择性和稳定性。

（3）铂-锡系列。铂-锡系列催化剂的低压稳定性非常好,环化选择性也好,多应用于连续重整工艺。

3）载体

载体也称担体。一般来说,载体本身并没有催化活性,但是具有较大的比表面积和较好

的机械强度,它能使活性组分很好地分散在其表面,从而更有效地发挥催化作用,节省活性
组分的用量,同时可提高催化剂的稳定性和机械强度。目前,作为重整催化剂的常用载体有
η-Al_2O_3 和 γ-Al_2O_3。η-Al_2O_3 的比表面积大,氯保持能力强,但热稳定性和抗水能力较差,因
此目前重整催化剂常用 γ-Al_2O_3 作载体。载体应具备适当的孔结构,但孔径过小时不利于
原料和产物的扩散,易于在微孔口结焦,使内表面不能充分利用而使活性迅速降低。采用双
金属或多金属催化剂时,操作压力较低,要求催化剂有较大的容焦能力以保证活性稳定。因
此,这类催化剂载体的孔容和孔径应大一些。这一点从催化剂的堆积密度也可以看出。铂
催化剂的堆积密度为 $0.65\sim0.8\ g/cm^3$,多金属催化剂则为 $0.45\sim0.68\ g/cm^3$。

表 13-3~表 13-5 为国内外部分工业应用的重整催化剂。

表 13-3　国外部分半再生重整催化剂

牌　号	活性组分	载　体	工业化年份	开发公司
R-50	Pt,Re	Al_2O_3 条	1978	UOP
R-62	Pt,Re	Al_2O_3 球	1982	UOP
R-72	专利配方	Al_2O_3 球	1994	UOP
R-98	Pt,Re	Al_2O_3 条	2005	UOP
3651	Pt	η-Al_2O_3 压片	1965	RIPP
3752	Pt,Ir,Re	η-Al_2O_3 小球	1977	
CB-5	Pt,Re	改性 γ-Al_2O_3 小球	1985	FRIPP
CB-11	Pt,Re	改性 γ-Al_2O_3 小球	1998	FRIPP
PRT-D	Pt,Re	γ-Al_2O_3 条	2003	RIPP

表 13-4　国外部分连续再生重整催化剂

牌　号	活性组分	工业化年份	开发公司
R-30	Pt-Sn	1974	UOP
R-34	Pt-Sn	1988	UOP
R-132/134	Pt-Sn	1992/1993	UOP
R-162/164	Pt-Sn	1998	UOP
R-272/274	专利配方	2000	UOP
CR-201	Pt-Sn	1985	IFP
CR-301/401	Pt-Sn		IFP
PS-10/20	Pt-Sn	1991	Criterion
PS-30/40	Pt-Sn	1998	Criterion

表 13-5　我国部分连续再生重整催化剂

牌　号	工业化年份	主要特性
3861	1990	高活性,高选择性,高耐磨性
GCR-10	1994	同 3861,低贵金属含量

牌 号	工业化年份	主要特性
3961,GCR-100A	1996	新一代,高水热稳定性
GCR-100,3981	1998	同 3961,低贵金属含量
RC-011	2001	低积炭量,高选择性,低贵金属含量
RC-041	2004	低积炭量,高活性,高选择性

3. 重整催化剂的评价

重整催化剂的评价主要从化学组成、物理性质及使用性能三个方面进行。

1）化学组成

重整催化剂的化学组成涉及活性组分的类型和含量、助剂的种类和含量以及载体的组成和结构等,主要指标有金属含量、卤素含量、载体类型及含量等。

2）物理性质

重整催化剂的物理性质主要指由催化剂化学组成、结构和配制方法所导致的物理特性,主要指标有堆积密度、比表面积、孔体积、孔半径、颗粒直径等。

3）使用性能

使用性能是指由催化剂的化学组成和物理性质、原料组成、操作方法和条件共同作用使重整催化剂在使用过程导致结果性的差异,主要指标有活性、选择性、稳定性、再生性能、机械强度、寿命等。

（1）活性。

催化剂的活性评价方法一般因生产目的不同而异。以生产芳烃为目的时,可在一定的反应条件下考察芳烃转化率或芳烃收率。

（2）选择性。

催化剂的选择性表示催化剂对不同反应的加速能力。由于催化重整反应是一个复杂的平行-顺序反应过程,因此催化剂的选择性直接影响目的产物的收率和质量。催化剂的选择性可用目的产物收率或目的产物收率/非目的产物收率的值进行评价,如芳烃转化率、汽油收率、芳烃收率/液化气收率、汽油收率/液化气收率等。

（3）稳定性。

催化剂保持活性和选择性的能力称为催化剂的稳定性。稳定性分为活性稳定性和选择性稳定性两种,前者以反应前期、后期的催化剂的反应温度变化来表示,后者以新鲜催化剂和反应后期催化剂的选择性变化来表示。催化剂的稳定性是衡量催化剂在使用过程中其活性及选择性下降速度的指标。催化剂的活性和选择性下降主要是由原料性质、操作条件、催化剂的性能和使用方法共同作用造成的。一般把催化剂活性和选择性下降称为催化剂失活。造成催化剂失活的原因主要有:

① 固体物覆盖,主要是指催化反应过程中产生的一些固体副产物覆盖于催化剂表面,从而隔断活性中心与原料之间的联系,使活性中心不能发挥应有的作用。催化重整过程产生的主要固体覆盖物是焦炭。焦炭对催化剂活性的影响可从生焦能力和容炭能力两方面进行考察,如铂-锡催化剂的生焦速度慢,铂-铼催化剂的容炭能力强,因此焦炭对这两类催化

剂的活性影响相对较弱。催化重整过程中影响生焦的因素主要有原料性质(原料重、烯烃含量高易生焦)、反应操作条件(温度高、氢分压低、空速低易生焦)、催化剂性能、再生方法和程度等。

② 中毒,主要是指原料、设备、生产过程中泄漏的某些杂质与催化剂活性中心反应而使活性组分失去活性能力。这类杂质称为毒物。中毒分为永久性中毒和非永久性中毒两类。永久性中毒是指催化剂活性不能恢复,如砷、铅、钼、铁、镍、汞、钠等的中毒,其中以砷的危害性最大。砷与铂有很强的亲和力,它可与铂形成合金($PtAs_2$),造成催化剂永久性中毒。通常当催化剂上的砷含量超过 200×10^{-6} 时,催化剂完全失去活性。非永久性中毒是指在更换不含毒物的原料后催化剂上已吸附的毒物可以逐渐排除而恢复活性。这类毒物一般有氧化物、硫化物、氮化物等化合物。因此,加强重整原料的预处理、设备管线的吹扫等可防止毒物进入反应过程。

③ 老化,主要是指催化剂活性组分流失、分散度降低、载体结构等某些催化剂的化学组成和物理性能发生改变而造成催化剂的性能变化。重整催化剂在反应和再生过程中由于温度、压力及其他介质的作用会造成金属聚集、卤素流失、载体破碎及烧融等,这些会对催化剂的活性及选择性造成不利的影响。

综上所述,重整催化剂在使用过程中由于固体物覆盖、中毒、老化等原因造成活性及选择性下降,从而影响其长期稳定使用,结果使芳烃转化率或汽油辛烷值降低。

(4)再生性能。

重整催化剂由于积炭等原因而失活后可通过再生恢复其活性,但催化剂经再生后很难恢复到新鲜催化剂的水平。这是由于有些失活不能恢复(永久性中毒),以及再生过程中由于热等作用造成载体表面积减小和金属分散度下降而使活性降低。因此,每次催化剂再生后其活性只能达到上次再生的 $85\% \sim 95\%$,当其活性不再满足要求时就需要更换新鲜催化剂。

(5)机械强度。

催化剂在使用过程中,由于装卸或操作条件等原因导致催化剂颗粒粉碎,会造成床层压降增大,压缩机能耗增加,同时对反应不利。因此,要求催化剂必须具有一定的机械强度。工业上常以耐压强度(Pa/粒或 N/粒)表示重整催化剂的机械强度。

(6)寿命。

重整催化剂在使用过程中由于活性、选择性、稳定性、再生性能、机械强度等使用性能不能满足实际生产需求时,必须更换新鲜催化剂。催化剂从开始使用到废弃这一段时间称为寿命,可用 h 为单位表示,也可用每千克催化剂处理原料量,即 t 原料/(kg 催化剂)或 m^3 原料/(kg 催化剂)为单位表示。

4. 重整催化剂的使用

1)开工技术

由于催化剂类型和重整反应工艺不同,其开工技术也不同。对于采用氧化态铂-铼或铂-铱催化剂的固定床重整部分,开工技术包括催化剂的装填、干燥、还原、预硫化和重整进油等步骤,每个步骤都会影响催化剂的性能和反应过程。

(1)催化剂的装填。

装催化剂前必须对装置做彻底清扫和干燥,清除杂物和硫化铁等污染物。装催化剂必须在晴天进行。催化剂应装得均匀结实,各处松密一致,以免进油后油气分布不均,产生短路。

（2）催化剂的干燥。

开工前反应区一定要彻底干燥以防催化剂带水。干燥是通过循环压缩机用热氮气循环流动来完成的,可在各低点排去游离水。干燥用的氮气中通入空气,以维持一定的氧含量,使催化剂在高温下氧化,清洁表面,有利于还原,同时可将系统中残存的烃类烧去,氧含量可逐步升到5％左右,温度可逐步升到500 ℃左右。必要时循环氮气可经分子筛脱水,以加快干燥进程。整个反应部分气体回路均在干燥之列。

（3）催化剂的还原。

催化剂的还原过程是在循环氢气的氛围下,将催化剂上氧化态金属还原成具有更高活性的金属态。还原前用氮气吹扫系统,一次通过,以除去系统中的含氧气体。还原时从低温开始,先用干燥的电解氢或经活性炭吸附过的重整氢一次通过床层,从高压分离器排出,以吹扫系统中的氮气;然后用氢气将系统充压到0.5～0.7 MPa进行循环,并以30～50 ℃/h的速度升温,当温度升到480～500 ℃时保持1 h,结束还原。整个还原过程（包括升温过程）中,在各部位的低点放空排水。在有分子筛干燥设施的装置上,必要时可投用分子筛干燥设施。

（4）催化剂的预硫化。

对于铂-铼或铂-铱双金属催化剂必须在进油前进行硫化,以降低过高的初活性,防止进油后发生剧烈的氢解反应。硫化温度为370 ℃左右,硫化剂（硫醇或二硫化碳）从各反应器入口注入,以免炉管吸硫而造成硫不足,同时避免硫的腐蚀。硫化剂在1 h内注完,新装置注硫量要多些。注硫量不同,进油催化剂床层温度和氢含量的变化也不一样。一般第一、第二反应器注硫量以0.06％～0.15％为宜,第三、第四反应器稍多一些。硫化时如果注硫量过多,则在进油后由于催化剂上的硫释放出来,需要较长时间才能将循环气中硫含量降到2×10^{-6}以下,在此期间不能将反应温度提高到所需温度,只能在480 ℃或较低温度条件下运转,否则会加速催化剂失活。

（5）重整进油及调整操作。

催化剂预硫化后即可进油。如果使用的重整进料油是储存的预加氢精制油,则需要再经过汽提塔以除去油中的水和氧。根据循环气中的含水量逐步升温到所需温度,并进行水氯平衡调节。

如果是还原态金属催化剂或铂-锡催化剂,则开工技术稍有不同:因为催化剂为还原态,故不需要还原过程;因为催化剂中加入锡,已抑制了催化过程的初活性,故不需要预硫化。

2）反应系统中水氯平衡的控制

在装置运转中催化剂的水氯平衡控制是非常重要的。这是因为一种优良的催化剂的金属功能和酸性功能是相互匹配的,但在运转过程中,催化剂上氯含量（酸性功能）受反应系统中水等的影响而逐渐损失,所以在操作时要加以调节,以保持催化剂有适宜的氯含量。调节方法在开工初期和正常运转时有所不同。

（1）开工初期。

由于催化剂在还原时和进油后初期系统中水量较多,氯损失较大,或由于氯化更新时未达到预期的效果,所以在开工初期必须集中补氯以对催化剂上的氯含量进行调整。

集中补氯时注氯量需要根据循环气中水的多少来定（表13-6）,一般总的补氯量为催化剂的 0.2%（质量分数）左右。

表 13-6　重整开工初期补氯量

循环气中含水量/10^{-6}	进料油中注氯量/10^{-6}
>500	25～50
200～500	10～25
100～200	5～10
50～100	3～5

集中补氯期间，温度不要超过 480 ℃。当循环气中含水量小于 200×10^{-6}，硫化氢含量小于 2×10^{-6}，原料油中硫含量小于 0.5×10^{-6} 时，反应器温度即可升到 490 ℃。随着进油时间的延长，系统循环气中含水量继续下降，当循环气中含水量小于 50×10^{-6} 后，按正常水氯平衡调节。

（2）正常运转时。

当重整转入正常运转后，反应系统中水和氯的来源是原料油中的水和氯及注入的水和氯。循环气中含水量宜在 $(15\sim50)\times10^{-6}$ 之间，以 $(15\sim30)\times10^{-6}$ 最好，因为适量的水能活化氧化铝，并使氯分布均匀。循环气中氯含量宜在 $(1\sim3)\times10^{-6}$ 之间，若高于此范围，则表明催化剂上氯过量。催化剂上氯含量是反应系统中水和氯物质的量之比的函数。

5. 重整催化剂的失活控制与再生

在反应系统运转过程中，催化剂的活性逐渐下降，选择性变坏，芳烃收率和生成油的辛烷值降低，其原因主要是积炭、中毒和老化。因此，在运转过程中，必须严格操作，尽量防止或减少这些失活因素的产生，以减缓催化剂失活速率，延长开工周期。通常采用提高反应温度来补偿催化剂的活性损失。当运转后期反应温度上升到设计极限，或液体收率大幅度下降时，必须停工，使催化剂再生。

1）催化剂的失活控制

（1）抑制积炭生成。

催化剂在高温下容易生成积炭，但如果能将积炭前身物及时加氢或加氢裂解变成轻烃，则可减少积炭。催化剂制备时在金属铂以外加入第二金属（如铼、锡、铱等）可大大提高催化剂的稳定性。这是因为铼的加氢性能强，容炭能力高；锡可提高加氢性能；铱可把积炭前身物裂解变成无害的轻烃，从而减少积炭。由于催化剂中加入了第二金属以及制备技术的改进，催化剂上铂含量从 0.6% 降到了 0.3%，甚至更低，而催化剂的稳定性和容炭能力却大为提高。

提高氢油比有利于加氢反应的进行，减少催化剂上积炭前身物的生成。提高反应压力可抑制积炭的生成，但压力增大后烷烃和环烷烃转化成芳烃的速度减慢。

对铂-铼及铂-铱双金属催化剂在进油前进行预硫化，可抑制催化剂的氢解活性，减少积炭。

（2）抑制金属聚集。

在优良的新鲜催化剂中，铂金属粒子分散得很好，大小在 10 nm 左右，而且分布均匀。但在高温下，催化剂载体表面上的金属粒子很快聚集、变大，表面积减少，以致催化剂活性减小。所以，对提高反应温度必须十分慎重。如果催化剂上因氯损失较多而使活性下降，则必须调整好水-氯平衡，控制好催化剂上的氯含量，观察催化剂活性是否上升，在此基础上再决定是否升温。

再生时高温烧焦也加速金属粒子的聚集，因此必须很好地控制烧焦温度，并且要防止硫酸盐的污染。烧焦时注入一定量的氯化物会使金属稳定，并有助于金属的分散。

另外，应选用热稳定性好的载体，如 $\gamma\text{-}Al_2O_3$，其在高温下不易发生相变，可减少金属聚集。

（3）防止催化剂污染中毒。

在反应系统运转过程中，如果原料油中含水量过高，则水会洗下催化剂上的氯，使催化剂的酸性功能减弱而失活，并且使催化剂的载体结构发生变化，加速催化剂上铂晶粒的聚集。氧及有机氧化物在重整反应条件下会很快变为水，所以必须避免原料油中过量水、氧及有机氧化物的存在。

原料油中的有机氮化物在重整条件下会生成氨，进而生成氯化铵，使催化剂的酸性功能减弱而失活。此时虽然可注入氯来补偿催化剂上氯的损失，但已生成的氯化铵会沉积在冷却器、循环氢压缩机进口，堵塞管线，使系统压降增大，所以当发现原料油中氮含量增加时，首先应降低反应温度，寻找原因，加以排除，此时不宜补氯和升温。

在重整反应条件下，原料油中的硫及硫化物会与金属铂作用而使铂中毒，使催化剂的脱氢和脱氢环化活性变差。如果发现硫中毒，首先应降低反应温度，然后找出硫含量高的原因并加以排除。催化剂硫中毒的另外一种情况是再生时因硫酸盐中毒而失活。当催化剂烧焦时，炉管和换热器内的硫化铁与氧作用生成二氧化硫和三氧化硫，并进入催化剂床层，在催化剂上生成亚硫酸盐及硫酸盐强烈吸附在铂及氧化铝上，促使金属晶粒长大，抑制金属的再分散，使催化剂活性变差，并难以氯化更新。

砷中毒是指原料油中微量的有机砷化物与催化剂接触后强烈地吸附在金属铂上而使金属失去加氢、脱氢的金属功能。例如，某重整装置首次使用大庆石脑油为原料油时，砷含量在 $1\,000 \times 10^{-9}$ 以上，经 40 d 运转后第一反应器温降为 0 ℃，第二反应器温降为 2 ℃，第三反应器温降为 7 ℃，铂催化剂已完全丧失活性。经分析可知，催化剂上砷含量在第一反应器为 0.15％，第二反应器为 0.082％，第三反应器为 0.04％，均已超过催化剂所允许的砷含量（0.02％）。将失活催化剂进行再生前后的评价，结果表明，再生前后催化剂的活性无差别，说明不能用再生的方法恢复其活性。砷中毒为不可逆中毒，中毒后必须更换催化剂。因此，必须严格控制原料油中砷和其他金属如 Pb，Cu 等的含量，以防止催化剂发生永久性中毒。

想一想：为什么说可以通过反应器温降的大小判断催化剂是否失活？

2）催化剂的再生

催化剂经长期运转后，如果因积炭而失活，经烧焦、氯化和更新、还原及预硫化等过程，可完全恢复其活性，但如果因金属中毒或高温烧结而严重失活，经再生不能使其恢复活性，则必须更换催化剂。例如，某重整装置使用铂-铼双金属催化剂（Pt 0.3％，Re 0.3％），经运转一个周期后反应器降温，停止进料并用氮气循环置换系统中的氢气，再经加压烧焦及氯化、更新进行再生，活性恢复效果良好。

催化剂的再生包括以下几个环节：

（1）烧焦。

烧焦在整个再生过程中所占时间最长，且在高温下进行，而高温对催化剂上微孔结构的破坏、金属的聚集和氯的损失都有很大影响,所以应采取措施尽量缩短烧焦时间并很好地控制烧焦温度。烧焦前将系统中的油气吹扫干净,以节省无谓的高温燃烧时间。烧焦时若采用高压,则可加快烧焦速度。提高再生气的循环量,除了可加快积炭的燃烧外,还可及时将燃烧时所产生的热量带出。烧焦时床层温度不宜超过 460 ℃,再生气中氧含量宜控制在 0.3%～0.8%之间。当反应器内燃烧高峰过后,温度会很快下降。如果进出口温度相同,则表明反应器内积炭已基本烧完。在此基础上可将温度升到 480 ℃,同时提高再生气中的氧含量至 1.0%～5.0%,以烧去残炭。

（2）氯化、更新。

氯化、更新是再生中很重要的一个步骤。研究和实践证明,烧焦后催化剂再进行氯化、更新,可使催化剂的活性进一步恢复到新鲜催化剂的水平,有时甚至可以超过新鲜催化剂的水平。

重整催化剂在使用过程中,特别是在烧焦时铂晶粒会逐渐长大,分散度降低。同时,烧焦过程中会产生水,使催化剂上的氯流失。氯化是在烧焦之后,用含氯气体在一定温度下处理催化剂,使铂晶粒重新分散,从而提高催化剂的活性,同时可以对催化剂补充一部分氯。更新是在氯化之后,用干空气在高温下处理催化剂。更新的作用是使铂表面再次氧化以防止铂晶粒聚集,从而保持催化剂的表面积和活性。对于不同的催化剂,应采用不同的氯化和更新条件。在含氧气氛下,注入一定量的有机氯化物如二氯乙烷、三氯乙烷或四氯化碳等,在高温下可使金属充分氧化,在聚集的铂金属表面上形成 Pt-O-Cl 活性基团而自由移动,使大的铂晶粒再度分散,并补充所损失的氯组分,以提高催化剂的性能。氯化、更新的好坏与循环气中氧、氯和水的含量及氯化温度、时间有关。一般循环气中的氧含量大于 8%,水、氯物质的量之比为 20∶1,温度为 490～510 ℃,时间为 6～8 h。氯化、更新时需注意床层温度变化,因为在高温时如果注氯过快或催化剂上残炭太多,会引起燃烧,将损害催化剂。同时,要防止烃类和硫的污染。

（3）被硫污染后的再生。

催化剂及系统被硫污染后,在烧焦前必须先将临氢系统中的硫及硫化铁除去,以免催化剂在再生时受硫酸盐污染。我国通用的脱除临氢系统中硫及硫化铁的方法有高温热氢循环脱硫法及氧化脱硫法。

高温热氢循环脱硫是在装置停止进油后,继续循环压缩机,将温度逐渐提升到 510 ℃,使循环气中的氢气在高温下与硫及硫化铁作用生成硫化氢,并通过分子筛吸附除去。当油气分离器出口气中硫化氢含量小于 $1×10^{-6}$ 时,结束热氢循环。

氧化脱硫法是将加热炉和换热器等有硫化铁的管线与重整反应器隔断,在加热炉炉管中高温下一次通入含氧的氮气,将硫化铁氧化成二氧化硫而排出。混合气中氧含量为 0.5%～1.0%,压力为 0.5 MPa。当温度升到 420 ℃时,硫化铁的氧化反应开始变得剧烈,二氧化硫含量最高可达 10^{-3},但应注意控制最高温度不超过 500 ℃。当混合气中二氧化硫含量低于 $10×10^{-6}$ 时,将氧含量提高到 5%,再氧化 2 h 结束。

七、思考题

（1）说出实习装置使用的催化剂名称及主要组成。

（2）试描述重整催化剂再生的关键步骤和技术特点。

教学项目七

焦 化

教学目标	知识目标	了解延迟焦化生产过程的作用和地位、发展趋势、主要设备结构和特点，熟悉焦化生产原料要求和组成、主要反应原理和特点、工艺流程和操作影响因素分析
	能力目标	能根据原料的组成、催化剂的组成和结构、工艺过程、操作条件对焦化产品的组成和特点进行分析和判断；能对影响焦化生产过程的因素进行分析和判断，进而能对实际生产过程进行操作和控制
	素质目标	培养学生的自学意识和创新意识，学会与人沟通和合作
教材分析	重 点	焦化生产原料要求、主要反应原理、工艺流程
	难 点	操作影响因素分析
任务分解	任务十四	延迟焦化工艺操作
任务教学设计		
新课导入	简述渣油如何处理——延迟焦化工艺	
新知学习	一、思考一 焦化是什么意思？它对汽油生产有什么重要性？ 二、讲 解 重油轻质化的重要工艺。 三、交 流 延迟焦化加工需要哪些步骤？ 四、思考二 焦化工艺中的关键点在哪里？	
任务小结	焦化工艺是实现油品轻质化的一个重要手段。目前焦化工艺的典型代表是延迟焦化技术。该技术的关键是实现延迟生焦，即将已经到了生焦的重质油品延迟到生焦塔后再发生生焦反应而生成焦炭	
教学反思	本项目学习的重点在于让学生了解延迟焦化的目的和方法，掌握岗位操作技能，并在学习过程中培养学生的岗位责任感和良好的职业素质	

任务十四　延迟焦化工艺操作

一、任务目标

1. 知识目标

（1）了解焦化工艺在轻质油品生产过程中的作用。

（2）熟悉焦化工艺的反应原理及最新技术。

2. 能力目标

（1）能对影响延迟焦化生产过程的因素进行分析和判断，进而能对实际生产过程进行操作和控制。

（2）能对延迟焦化工艺中的各参数进行调节。

二、案　例

延迟焦化加热炉是延迟焦化装置的核心设备。延迟焦化加热炉辐射管结焦速率决定着延迟焦化加热炉的开工周期，同时决定着延迟焦化装置的开工周期。2018 年 5—7 月，某石化公司延迟焦化装置一、二单元的加热炉炉管开工后结焦，造成装置停工烧焦，炉管结焦问题成为影响装置长周期运行的最重要因素，因此对加热炉炉管结焦的原因进行分析并找出对策，有利于装置的长周期运行。

三、问题分析及解决方案

1. 问题分析

渣油是胶体分散体系，其中沥青质构成分散相胶束的核心，胶质、芳烃以及饱和分构成分散介质。胶质、沥青质分子的基本结构（图 14-1）以多个芳香环组成的稠合芳香环系为核心，周围连接若干个环烷环，芳香环和环烷环上都有若干个长度不一的烷基侧链，分子中还夹杂有各种含硫、氮、氧基团及络合的镍、钒、铁等金属。而胶质、沥青质是由若干个单元薄片重叠组成的，每两个单元薄片之间的厚度（d_M）为 0.36～0.38 nm，若干单元薄片的总厚度（L_c）为 1～6 nm，每个单元薄片的长度（L_n）为 0.6～1.5 nm，薄片间依靠分子间作用力形成一个半有序的类石墨晶胞结构（图 14-2）。

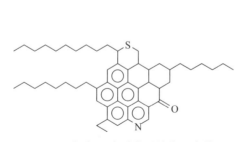

图 14-1　胶质、沥青质分子结构基本模型

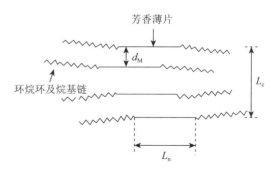

图 14-2　沥青质的似晶结构微粒

这一胶体体系具有的稳定性是依靠构成胶体体系的各个组分之间的相互作用力而达到的。这些作用力包括构成这一体系各个组分的偶极矩力、电荷转移和氢键的作用,一旦这些作用力由于外界条件改变而发生变化,胶体体系的稳定性就会被打破,相态发生分离,出现第二液相。在渣油缩合生焦反应中,沥青质是主要的生焦前身物。渣油具有良好的安定性,当体系温度低时,芳烃和胶质浓度越高,体系越稳定;而当体系温度高时,沥青质和饱和分含量越高,体系就越不稳定。当体系温度达到某一值后,胶质的溶解能力降低,使渣油的胶体体系破坏。在加热过程中缩合反应可使原有胶质结构改变,并生成新的沥青质,增加了沥青质的含量,同时胶质也发生裂解反应,使胶质的芳香性减弱;裂解反应所产生的轻质烃类降低了分散介质的分散性能,使胶溶组分的胶溶能力下降,破坏了胶粒与周围油相之间的物理平衡,导致沥青质析出。在这些因素的共同作用下,沥青质浓度迅速升高到分散体系的最低浓度以上,超过了分散介质与其相溶的程度,从而使沥青质发生聚沉,形成有明显界限的第二液相。另外,相对分子质量高的短侧链缩聚芳烃的沥青质受热易发生侧链断裂反应,使沥青质在进行裂化反应的同时进行缩合、聚合、脱氢和脱烷基反应,形成焦炭状沥青质。这些焦炭状沥青质在延迟焦化加热炉炉管中沉积在炉管内壁上,受热后进一步缩合脱氢,最终导致加热炉炉管结焦。

2. 解决方案

(1)保持原料性质的稳定对焦化操作十分重要。在改善焦化原料性质方面,应做好原油的分储分炼工作。虽然重质原油的总加工比例不高,但加工比例波动幅度较大时会造成常压电脱盐效果差,从而影响焦化原料,造成加热炉结焦,对下游的焦化装置产生较大影响,因此不同原油加工比例应在小范围内波动。同时,在降低焦化渣油结焦性质方面,不要大比例加工胶质、沥青质含量高的原油,可适当掺炼中间基原油来改善渣油的性质。

(2)对于易结焦的焦化原料,在操作中应采用较大的循环比,这样既可以改善加热炉辐射进料性质,提高辐射进料中芳烃与沥青质含量的比例,又可以提高辐射管的流速,降低结焦的可能性。

(3)焦化原料中金属盐含量高,主要是受原油金属含量高及常压装置脱盐操作的影响。因此,应加强原油进厂的监测及重视常减压蒸馏装置电脱盐操作,优化脱盐剂及操作条件,提高脱盐率,降低焦化原料盐含量,防止重金属的富集。同时,可对高含盐的焦化原料进行预处理。另外,为了防止炉管结盐,可采取在加热炉对流入口加入防盐剂等措施。

四、操作要点

对于易结焦的渣油,在操作中宜采用较大的循环比来提高芳烃与沥青质含量的比例,减缓加热炉炉管结焦,同时对原料性质进行监控分析。

中国石化洛阳工程有限公司开发了可调循环比的延迟焦化工艺。该工艺将加热后的原料直接送入焦炭塔而非分馏塔,分馏塔内的反应产生的热量由塔底抽出的循环油回流取走。进入加热炉的循环油量可根据需要调节,从而实现可调节循环比的流程。该工艺在中国石化广州石化公司的应用表明,可调循环比的工艺流程提高了延迟焦化装置的操作灵活性,现场可根据原料性质、产品要求处理量等情况选择合适的循环比和操作条件,使装置操作得以优化。

装置的大型化是提高劳动生产率、降低成本和增加效益的重要手段。因此,世界上焦化装置的规模正在向大型化方向发展。

五、拓展资料

随着原油重质化、劣质化趋势的发展,提高重油转化深度、增加轻质油品产量日益重要。目前,焦化、渣油催化裂化和渣油加氢处理等是重油、渣油的主要加工工艺。尽管目前催化裂化单炼和掺炼渣油的能力已占到催化裂化总能力的 25% 以上,但并不是所有渣油都能通过催化裂化加工。如果渣油中残炭含量超过 10%、重金属含量超过 150 μg/g,渣油加氢处理及催化裂化组合装置将难以承受催化剂费用增加和停工时间延长带来的问题。由于延迟焦化能够加工廉价的重质高硫、高金属含量的渣油,柴汽油比高且焦化汽油加氢后可作为裂解乙烯装置的原料,因而延迟焦化成为渣油加工的重要技术,并成为许多炼厂优先选用的渣油加工方案。

国内各集团下属炼厂仍以延迟焦化装置为渣油的主要深加工方向,尤其是地炼延迟焦化投产步伐稳步增加,但随着渣油加氢建设的投用加速,中国延迟焦化装置产能增加趋势逐年放缓。2020 年国内延迟焦化加工处理量为 13 400×10⁴ t(图 14-3),仅较 2019 年增加 1%左右。

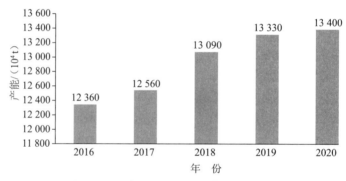

图 14-3　国内延迟焦化装置产能变化情况

1. 焦化在渣油加工中的地位

延迟焦化是一种成熟的减压渣油加工工艺,多年来一直作为重油深加工手段。近年来随着原油性质的变差(指含硫量增加)、重质燃料油消费的减少和轻质油品需求的增加,焦化能力逐年增加。延迟焦化装置目前已能处理直馏(减黏、加氢裂化)渣油、裂解焦油和循环油、焦油砂、沥青、脱沥青焦油、澄清油以及煤的衍生物、催化裂化油浆、炼厂污油(泥)等 60余种原料。焦化处理原料油的残炭含量为 3.8%～45% 或以上,比重指数为 2.2 的重油经焦化处理后可得到 70% 左右的液体产品、8% 左右的气体产品及 22% 左右的焦炭。由于焦化装置能处理炼厂各种残渣物料,所以被称为炼厂的"垃圾桶",同时它也是目前炼厂实现渣油零排放的重要装置。

2. 焦化技术现状

1)焦化的主要形式

目前,焦化的形式以延迟、流化和灵活焦化三种为主。由于流化焦化和灵活焦化的投资和操作费用远高于延迟焦化,因此发展非常缓慢。据报道,中国 2020 年焦化加工能力为 13 400×10⁴ t,占 2020 年中国原油加工总量的 15%。因此,焦化技术是目前中国原油加工的主力装置,并且延迟焦化技术是焦化技术中的主要技术。

2) 主要的延迟焦化工艺

目前,比较成熟的延迟焦化技术以 Foster-Wheeler 公司、Lummus 公司和 Conoco 公司以及 Kellogg 公司和中国石化的技术为代表。世界上多数延迟焦化装置采用这些专利、专有技术设计、建设。这些技术在工艺流程和主要设备上大同小异,但又具有各自的技术特点。

(1) Foster-Wheeler 公司的 SYDEC(Selective Yield Delayed Coking)工艺。

Foster-Wheeler 公司 SYDEC 工艺的特点是采用低压、超低循环比设计以保证液体产品的高收率。此外,该工艺还采用低焦炭塔操作周期,一般为 12~18 h,以减小焦炭塔尺寸并提高现有装置的处理能力。双面辐射加热炉和加热炉在线清焦技术、改进的分馏塔及内件设计、先进的自动化技术也是该工艺的特点。目前,Foster-Wheeler 公司在焦化技术上处于领先地位,主要表现在收率预测、工艺设计、加热炉设计以及详细工程设计等方面。

(2) Lummus 公司的延迟焦化工艺。

Lummus 公司延迟焦化工艺的主要特点是:① 最大灵活性的设计;② 适应进料的变化;③ 适应加工能力的变化;④ 工艺设备设计的灵活性。

该工艺中的加热炉采用标准室式加热炉,根据加热炉功率可以选用单燃烧室或双燃烧室。此外,Lummus 公司在设计中普遍采用先进的计算机控制、自动卸盖系统、改进的水/生焦处理系统等。目前,世界上已有 60 余套装置采用 Lummus 公司的延迟焦化工艺。

(3) Conoco 公司的 Thru-Plus 工艺。

Conoco 公司 Thru-Plus 工艺的主要特点是馏分油循环技术和一系列设计软件的应用。在工艺流程上采用馏分油循环技术和零循环比后,可使液体收率提高 3%~4%,焦炭收率下降 3%~4%。Thru-Plus 工艺目前的应用情况是:用于 Conoco 自有公司及合资公司建设 21 套,焦化能力累计 70×10⁴ bbl/d;对外许可装置约 49 套,焦化能力累计超过 100×10⁴ bbl/d(折合约 5 500×10⁴ t/a)。

(4) Kellogg 公司的延迟焦化工艺。

Kellogg 公司从事焦化工程设计 40 多年,共承建约 37 套延迟焦化装置。其工艺的主要特点是采用低压、低循环比操作。目前,Kellogg 公司典型的焦炭塔操作压力为 0.10~0.14 MPa,装置的循环比可按 0.05 设计。另外,Kellogg 公司开发的焦炭塔底盖自动拆卸技术于 1993 年就已投入工业应用。

(5) 中国石化的延迟焦化工艺。

中国石化的延迟焦化工艺开发已有 50 多年的历史。目前,该工艺技术主要包括石油化工科学研究院以及中国石化工程建设公司和洛阳工程有限公司开发的专利、专有技术。其主要特点为低压、低循环比操作以及高液体收率。此外,中国石化在焦化消泡剂、可调循环比焦化工艺以及组合工艺开发方面也有自己的特点。截至 2020 年底,国内延迟焦化年产能达到 13 400×10⁴ t/a。近几年,中国石化的延迟焦化工艺技术已走出国门,先后在苏丹、伊朗等地的炼油项目中提供了技术许可及相关设计服务。

3）延迟焦化的特点

（1）工艺特点。

延迟焦化和其他焦化方法的共同之处是采用加热裂解，是渣油深度反应转换为气体、汽油、柴油、蜡油和固体产品焦炭的过程。延迟焦化与其他焦化方法的不同之处是渣油以高的流速流过加热炉的炉管，加热到反应所需的温度 500～505 ℃，然后进入焦炭塔，在焦炭塔内靠自身带入的热量进行裂化、缩合等反应。热渣油在加热炉炉管里虽然已达到反应的温度，但由于渣油的流速很快，停留时间很短，裂化反应和缩合反应来不及发生就已经离开了加热炉，而把反应推迟到焦炭塔内进行，因此称为延迟焦化。

热渣油在焦炭塔内处于高温状态，不但压力大大减少，而且有足够的反应停留时间。因此，反应能很好地进行。裂化、缩合等反应的结果产生了气体、汽油、柴油、蜡油和石油焦等，达到了焦化的目的。

为了保证在加热炉炉管里不发生反应或很少发生反应，在工艺上采用炉管注水（或水蒸气），以加快流速，缩短停留时间，避免在炉管内产生裂化反应而结焦。

综上所述，延迟焦化的工艺特点是既结焦又不结焦，要求结焦在焦炭塔里，而不是在炉管里或其他地方。

（2）操作特点。

延迟焦化工艺流程上采用一个加热炉配两个（或四个）焦炭塔。热渣油进入其中一个焦炭塔，生焦到一定高度后切换到另一个焦炭塔。加热炉和后面的分馏系统采用连续操作，而焦炭塔需要进行新塔准备、切换、老塔处理、除焦等间歇操作。所以，延迟焦化是既连续又间歇的生产过程。焦炭塔在切塔过程中必然造成加热炉、分馏塔等周期性波动。为了保证平稳操作，产品质量合格，在操作上必须做好每一步骤的工作，尽量减少这种周期性波动，如新塔的预热要缓慢；换塔前加强岗位间的联系；加热炉温度烧高一点；全装置保持平稳操作，加强调节；在波动的情况下使操作适应波动后的情况；及时调节分馏塔塔底温度；适当降低产品（抽出油）出装置流量等。即使操作发生周期性波动，只要及时调节、认真操作，仍然可以保证生产平稳、产品质量合格。

3. 延迟焦化的目的和任务

1）提高轻质油收率

多年来，延迟焦化装置都是加工渣油，以多产轻质油为主要目的的。一般原油中 350 ℃以前的轻质油拔出率为 20％～30％，满足不了需求，而且一般原油在常减压蒸馏后减压渣油收率为 35％～45％，这么多的渣油只能作为普通燃料。若将减压渣油经过延迟焦化进行二次加工，则可以在减压渣油中得到 45％～50％ 的轻质油（汽油＋柴油）。这样，延迟焦化装置不但给过剩的渣油找到了出路，而且在提高轻质油收率方面可以起到很好的作用。世界各大石油公司对延迟焦化工艺技术研究和改进的方向主要集中在提高液体收率、减少焦炭和气体收率、优化操作条件、焦炭塔消泡、提高石油焦量和延迟焦化组合工艺开发等方面。由于延迟焦化装置的加工量较大，液体收率哪怕只提高 1％，也能给炼厂带来巨大的经济收益，因此，提高延迟焦化工艺的液体产物即轻质油收率一直是研究的主要目标。

2）生产优质石油焦

近年来,石油焦在冶金、原子能、宇宙科学等方面的广泛使用改变了其作为延迟焦化副产品的地位,同时对延迟焦化装置提出了新的要求。随着我国经济的发展,冶金工业电极焦以及其他用途焦的需求量大大增加,这就要求石油焦具有较好的导电性、机械强度、热膨胀性能。所以,在延迟焦化装置中改变生产方案,即改变原料性质、操作条件以生产针状焦或优质石油焦,已经成为延迟焦化的重要目的和任务。

简而言之,延迟焦化是在较长反应时间下使原料深度裂化,以生产固体石油焦炭为主要副产品,同时获得气体和液体产物的过程。延迟焦化用的原料主要是高沸点的渣油。延迟焦化的主要操作条件是:原料加热后温度约为 500 ℃,焦炭塔在稍许正压下操作。改变原料和操作条件可以调整汽油、柴油、裂化原料油、焦炭的比例。

4. 延迟焦化的发展

延迟焦化工艺因其技术成熟,投资和成本较其他渣油加工工艺低,在世界各国得到普遍应用(美国始终以焦化工艺为重油加工的主要手段,欧洲以减黏和热裂化为主要手段,日本则以渣油加氢为主要手段)。焦化中馏分油脱硫反应活性与直馏中馏分油相似,容易改质为优质柴油。如果将焦化产生的高热值焦炭和 IGCC(整体煤气化联合循环发电系统)组合,则会得到更大的发展空间。

近几年国内陆续新建或改扩建的一些焦化装置的加工能力都在 100×10^4 t/a 以上。这些放置中,有些采用了当代较先进的技术,如双面辐射式加热炉;有些优化了工艺流程,如原料渣油经加热炉后直接进焦炭塔;有些配套或完善了吸收稳定系统。目前,我国最大的单套延迟焦化装置的加工能力已达 420×10^4 t/a(两炉四塔,惠州炼化)。

由于延迟焦化装置具有工艺成熟、原料灵活性大和投资低等特点,许多炼厂优选其作为渣油加工方法。

5. 延迟焦化过程的反应机理

延迟焦化过程的反应机理复杂,在这一过程中无法定量地确定所有的化学反应,但是可以认为在这一过程中渣油热转化反应是分三步进行的:

(1)原料油在加热炉中于很短时间内被加热至 450～510 ℃,少部分原料油汽化而发生轻度的缓和裂化。

(2)从加热炉出来的已经部分裂化的原料油进入焦炭塔。根据焦炭塔内的工艺条件,塔内物流为气液相混合物,油气在塔内继续发生裂化。

(3)焦炭塔内的液相重质烃在塔内的温度、时间条件下持续发生裂化、缩合反应,直至生成烃类蒸气和焦炭。

延迟焦化过程中,渣油中的胶质、沥青质和芳烃分别按照以下两种反应机理生成焦炭:

(1)胶质和沥青质的胶体悬浮物发生歧变形成具交联结构的无定型焦炭。同时,这些化合物还发生一次反应的烷基断裂,这可以通过原料中的胶质和沥青质与生成的焦炭在氢含量上有很大差别而得到证实(胶质和沥青质的碳氢比为 8～10,而焦炭的碳氢比为 20～24)。胶质和沥青质生成的焦炭具有无定型性质,且杂质含量高,所以这种焦炭不适合制造高质量的电极焦。

(2)芳烃叠合和缩合反应生成焦炭。这种焦炭具有结晶的外观,交联很少,与由胶质和沥青质生成的焦炭不同。使用含芳烃多、杂质少的原料,如热裂化焦油、催化裂化澄清油和含胶质、沥青质较少的直馏渣油所生成的焦炭,再经过焙烧、石墨化后就可得到优质电极焦。选用不同性质的焦化原料油可以生产不同性质和收率的焦炭。例如,将几种焦化原料油按不同比例调和,通过改变原油品种或调整原油的混合比例,就可以改变焦化原料油的性质。

6. 延迟焦化生产过程

1) 工艺流程

延迟焦化装置由焦化、分馏、焦炭处理和放空系统等组成,如图 14-4 所示。

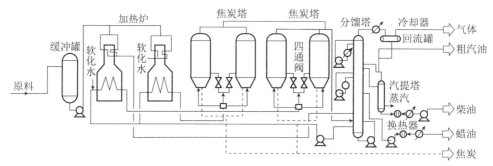

图 14-4　渣油进分馏塔的延迟焦化流程

一种流程是焦化原料油与焦化瓦斯油换热后进入焦化主分馏塔底部的缓冲段,在塔底与循环油混合,之后用加热炉进料泵送入加热炉,在炉中混合原料被迅速加热并部分汽化和轻度裂解;另外一种流程是焦化原料油与焦化瓦斯油换热后直接用加热炉进料泵送入加热炉加热。

为了保持所需的流速、控制停留时间并抑制炉管内结焦,需要向炉管内注入蒸汽。加热炉出料送入处于生焦过程的焦炭塔中。焦炭塔内的油蒸气发生热裂化反应,重质液体则连续发生裂化和缩合反应,最终转化为轻烃和焦炭。全部油气从焦炭塔顶部逸出并进入主分馏塔。

从焦炭塔顶部出来的油气进入焦化主分馏塔底部的缓冲段,用从上部洗涤段来的重瓦斯油冲洗和冷却,使循环油冷凝下来。循环油与新鲜原料油在塔底混合,用泵送入加热炉。焦化主分馏塔下部设重瓦斯油循环回流段,从循环回流塔盘抽出重瓦斯油,取出的回流热量用于预热原料油、发生蒸汽和作为气体回收部分重沸器的热源。主分馏塔上部为轻瓦斯油精馏段,从此抽出轻瓦斯油,经过在汽提塔内用蒸汽汽提后作为产品;塔顶产品为石脑油和焦化富气,经冷凝冷却和油水分离后进入稳定吸收系统。

富气经气压机二级压缩升压至 1.0 MPa(表压),之后经空冷后与吸收塔塔底的饱和吸收油、脱吸收塔塔顶气混合进入压缩机二段出口冷却器,冷却至 40 ℃后进入压缩机二段出口分液罐进行气液分离。

自压缩机二段出口分液罐分离出的气体与粗汽油及自补充吸收剂泵来的稳定汽油分别进入吸收塔,在塔内逆流接触,吸收气体中的 C_3 及 C_3 以上组分,回收液态烃;吸收塔中部设置一个中段回流;吸收塔塔底的饱和吸收油经泵升压后送至压缩机二段出口冷却器冷却。

压缩机二段出口分液罐的饱和吸收油经脱吸收塔进料泵抽出及换热后进入脱吸收塔。为了降低装置能耗,脱吸收塔采用二段加热,塔顶脱析气经塔顶压控阀至压缩机二段出口冷却器冷却后与富气混合,进入吸收塔进行循环吸收。

吸收塔塔顶流出的贫气经冷却到 40 ℃后作为再吸收剂至再吸收塔。柴油在塔内与再吸收剂逆流接触,进一步吸收气体中的 C_3 及 C_3 以上组分,同时吸收被气体携带出来的部分汽油组分。再吸收塔塔顶干气经压力控制后自压出装置去气体分馏装置脱硫。

脱吸塔塔底的脱乙烷油由稳定塔进料泵抽出,经加热后进入稳定塔。稳定塔塔顶气体经冷却后进入塔顶回流罐。回流罐中少量不凝气经压控阀至火炬线;液态烃由塔顶回流罐抽出,一部分至稳定塔塔顶用于回流,另一部分在塔顶回流罐液控下出装置。稳定汽油由塔底自压出装置,其中一部分作为吸收塔的补充吸收剂。

2)焦炭塔的操作

延迟焦化装置的焦炭塔采用间歇操作,轮流进行生焦和除焦。国内延迟焦化装置焦炭塔的操作周期一般为 24 h。为了提高装置处理能力、降低投资,国外设计的延迟焦化装置焦炭塔的操作周期多为 18 h,如 Kellogg 公司为 16～20 h,Foster-Wheeler 公司为 16～18 h。表 14-1 为焦炭塔不同操作周期的操作比较。

表 14-1　焦炭塔不同操作周期的操作比较　　　　　　　　单位:h

操作周期	冷　却	卸装头盖	卸底盖	吹　扫	预热试压	升　温	除　焦	空　闲
10	3	0.5	1	0.5	2		3	
13～16	3	1	1		2～5	3	3	
11.5～14.5	5	1	0.5		2～5		3	
24	6			3	10		3	2

对于已有的焦化装置,焦炭塔缩短操作周期后可以提高处理量;对于新建装置,焦炭塔缩短操作周期后可以减小焦炭塔尺寸。

缩短操作周期的措施有:

(1)焦炭塔切换之前的最后几小时内提高炉出口温度,减少暖塔时间。

(2)加大急冷水泵能力,加大排空系统能力(但应注意冷却的温度梯度变化,减小焦炭塔的冷却应力)。

(3)缩短焦炭塔底部卸装头盖时间。

(4)缩短除焦时间,改进切焦水泵能力及切焦工具。

(5)焦炭塔塔顶切换阀门采用高温球阀或楔形塞阀以减少压降;大型焦炭塔的塔顶管线直径达到 610 mm,每组焦炭塔可设一条塔顶转油线以利于清除管线内的焦炭。

近年来人们对与焦炭塔使用寿命有关的机械问题做了大量的研究工作。焦炭塔操作中的主要问题有:

(1)为了扩大处理量而缩短焦炭塔操作周期导致焦炭塔承受应力增大,相应地缩短了焦炭塔的使用寿命。

(2)为了满足缩短焦炭塔操作周期的需要而快速冷却导致产生局部过热、局部过冷现象;确定冷却时间时没有考虑焦炭塔的应力问题。

（3）塔体各处的膨胀系数不同，导致塔体变形，塔径增大。

（4）经常由于预热不好而造成应力集中，使塔裙处应力增大，产生裂缝。

经过对上述问题的充分分析、研究，采取提前检修及下列操作规程以延长焦炭塔的使用寿命。

（1）为了减小应力而采用的焦炭塔冷却方法：开始采用低流量，后面逐渐加大用水量（表14-2）。

表 14-2　冷却用水量

持续时间/min	30	30	30	30	75	165
冷却用水量/t	62	142	176	210	220	227

（2）焦炭塔冷却不宜采用浸水冷却法。之前采用向焦炭塔浸入大量冷却水以打通焦炭床层通道的方法，但是浸水冷却会造成塔体应力增大。大流量冷却水接触高温焦炭会急速汽化，导致压力剧增，造成安全问题。

（3）提高预热温度至 315 ℃以上。传统的预热温度仅为 230 ℃。低压操作的延迟焦化装置需要考虑冷凝油管线的压降问题。

缩短焦炭塔操作周期对延迟焦化装置配置有重要影响。除焦系统一般配有清焦过程用的焦炭储运、供水、放空、污油等系统。采用多组焦炭塔可以减少这些系统的投资。

国内焦炭塔的利用系数只有 60% 左右（国外已达 80%），主要是由于空塔线速较高，检测、控制焦炭塔焦层料位计量仪表不足或使用不好，为了实现安全操作，焦炭塔只能在较低的生焦高度下切换。防止沥青质泡沫夹带可以提高焦炭塔的利用系数。加入消泡剂可以降低泡沫高度（由 4 m 降至 1 m 左右），减轻泡沫夹带，提高装置的处理能力，从而提高焦炭塔的容积利用率。

3）水力除焦

水力除焦是利用 14～31 MPa 的高压水流（国内使用的水压较低，一般为 12 MPa）以及四合一专用的切割工具清除焦炭塔内的焦炭。典型水力除焦系统如图 14-5 所示。具有钻孔、切割等不同用途的专用切割器安装到一根钻杆之上。钻杆的旋转由其顶部动力旋转接头上的风动马达驱动，钻杆的升降用一台风动绞车和一组滑轮带动。钻杆和相应的导向滑块、垂直滑行轨道等设备均固定于焦炭塔上部的专用井架之上。切割用的高压水由高压水泵提供，通过胶管送至钻杆内，再由此送至专用切割器。

图 14-6 所示为水力除焦过程。首先使用钻孔器在焦炭塔内钻开一个直径为 0.6～0.9 m 的导向孔，直接穿透焦炭层；然后用切割器分几次把焦炭塔内的焦炭全部切除下来。典型的切割器结构如图 14-7 所示。

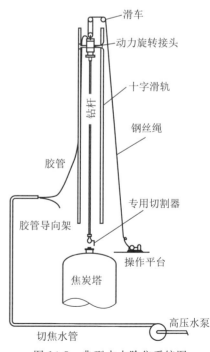

图 14-5　典型水力除焦系统图

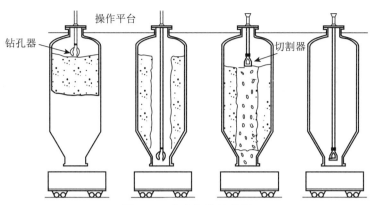

图 14-6　水力除焦过程图

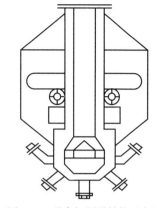

图 14-7　联合切割器结构示意图

7. 质量控制

1）液体产品

焦化汽油（表 14-3）的特点是烯烃含量高，安定性差，马达法辛烷值较低（50～60）。由于焦化汽油中硫、氮含量较高（与焦化原料油性质有关），所以经过稳定后的焦化汽油只能作为半成品，必须进行精制脱除硫化氢和硫醇后才能作为成品汽油的调和组分。焦化重汽油组分经过加氢处理后可作为催化重整的原料，以进一步提高质量。

焦化柴油（表 14-4）的十六烷值较高，含有一定的硫、氮和金属杂质（其含量与焦化原料油种类有关）。焦化柴油均含有一定量的烯烃，性质不安定，必须进行精制（加氢精制或电化学精制）增加其安定性后才能作为柴油的调和组分。

表 14-3　我国焦化汽油性质

焦化原料油		大庆减压渣油	胜利减压渣油	管输减压渣油	辽河减压渣油
相对密度(20 ℃)/(g·cm^{-3})		0.741 4	0.732 9	0.741 3	0.740 1
溴价/[g Br·(100 g^{-1})]		41.4	57	53	58.0
硫含量/10^{-6}		100		4 200	1 100
氮含量/10^{-6}		140		200	330
马达法辛烷值		58.5	61.8	62.4	60.8
馏程/℃	初馏点	52	54	57	58
	10%	89	84	91	88
	50%	127	119	129	128
	90%	162	159	167	164
	干　点	192	184	192	201

表 14-4　我国焦化柴油性质

焦化原料油		大庆减压渣油	胜利减压渣油	管输减压渣油	辽河减压渣油
相对密度(20 ℃)/(g·cm^{-3})		0.822 2	0.844 9	0.837 2	0.835 5
溴价/[g Br·(100 g^{-1})]		37.8	39.0	35	35
硫含量/10^{-6}		1 500	7 000	7 400	1 900
氮含量/10^{-6}		1 100	2 000	1 600	1 900
凝点/℃		−12	−11	−9	−15
十六烷值		56	48	50	49
馏程/℃	初馏点	199	183	202	193
	10%	219	215	227	216
	50%	259	258	254	254
	90%	311	324	316	295
	干点	329	341	334	320

焦化过程中,转化为焦炭的烃类所释放的氢转移至蜡油、柴油、汽油和气体之中。由于原料中的氢转移方向与催化裂化一样,焦化的质量明显优于催化裂化,而且两者加氢精制的耗氢量差异较大。

焦化瓦斯油一般是指 350～500 ℃ 的蜡油馏出油,国内通常称为焦化蜡油。焦化蜡油性质不稳定,与焦化原料油性质和焦化的操作条件有关。焦化蜡油和直馏减压瓦斯油的混合油可作为催化裂化或加氢裂化的原料油。是否需要进行加氢精制需要根据焦化蜡油的质量和催化裂化装置的情况而定。为了扩大催化裂化的原料量,有时需要改变焦化装置的操作条件以提高焦化蜡油收率,但是焦化蜡油的质量相应变差,此时就需要进行焦化蜡油的加氢处理。

焦化蜡油与出自同一原油的直馏减压瓦斯油的主要区别是焦化蜡油中硫、氮、芳烃、胶质含量和残炭值均高于直馏减压瓦斯油,且饱和芳烃含量较低,多环芳烃含量较高。这些因素对催化裂化操作都是不利的,尤其是焦化蜡油中的氮会使转化率及汽油收率下降。催化裂化原料油中的氮含量每增加 100×10^{-6},催化裂化转化率一般降低 0.3%～0.5%,汽油的溴价增加 2～3 g Br/(100 g);催化裂化原料油中多环芳烃含量的增加会导致单程转化率及汽油收率下降,焦炭收率上升。

焦化汽油因为含烯烃和硫,经过加氢后主要用作乙烯裂解料;对于焦化柴油,主要控制其焦粉(残炭)含量,经过加氢后作为产品柴油的调和组分;蜡油由于硫含量达到 2.5%,不宜直接作为催化裂化原料,需要经过加氢脱硫及催化裂化后才能确保汽油调和后硫含量达到规定要求(500×10^{-6})。

2) 焦炭

图 14-8 所示为我国各企业焦化原料油中硫含量和焦炭中硫含量的对应关系。可以看出,中国石化塔河、镇海、茂名和上海炼化企业的焦炭中硫含量已经高于 4.5%(质量分数)。

根据我国标准 NB/SH/T 0527—2019,石油焦可按照硫含量、挥发分和灰分等指标分成表 14-5 所示牌号和规格。

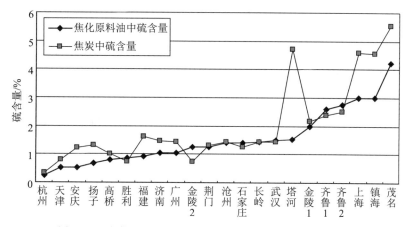

图 14-8 焦化原料油中硫含量和焦炭中硫含量的对应关系

表 14-5 石油焦分类

项 目		质量指标						
		1号	2A	2B	2C	3A	3B	3C
硫含量(质量分数)/%	不大于	0.5	1.0	1.5	1.5	2.0	2.5	3.0
挥发分(质量分数)/%	不大于	12.0	12.0	12.0	12.0	12.0	12.0	12.0
灰分(质量分数)/%	不大于	0.30	0.35	0.40	0.45	0.50	0.50	0.50
总水分(质量分数)/%		报 告						
真密度(煅烧 1 300 ℃,5 h)/(g·cm⁻³) 不小于		2.05	—	—	—	—	—	—
粉焦量(质量分数)/%	不大于	35	报 告	报 告	报 告	—	—	—
微量元素含量/(μg·g⁻¹)	不大于							
硅		300	300	报 告	—	—	—	—
钒		150	300	报 告	—	—	—	—
铁		250	300	报 告	—	—	—	—
钙		200	300	报 告	—	—	—	—
镍		150	250	报 告	—	—	—	—
钠		100	200	报 告	—	—	—	—
氮含量(质量分数)/%		报 告	—	—	—	—	—	—

六、思考题

(1) 延迟焦化的作用是什么?

(2) 简述延迟焦化过程的反应机理。

(3) 简述延迟焦化的工艺流程。

(4) 延迟焦化装置主要由哪几部分构成?

(5) 目前国内延迟焦化装置的除焦方法是什么?

教学项目八

燃料油的精制与调和

教学目标	知识目标	了解燃料油精制的目的、方法;熟悉燃料油精制生产原理、工艺流程、操作影响因素分析、产品组成要求;初步掌握燃料油调和原理和方法
	能力目标	能根据不同燃料油的使用要求对燃料油的组成、性能及评价指标作出正确判断;能按不同燃料油对组成的要求,判断其中的理想组分和非理想组分,并熟悉非理想组分除去方法;能对影响燃料油精制过程的因素进行分析与判断,进而能对实际生产过程进行操作和控制
	素质目标	思路清晰,思考全面,与人合作
教材分析	重 点	燃料油调和原理和方法
	难 点	对影响燃料油精制过程因素的分析与判断,以及生产中的操作和控制
任务分解	任务十五	燃料油的精制
	任务十六	燃料油的调和

任务教学设计	
新课导入	汽、柴油的使用要求—汽油精制与调和的必要性—精制工艺和调和工艺
新知学习	一、思考一 汽、柴油的使用要求有哪些? 二、讲 解 汽车对车用汽油的性能要求: (1) 良好的抗爆性; (2) 适当的蒸发性; (3) 良好的抗氧化安定性; (4) 良好的抗腐蚀性及一定的环保要求。 表征汽油内在质量的主要检验项目有汽油的抗爆性(研究法辛烷值、马达法辛烷值、抗爆指数)、硫含量、蒸气压、烯烃含量、芳烃含量、苯含量、腐蚀性、馏程等。 依据我国相关轻柴油标准,可将轻柴油的牌号分为 10 号、5 号、0 号、−10 号、−20 号、−35 号、−50号。柴油牌号的划分依据是柴油的凝点。 轻柴油的性能要求是: (1) 良好的燃烧性;

续表

（2）良好的低温流动性；

（3）适当的蒸发性；

（4）良好的安定性；

（5）合适的黏度；

（6）良好的抗腐蚀性。

表征轻柴油内在质量的主要指标有十六烷值、氧化安定性、硫含量、色度、酸度、灰分、铜片腐蚀性、凝点、冷滤点、闪点、馏程等。

依据 GB 252—2015 标准要求，选用轻柴油牌号时应遵循以下原则：

（1）10 号轻柴油适用于有预热设备的柴油机；

（2）5 号轻柴油适用于风险率为 10% 且最低气温在 5 ℃ 以上的地区；

（3）0 号轻柴油适用于风险率为 10% 且最低气温在 0 ℃ 以上的地区；

（4）−10 号轻柴油适用于风险率为 10% 且最低气温在 −10 ℃ 以上的地区；

（5）−20 号轻柴油适用于风险率为 10% 且最低气温在 −20 ℃ 以上的地区；

（6）−35 号轻柴油适用于风险率为 10% 且最低气温在 −35 ℃ 以上的地区；

（7）−50 号轻柴油适用于风险率为 10% 且最低气温在 −50 ℃ 以上的地区。

三、交流一

乙醇汽油的出现说明了燃料油生产的什么趋势？

四、思考二

燃料油有哪些精制工艺？试举例说明。

硫酸法精制流程：

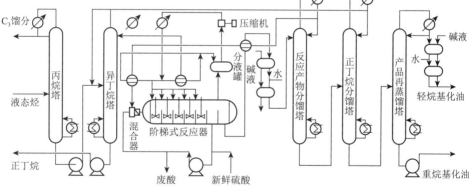

异构化流程：

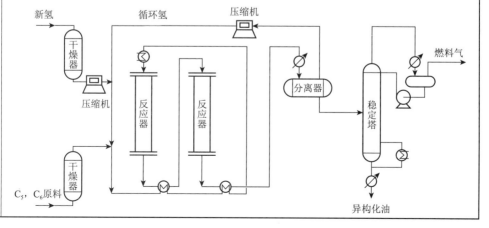

新知学习

续表

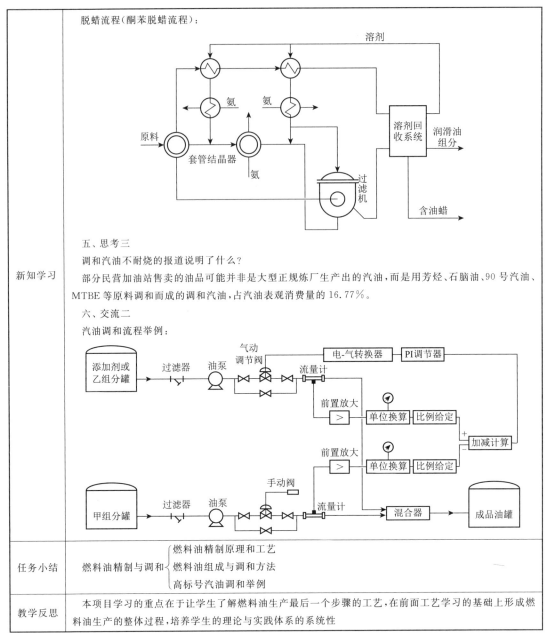

新知学习	脱蜡流程(酮苯脱蜡流程):

五、思考三

调和汽油不耐烧的报道说明了什么?

部分民营加油站售卖的油品可能并非是大型正规炼厂生产出的汽油,而是用芳烃、石脑油、90 号汽油、MTBE 等原料调和而成的调和汽油,占汽油表观消费量的 16.77%。

六、交流二

汽油调和流程举例:

任务小结	燃料油精制与调和 $\left\{\begin{array}{l}燃料油精制原理和工艺\\燃料油组成与调和方法\\高标号汽油调和举例\end{array}\right.$
教学反思	本项目学习的重点在于让学生了解燃料油生产最后一个步骤的工艺,在前面工艺学习的基础上形成燃料油生产的整体过程,培养学生的理论与实践体系的系统性

任务十五 燃料油的精制

一、任务目标

1. 知识目标

(1)了解燃料油精制的目的、方法。

（2）熟悉燃料油精制生产原理、工艺流程、操作影响因素分析、产品组成要求。

2. 能力目标

（1）能根据不同燃料油的使用要求，对燃料油组成、性能及评价指标作出正确判断。

（2）能按不同燃料油对组成的要求，判断其中的理想组分和非理想组分，并熟悉非理想组分除去方法。

（3）能对影响燃料油精制过程的因素进行分析与判断，进而能对实际生产过程进行操作和控制。

二、问题分析

由焦化污油提炼出来的柴油中含有一定量的二烯烃、芳烃和不饱和烃，若不经过加氢精制，则这种柴油放置一段时间后，不饱和烃会与空气中的氧气发生氧化反应，产生大量的自由基，进而形成胶质和沥青质，而沥青质反过来又会产生不饱和烃，如此循环反复，使柴油的颜色越来越黑，严重影响了它的外观质量，所以亟须选择一种合理的脱色方法。

三、解决方案

酸碱精制法首先让浓硫酸和柴油中的不饱和烃发生反应，其中烯烃与浓硫酸反应生成烷基硫酸，从而除去不饱和烃，之后用甲醇的饱和碱液对柴油中残留的酸进行中和反应，得到脱色后的柴油。具体操作方法如下：

在每 100 kg 柴油中加入 2～6 L（根据油品质量的不同可增减）浓硫酸，充分搅拌 30 min（在搅拌过程中柴油中有黑色沉淀生成），沉淀 1～2 h 后进行油层分离。在分离得到的油层中加入 0.05％～0.20％（质量分数）的甲醇饱和碱液，轻微搅拌以进行酸碱中和，并静置，待白色絮状物完全沉淀后可得澄清透明的脱色柴油。

四、操作要点

（1）硫酸浓度及加入量的确定。

（2）甲醇饱和碱液加入量的确定。

五、结果分析

（1）用浓硫酸和甲醇饱和碱液对柴油脱色能起到很好的效果，且浓硫酸浓度越高、甲醇饱和碱液加入量越多，效果越好。

（2）用酸碱精制法进行柴油脱色精制得到的杂质油泥需要单独处理，否则会造成一定的环境污染。

六、拓展资料

1. 电化学精制

我国炼厂中采用的电化学精制是酸碱精制法的改进，是将酸碱精制与高压电场加速沉降分离相结合的方法。

1）酸碱精制的原理

（1）酸洗。

酸洗所用酸为浓硫酸。在精制条件下浓硫酸对油品起着化学反应试剂、溶剂和催化剂的作用。浓硫酸可以与油品中的某些烃类、非烃类化合物进行化学反应，或者以催化剂的形式参与化学反应，而且对各种烃类和非烃类化合物均有不同的溶解能力。这些非烃类化合物包括含氧化合物、碱性含氮化合物、含硫化合物、胶质等。

在一般的浓硫酸精制条件下，浓硫酸除可微量溶解各种烃类外，对正构烷烃、环烷烃等主要组分基本上不起化学作用，但与异构烷烃、芳烃尤其是烯烃则有不同程度的化学作用。

在过量浓硫酸和温度较高的条件下，异构烷烃和芳烃可与浓硫酸进行一定程度的磺化反应，反应生成物溶于酸渣而被除去。所以，在精制汽油时，应控制好精制条件，否则会由于芳烃损失而使辛烷值降低。

烯烃与浓硫酸可发生酯化反应和叠合反应。酯化反应生成的酸性酯大部分溶于酸渣而被除去；生成的中性酯大部分溶于油中，可采用再蒸馏的方法除去。叠合反应在较高的温度及硫酸浓度下生成酸性酯。所生成的二分子或多分子叠合物大部分溶于油中，使油品终沸点升高。叠合物必须用再蒸馏的方法除去。二烯烃的叠合反应能剧烈地进行，反应产物胶质溶于酸渣中。

浓硫酸可较多地溶解非烃类，并显著地起化学反应。其中，胶质与浓硫酸有三种作用：一是溶于浓硫酸中；二是缩合成沥青质，沥青质与浓硫酸反应后溶于酸中；三是发生磺化反应后磺化产物溶于酸中。总之，胶质都能进入酸渣而被除掉。

环烷酸及酚类可部分地溶解于浓硫酸中，在一定的条件下也能与浓硫酸起磺化反应，磺化产物可溶于酸中，因而基本上能被酸除去。

浓硫酸可借助化学反应及物理溶解作用将大多数硫化物除去，但硫化氢在浓硫酸的作用下会氧化成硫，仍溶于油中。故当油品中含有相当数量的硫化氢时，须用预碱洗法先除去硫化氢。

碱性含氮化合物如吡啶等可以全部被浓硫酸除去。

浓硫酸与各类杂质的反应速度大致顺序为：碱性氮化物＞沥青质、胶质＞烯烃＞芳烃＞环烷酸。

总之，使用浓硫酸洗涤可以很好地除去胶质、碱性含氮化合物和大部分环烷酸、硫化物等非烃类化合物，以及烯烃和二烯烃，同时可除去一部分良好的组分，如异构烷烃和芳烃。

（2）碱洗。

碱洗过程中用 $10\%\sim30\%$（质量分数）的 NaOH 水溶液与油品混合。碱液与油品中的烃类几乎不起作用，只与酸性的非烃类化合物起反应，生成相应的盐类，这些盐类大部分溶于碱液而被除去。因此，碱洗可以除去油品中的含氧化合物（如环烷酸、酚类等）和某些含硫化合物（如硫化氢、低分子硫醇等）以及中和酸洗之后的残余酸性产物（如磺酸、硫酸酯等）。基于此，碱洗过程有时不单独应用，而是与酸洗联合应用，统称为酸碱精制。在酸洗之前的碱洗称为预碱洗，主要用于除去硫化氢；在酸洗之后的碱洗主要用于除去酸洗后油品中残余的酸渣。

由于预碱洗和酸洗之后的碱洗可以进行得相当完全，因此在实际生产中为了降低操作费用，采用稀碱浓度及常温作为碱洗条件。

（3）高压电场沉降分离。

纯净的油是不导电的,但在酸碱精制过程中生成的酸渣和碱渣能够导电。电场的作用:一是促进反应;二是加速聚集和沉降分离。

酸和碱在油品中分散成适当直径的微粒,在高电压(15 000～25 000 V)的直流(或交流)电场作用下,导电微粒在油品中的运动加速,油品中的不饱和烃、含硫化合物、含氮化合物等与酸、碱的反应得到强化,同时反应产物颗粒间的相互碰撞加速,促进了酸、碱渣的聚集和沉降,从而达到快速分离的目的。

2）酸碱精制工艺流程

工业上酸碱精制工艺流程一般是预碱洗→酸洗→水洗→碱洗→水洗等。依据需要精制油品的种类、杂质含量和精制产品的质量要求,决定每一步骤是否必需。例如,酸洗前的预碱洗并非都需要,只有当原料中含有较多硫化氢时才进行预碱洗;酸洗后的水洗是为了除去一部分酸洗后未沉降完全的酸渣,减少后面碱洗时的用碱量;对于直馏汽油和催化裂化汽油及柴油,通常只采用碱洗。

3）酸碱精制操作条件的选择

酸碱精制特别是酸洗一方面能除去轻质油品中的有害物质,另一方面会和油品中的有用组分反应而造成精制损失,甚至反而影响油品的某些性质。因此,必须正确合理地选择精制条件,才能保证精制产品的质量,提高产品收率。影响精制效果的因素和操作条件的选择见表 15-1。

表 15-1　影响精制效果的因素和操作条件的选择

影响因素	影响精制效果的因素分析	操作条件选择
精制温度	较高温度有利于除去芳烃、不饱和烃以及胶质,叠合损失较大;较低温度有利于脱除硫化物	常温(20～35 ℃)
硫酸浓度	酸渣损失和叠合损失随硫酸浓度的增大而增大。精制含硫量较大的油品时,须在低温下使用浓硫酸(98%),并尽量缩短接触时间	93%～98%
硫酸用量	对于多硫的原料,应适当增大硫酸用量	原料质量的 1%
接触时间	油品与酸渣接触时间过长时,会使副反应增多,增大叠合损失,使精制收率降低,也会使油品颜色变深及安定性变差。接触时间过短时,反应不完全,达不到精制的目的,同时降低了硫酸的利用率	数秒到数分钟反应,10 多分钟沉降
碱浓度和用量	为了增加液体体积、提高混合程度并减少钠离子带出,一般采用低浓度碱液。废碱液可循环利用,一般质量分数低至 55% 时才能外排	10%～30%碱液,为原料质量的 0.05%～0.20%
电场梯度	电场梯度过低时,起不到均匀及快速分离的作用,但过高时不利于酸渣的沉聚	1 600～3 000 V/cm

2. 脱硫醇

直馏产品精制的目的主要是脱除硫化物(特别是含硫原油加工的油品),而汽油、喷气燃料等轻质油品中所含硫化物大部分为硫醇。

1）脱硫醇的方法选择

硫醇是一种氧化引发剂,它可使油品中的不安定组分氧化、叠合生成胶状物质。硫醇有腐蚀性,并可使元素硫的腐蚀性显著增加。硫醇可影响油品对添加剂如抗爆剂、抗氧化剂、金属钝化剂等的感受性。此外,硫醇还具有使人恶心的臭味。硫醇主要存在于轻质油品中,因此液化气、汽油、煤油等轻质油品都必须脱除硫醇后才能满足产品质量要求。脱硫醇过程也常称为脱臭过程。

脱硫醇的方法一般有氧化法、抽提法、抽提-氧化法三种。

(1)氧化法。

氧化法是用空气中的氧气或氧化剂直接氧化油料中的硫醇,生成二硫化物,其反应式如下:

$$2RSH + \frac{1}{2}O_2 \longrightarrow RSSR + H_2O$$

由于生成的二硫化物仍然溶于油品中,所以处理后油品的含硫量与处理前相同,并不能改善油品对添加剂的感受性。

(2)抽提法。

抽提法是用氢氧化钠水溶液抽提油品中的硫醇。由于随着硫醇分子增大,其酸性减弱,用碱液抽提变得困难,因此在抽提过程中需要加入一些助溶剂或试剂以增加硫醇在碱液中的溶解能力。常用的助溶剂有甲醇、甲酚、脂肪酸或烷基酚等。用碱液抽提硫醇中的反应是碱与硫醇反应生成硫醇钠,其反应式如下:

$$RSH + NaOH \Longleftrightarrow NaSR + H_2O$$

使用后的碱液通过采用水蒸气汽提分解 NaSR 的方法或用空气直接氧化 NaSR 的方法回收和使用。

(3)抽提-氧化法。

抽提-氧化法是将抽提法和氧化法结合起来,将碱液抽提后仍残余在油品中的高级硫醇氧化成二硫化物。具有代表性的方法是催化氧化脱硫醇。

2)催化氧化脱硫醇法

(1)催化氧化脱硫醇原理。

催化氧化脱硫醇法是利用一种催化剂使油品中的硫醇在强碱液(NaOH)及空气存在的条件下氧化成二硫化物。最常用的催化剂是磺化酞菁钴和聚酞菁钴等金属酞菁化合物。其反应式为:

$$2RSH + \frac{1}{2}O_2 \xrightarrow[\text{碱液}]{\text{催化剂}} RSSR + H_2O$$

催化氧化脱硫醇法可用于精制液化石油气(液态烃)、汽油、喷气燃料、柴油,以及烷基化、叠合和石油化工生产的原料,也可用于处理硫醇含量较高的催化裂化汽油、热裂化汽油和焦化汽油。

(2)催化氧化脱硫醇工艺流程。

催化氧化脱硫醇工艺流程包括抽提部分和氧化脱臭部分。根据原料油的沸点范围和所含有的硫醇的相对分子质量不同,可以单独使用一部分或将两部分结合起来。例如,精制液化石油气时只使用抽提部分,精制汽油馏分时需将抽提部分和氧化脱臭部分结合起来,而精制煤油馏分时只使用氧化脱臭部分。

抽提部分可以用催化剂-碱液(NaOH)与原料油进行液-液抽提,也可以将催化剂-碱液

(NaOH)浸渍在活性炭固体颗粒上(含催化剂 1%)以固定床方式处理原料油。

原料油中含有的硫化氢、酚类和环烷酸等会降低脱硫醇的效果,减少催化剂的使用寿命,所以在脱硫醇之前应用 5%～10% 的氢氧化钠溶液进行预碱洗,以除去这些酸性杂质。

(3) 催化氧化脱硫醇操作条件。

催化氧化脱硫醇法所使用的催化剂磺化酞菁钴的平均相对分子质量为 730,钴含量为 8.1%,硫含量为 8.8%。催化剂在碱液中的浓度一般为 10～125 $\mu g/g$,催化剂的寿命为 8 000～14 000 m^3 原料/(kg 催化剂),碱液(NaOH)含量为 4%～25%,常用 10%。

此法的反应全部在液相中进行,除抽提部分的再生段(氧化塔)在 40 ℃ 左右进行外,其余都在常温下操作,压力为 0.4～0.7 MPa。

脱硫醇后成品中的硫醇含量可降低到几个或十几微克每克,液化石油气的硫醇脱除率可达 100%,汽油的硫醇脱除率可达 80% 以上。

3. 脱蜡

低温流动性是柴油、润滑油等重质油品的一个重要指标。为了使油品在低温条件下具有良好的流动性,必须将其中易凝固的蜡脱除。

脱蜡的方法很多,目前工业上采用的方法主要有冷榨脱蜡、分子筛脱蜡、尿素脱蜡、溶剂脱蜡以及加氢降凝等。冷榨脱蜡只适用于柴油和轻质润滑油。分子筛脱蜡主要用于将石油产品中的正构烷烃和非正构烷烃分离;尿素脱蜡只适用于低黏度油品。溶剂脱蜡的适用性很广,能处理各种馏分润滑油和残渣润滑油。目前绝大多数的工业脱蜡采用溶剂脱蜡工艺。

1) 溶剂脱蜡

(1) 基本原理。

由石蜡基和中间基原油蒸馏得到的润滑油原料中都含有蜡。这些蜡的存在会影响润滑油的低温流动性。由于蜡的沸点与润滑油馏分相近,不能用蒸馏的方法进行分离,但蜡的凝点较高,逐渐降低温度时蜡就从润滑油中结晶析出,从而可通过过滤或离心分离的方法将蜡与油分离。

溶剂在脱蜡过程中起着关键的作用。理想的溶剂应具有以下特性:具有较强的选择性和溶解能力;析出蜡的结晶好,易于机械过滤;具有较低的沸点,与原料油的沸点差较大;具有较好的化学和热稳定性;具有较低的凝点,以保持混合物具有较好的低温流动性;腐蚀性小,毒性小,价廉。在低温条件下,润滑油的黏度很大,所生成的蜡结晶细小,使过滤或离心分离很困难。因此,需要加入一些在低温时对油的溶解度很大而对蜡的溶解度很小的溶剂进行稀释。苯类溶剂能很好地溶解润滑油,但它对蜡的溶解度也较大。酮类溶剂对蜡的溶解度很小。目前广泛采用的溶剂是酮-苯混合溶剂。酮可以是丙酮、甲乙基酮等,苯类可以是苯、甲苯等。其中,甲乙基酮-甲苯混合溶剂在工业上被广泛使用。

(2) 工艺流程。

溶剂脱蜡工艺流程包括结晶系统、制冷系统、过滤系统和溶剂回收系统四大部分。

世界上第一套丙酮-苯脱蜡装置建于 1927 年,之后采用的溶剂还有甲基乙基酮-甲苯、丙烷、甲基正丙基酮和烃类的氯化物等。溶剂脱蜡的工艺流程大体相同,下面以酮-苯脱蜡为例加以介绍。

原料与溶剂在带刮刀的套管结晶器内先与滤液换冷,并加入部分溶剂,再经氨冷和溶剂稀释后过滤。过滤后的滤液和蜡液分别进行蒸发和汽提以回收溶剂。

所加混合溶剂的组成因原料油性质(沸程、含蜡量和黏度等)及脱蜡深度的不同而异。一般甲基乙基酮-甲苯溶剂中含甲基乙基酮 40%～60%。稀释溶剂分几次加入,有利于形成良好的蜡结晶,减少脱蜡温差(即脱蜡油凝点与脱蜡温度之差)及提高脱蜡油收率。原料油在套管结晶器中的冷却速度不宜过快,以免生成过多的细小蜡结晶,不利于过滤。

过滤是在转鼓式真空过滤机内进行的。按照原料油含蜡量的多少,分别采用一段或两段过滤,从滤液和蜡液中回收溶剂时采用多效蒸发及汽提,以降低能耗。此外,为了减少溶剂损失和防爆,还设有惰性气体防护系统。

(3)发展趋势。

润滑油溶剂脱蜡是一种昂贵的石油炼制过程,投资和操作费用都很高。因此,各国致力于寻找合适的溶剂,发展新的结晶设备,并改进过滤设备及溶剂回收流程和操作条件,以提高溶剂脱蜡的技术水平。

2)分子筛脱蜡

分子筛一般是指人工合成的泡沸石,它是一种具有均一微孔结构的吸附剂。其中,5A分子筛的孔径约为 0.52 nm,能吸附临界直径为 0.49 nm 的正构烷烃分子。分子筛脱蜡过程就是利用 5A 分子筛的这一选择吸附性能,在工业上将煤油(或柴油)馏分中的正构烷烃分离出来,以获得高纯度的正构烷烃。C_9～C_{16} 正构烷烃在常温下是液态,通常又称为液体石蜡,简称液蜡。

分子筛脱蜡既是炼厂石油产品精制的重要手段,又是液体石蜡的重要生产方法。分子筛脱蜡装置早期用于提高汽油的辛烷值,之后发展到用于降低喷气燃料的冰点和制取液体石蜡,以及生产低凝点柴油。中国在 20 世纪 60 年代建成了分子筛脱蜡装置(图 15-1),现有装置主要用于生产液体石蜡(作为洗涤剂的原料)。

图 15-1 分子筛脱蜡装置

在汽油、煤油和柴油等馏分所含的烃类中,正构烷烃的辛烷值最低而冰点(或凝点)最高,其分子直径(4.9 Å,1 Å=0.1 nm)比异构烷烃、环烷烃及芳烃等组分的小。

分子筛脱蜡是气固吸附和脱附的过程。工业过程中的吸附和脱附操作在两台或多台吸附器中进行。采用不同的脱附剂时,操作条件不同。例如,以蒸汽为脱附剂的工业过程中,加热至 190~240 ℃的原料油经汽化后进入吸附罐,吸附其中的正构烷烃。吸附后,吹入 365~375 ℃的过热蒸汽进行解吸,脱除正构烷烃。每吨原料油消耗的蒸汽量约 4 t。工作一段时间后,分子筛表面结焦,活性下降,需要用空气烧焦再生。采用蒸汽作脱附剂的好处是操作方便,但污水处理麻烦。除蒸汽外,还可用氢气、轻质烷烃、氨等作为脱附剂。它们的好处是避免了废水污染问题。

近年来,已开发出吸附和脱附都在液相进行的新技术,这种新技术采用液氨进行液相脱附,较蒸汽脱附节省能量。

3)尿素脱蜡

尿素脱蜡是生产低凝点油品的一种方法。它利用尿素与正构烷烃形成络合物,从石油馏分中将高凝点的石蜡分离出来。经过处理后,油品凝点可低达 -60~-40 ℃,并副产高纯度液体石蜡。这是一项具有中国特色的石油炼制工艺技术。

4)临氢降凝

临氢降凝是临氢状态下的催化脱蜡过程,也称择形裂解。柴油临氢降凝是指在临氢条件下使含蜡重柴油中的正构烷烃和类正构烷烃高凝点组分选择性地裂解成小分子,从而达到降低柴油凝点的目的。

(1) MDDW 技术。

MDDW 技术是 Mobil 公司于 20 世纪 70 年代开发的一种固定床临氢催化反应工艺。虽然 Mobil 公司已成功开发出第三代催化剂 MDDW-3,但此工艺一直未见工业应用报道。

(2) Unicracking/DW 技术。

Unicracking/DW 技术是 UOP 公司于 20 世纪 80 年代开发的一种固定床临氢降凝技术。HC-80 是该公司于 20 世纪 80 年代开发的用于临氢降凝的催化剂,但是该催化剂容易被有机硫和氮污染而中毒,因此原料应先经过加氢处理。使用该工艺可使柴油倾点降低 30~50 ℃。

(3) CFI 工艺。

CFI 工艺是 AKZO 和 FINA 公司合作开发的加氢脱蜡工艺。该工艺以常压瓦斯油为原料,先加氢精制,后加氢脱蜡。

七、思考题

(1)燃料油精制的方法有哪些?

(2)影响酸碱精制效果的因素有哪些? 操作条件是什么?

(3)燃料油中脱硫醇的方法有哪些? 每种方法的原理是什么?

(4)燃料油脱蜡的方法与原理是什么?

任务十六   燃料油的调和

一、任务目标

1. 知识目标

（1）初步掌握燃料油调和原理和方法。

（2）了解清洁汽油、清洁柴油的生产技术。

（3）熟悉汽油、柴油和润滑油的调和方法及典型案例。

2. 能力目标

（1）能根据油品的来源和组成确定调和方案。

（2）能对影响调和油品质量的各因素进行考察并优化组合。

二、案例及问题分析

所谓油品调和，就是将性质相近的两种或两种以上的石油组分按规定的比例，通过一定的方法混合均匀。有时还需要加入某种添加剂以改善油品的某种性能，提高产品质量，使油品达到实用要求所应具有的性质并保证质量合格和稳定。

某石化公司主要采用泵循环式的油罐调和，油品车间成品工段专门负责油品调和以及成品出厂任务。通过化验室进行调和小样实验，由调度室确定调和方案，成品工段根据调度室出具的调和比将两种或几种石油组分按照先重（组分密度大）后轻（组分密度小）的顺序分别打入调和罐，然后用调和泵把调和罐内的油品抽出，经安装在油罐内的喷嘴返回调和罐内。通过这一循环过程，使各种组分混合均匀。喷嘴（图 16-1）是一种流线型的锥形体，安装在罐内靠近罐底的罐壁上，倾斜向上。喷射所需压头 h 为：

$$h = -S \cdot \csc^2 \theta$$

式中，S 为喷嘴至液面高度，m；$\csc^2 \theta$ 随调和喷嘴角度 θ 的大小而定，一般不超过 1.5。

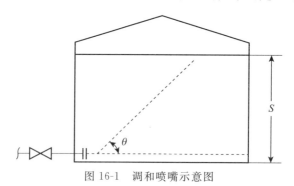

图 16-1   调和喷嘴示意图

该方案存在的问题是：喷嘴循环不宜用于满罐调和。喷嘴至液面的高度越大，喷射所需压头越大。一般来说，调和喷嘴适用于半量循环。该石化公司多数油品调和是满罐调和，其中 320 单元、321 单元调和罐的调和高度一般为 12.30～12.40 m，h 为 27.67 m 左右。循环泵的扬程不能简单地理解为液体被排送的高度,它包括提高液体的位能、克服液体在管道中流动的摩擦阻力损失、液体达到终点后具有的静压能和速度能,所以喷嘴循环不适用于满罐调和。通过十几年的工作经验,笔者发现对于满罐调和,喷嘴循环会出现一次循环不均匀而重复操作的现象。倒罐循环比喷嘴循环所得到的产品更加均匀,合格率高,且用时减少,同时可以简化工序,达到既保证质量又节能降耗的目的。

三、解决方案

柴油调和过程中经常使用的方案为:催化、加氢组分油和常压组分油→成品调和罐→成品调和罐自身喷嘴循环或倒罐循环→化验分析合格后直接装车出厂或输转至 221 单元储存、出厂(由于调和种类多样,为了避免调和罐紧张,成品油大部分输转至 221 单元储存出厂)。

在沿用老方案的基础上,将调和后的油品从 321 单元输转至 221 单元就起到了倒罐循环的作用,可以省掉自身喷嘴循环的时间;或者在 321 单元同种油品调和罐内部倒罐循环,经分析合格后直接装车出厂,这样可节省输转至 221 单元的时间。另外,还有一种新的调和方案,就是在组分质量稳定的情况下,调和比例基本不变,将一种组分通过跨线收至成品调和罐中,另一种组分通过调和泵打入,再经泵输转至 221 单元成品调和罐中使其混合均匀,储存或直接出厂。

四、操作要点

随着机泵使用时间的延长,其各项性能逐渐变差,输转油品的时间也随之延长,车间的能耗指标很难控制。优化调和方案不但可以节约能源,而且可以减少输转时间,降低油品损耗,同时减少设备磨损与人员的重复操作,避免事故发生的可能性。

五、结果分析

在不满罐的情况下,可以更好地发挥调和喷嘴的作用,更适合于半量循环;在满罐的情况下,增加罐区单元,利用倒罐循环的方法可以使混合油循环更均匀,合格率更高,也更节省时间。

六、拓展资料

1. 燃料油调和

1)调和通用过程

在此以润滑油调和为例介绍油品调和的过程。

(1)调和方法。

润滑油的调和方法与其他油品的调和方法类似,分为机械搅拌调和、泵循环调和、压缩空气调和及管道在线调和等。

① 机械搅拌调和。

机械搅拌调和是利用搅拌器的转动,使需要混合的润滑油做近似圆周的循环流动及翻滚,达到混合均匀的目的。在润滑油的生产过程中,添加剂的调和、多种组分在调配槽内的调和及消泡剂的调和等都用到了此方法。

搅拌器的安装方式有两种:

a. 罐壁伸入式(图 16-2)。采用多个搅拌器时,应将搅拌器集中布置在罐壁的 1/4 圆周范围内。

b. 罐顶进入式(图 16-3)。可采用罐顶中央进入式,也可不在罐顶正中心。

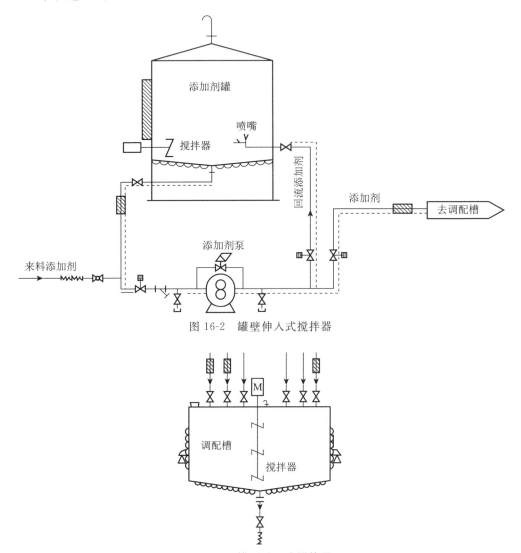

图 16-2　罐壁伸入式搅拌器

图 16-3　罐顶进入式搅拌器

② 泵循环调和。

在润滑油的生产过程中,需要用到泵循环调和的有基础油调和、产品罐中成品油调和等。泵循环调和是把需要调和的各组分送入罐内,利用泵不断地从罐体底部抽出油品,然后把油品打回流至罐内(一般在回流口增设喷嘴或喷射搅拌器,喷出的高速流体可使物料更好地混合),如此循环一定时间,使各组分调和均匀,达到预期要求。选用调和泵时,其扬程需要考虑喷嘴所需的压头。

③ 压缩空气调和。

压缩空气调和(图16-4)是向罐体中通入压缩空气,直接通风调和或通过调和管调和。压缩空气管可从罐壁底圈或罐顶接入罐内,也可与进油管线相接进罐。由罐壁底圈接入和接进油管时,需要安装止回阀,以防润滑油窜入管内。

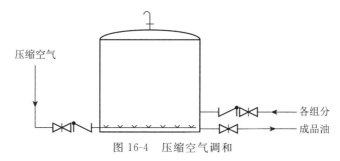

图 16-4　压缩空气调和

使用压缩空气调和时应注意,压缩空气易使油品氧化变质,并造成油品蒸发损耗及环境污染。因此,此方法不适用于易产生泡沫或含有干粉状添加剂的润滑油,多用于调和量大而质量要求一般的油品,使用时必须在调和之前脱干水分。对质量要求相对较高的产品应用净化空气。

④ 管道在线调和。

管道在线调和就是利用一套自动化控制仪表,对各种组分与添加剂的流量进行控制(一般是流量计发出流量脉冲信号,经过自动化控制仪表,操纵泵出口处的气动控制阀来调节流量并维持比例),使它们按照预定的比例进入在线混合器中,在其中充分混合,调和成符合各项指标要求的成品油。管道在线调和一般由基础油罐、添加剂罐、过滤器、输油泵、控制阀组、流量计、成套控制仪表、混合器及成品油罐组成。

这种调和方法需要较高级、精确的先进设备及自控手段,前期投资相对较大,但能节约时间,降低能耗,实现优化控制,具有良好的发展前景。

(2)调和设备。

选用新型先进的技术设备是降低生产成本、提高产品质量的重要环节。

① 机械搅拌器。

搅拌器的结构类型对搅拌效果影响很大。一般按搅拌器对流体作用的流动方向可将搅拌器分为两类:轴流型与径流型。现在市场上有很多新型搅拌器,如:

a. 推进式搅拌器。

推进式搅拌器是一种轴流型搅拌器,当其旋转时能很好地使流体在随桨叶旋转的同时上下翻滚,一般适用于低黏度流体的混合操作。

b. 桨式搅拌器。

桨式搅拌器是一种径流型搅拌器,因其桨叶较大,搅拌阻力大,为保护电机,一般需要降低搅拌功率,所以这种搅拌器是一种慢速搅拌器。

此外,还有开启涡轮式搅拌器、圆盘涡轮式搅拌器、锚式和框式搅拌器、螺带式搅拌器、螺杆式搅拌器、三叶后掠式搅拌器等。

② 喷嘴设备。

由于调和喷嘴工作时有喷射力,所以安装时必须固定好。喷嘴设备可以分为以下几类:

　　a. 单头喷嘴。

　　单头喷嘴安装在罐内靠近罐底的罐壁进油管上。喷嘴喷出的油流延长线与罐顶最高液面的交点应在油罐直径的 2/3 处。

　　b. 多头喷嘴。

　　多头喷嘴安装于油罐底部中心,采用法兰与油罐内输油管线相连接。每个喷嘴的结构与单头喷嘴相同,其中一个喷嘴位于中心且垂直向上,其余喷嘴围绕该中心喷嘴均匀分布在周围,以一定角度向四周倾斜。

　　c. 旋转喷嘴。

　　旋转喷嘴的安装方式与多头喷嘴相同,仅是在多头喷嘴的基础上增加了旋转轴承。很多厂家依此开发出多种更高效的产品。例如有些旋转喷嘴产品(图 16-5),介质通过法兰输入其内部,然后在两边的全方位喷嘴高速喷出,同时流体驱动该旋转喷嘴绕输入法兰中轴进行旋转,带动全方位喷嘴绕水平轴心进行旋转,使喷射出的流体柱覆盖该旋转喷嘴周围所有空间,从而达到全方位搅拌的目的。

　　③ 喷射混合器。

　　喷射混合器有罐用的,也有管道用的。罐用喷射混合器是利用输送泵输送液体介质为动力,在罐内喷射混合器喷嘴中喷出的液流以高速在其周围形成局部低压,从罐中吸附并带动一股液流,使其加速,共同进入混合段,而物料被充分混合后仍以较高速度出混合器,再次在出口处形成局部低压,卷吸大量罐内物料,从而达到一种宏观上的混合。

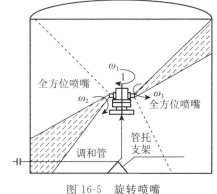

图 16-5　旋转喷嘴

ω_1,ω_2,ω_3 为全方位喷嘴的旋转角度

　　一个或多个系列罐用喷射混合器合理组合,能使大容量罐中物料宏观上达到均匀混合。

　　④ 静态混合器。

　　静态混合器一般设置于循环泵出口、物料进调和罐之前。

　　静态混合器(又称管道混合器)是相对于动态搅拌器而命名的。静态指混合器内没有运动部件,依靠组装在混合管内特殊结构的混合单元,使互不相溶的流体同时以一定的流速在混合管内流动时各自分散,彼此混合。由于混合单元的作用,流体时而右旋、时而左旋,不断改变流动方向,不仅将中心液流推向周边,而且将周边流体推向中心,从而形成良好的径向混合效果。与此同时,流体自身在相邻单元连接处的界面上也会发生旋转,这种完善的径向环流混合作用使流体在管子截面上的温度梯度、速度梯度明显减小,而混合效果则明显增强。

　　调和设备除以上介绍的几种外,还有均化器、蒸发器等。

　　2) 高标号汽油调和举例

　　(1) 90 号汽油的调和。

　　① 催化汽油与直馏汽油二组分调和:将催化汽油和常压直馏汽油按不同比例调和并测定调和汽油的辛烷值。由于直馏汽油的调入,混合油中的烷烃组分增加,使辛烷值尤其是 MON 急剧下降,催化汽油与直馏汽油两者进行调和不能达到 90 号汽油辛烷值的要求。

　　② 催化汽油、直馏汽油和 MMT(甲基环戊二烯三羰基锰)三组分调和:将催化汽油、直

馏汽油和 MMT 三组分按不同比例调和并测定调和汽油的辛烷值。当催化汽油、直馏汽油和 MMT 体积之比为 90∶10∶12 时,即可满足 90 号汽油辛烷值的要求。

(2) 93 号和 95 号汽油的调和。

① 二组分调和:催化汽油与 MTBE 的调和结果表明,当催化汽油与 MTBE 的调和体积比为 90∶10 时,可达到 93 号无铅汽油要求。MTBE 加入汽油中,对汽油密度影响很小,但对蒸气压具有线性影响,使 10% 和 50% 馏出温度有所降低,这对改善汽车暖机有利,同时对汽油的氧化安定性也有利。

② 三组分调和:催化汽油与 MTBE、苯类添加剂具有良好的调和效应。当三者调和体积比为 85∶10∶5 时,可达到 93 号无铅汽油要求;当三者调和体积比为 75∶10∶15 时,可达到 95 号无铅汽油要求。

3) -20 号柴油调和举例

冬季,-20 号柴油以其低凝点(低达 -20 ℃)、可在 -15 ℃ 的气候条件下使用的优越性受到市场的青睐。为了满足市场需求,实现经济效益最佳化,中国石化洛阳石化分公司在深入研究市场需求的同时,加大了对新产品的开发力度。结合油品性质、质量状况、生产情况,在不影响销售的情况下,依据理论计算,利用催化柴油、直馏柴油、加氢柴油、航空煤油、分子筛料与降凝剂先后实验了多种调和方案,归纳出两种最佳调和方案,成功调和出 -20 号柴油,并取得了良好的经济效益。

调和实验用原料油的主要性质见表 16-1。据此,通过实验优选及调和经验公式计算,拟定出多种调和方案,各方案实验结果见表 16-2。

表 16-1　实验用原料油及其主要性质

项　目	馏程/℃	闪点/℃	冷滤点/℃	凝点/℃	硫含量/%
航空煤油	157～215	45	<-20	0.026	
分子筛料	205～252	84	<-20	0.15	
催化柴油	184～362	64	6	4	0.53
加氢柴油	178～350	63	0	-2	0.018
直馏柴油	209～336	67	1	0	0.32

表 16-2　几种方案调和情况分析

项　目	方案 1	方案 2	方案 3	方案 4
分子筛料/%	60	20	30	60
航空煤油/%	15	30	10	0
催化柴油/%	25	10	10	0
常压柴油/%	0	20	25	20
精制柴油/%	0	20	25	20
加剂量/(mg·L^{-1})	400	400	400	400
硫含量/%	0.202	0.098	0.089	0.065
闪点/℃	68	54	57	77

续表

项　目	方案 1	方案 2	方案 3	方案 4
冷滤点/℃	−19	−16	−16	−19
凝点/℃	<−20	<−20	<−20	<−20
实验结果	硫含量高	闪点不合格	合　格	合　格

由表 16-2 可知,利用方案 3 与方案 4 在实验室均能调和出合格的 −20 号柴油。

2. 汽油添加剂

由于原油成分、炼油工艺以及储存的原因,汽油组分中存在烯烃比例高、硫等杂质多等问题。当这种汽油在发动机内部燃烧时,因其中的大量烯烃氧化缩合形成胶质,与汽油中的锈渣及其他杂质微粒结合成坚硬的积炭,沉积在节气门、喷油嘴、进气阀和燃烧室等部位,从而直接导致发动机的工况不稳定,如起动困难、怠速不稳、行车无力等现象,对安装了电子控制喷射装置的发动机的影响更为严重。

此外,汽油质量状况不佳,汽车经常处于低速、怠速等恶劣的工作状态或者驾驶员的不良驾驶习惯也会导致发动机内部形成积炭。

汽油添加剂具有除积炭、恢复动力、节省燃油、清洁环保和防腐防蚀的效果,从改善汽油品质入手,既能抑制燃油系统内部沉积物的生成,又能将已生成的氧化沉积物迅速分解,从而提高燃烧效率、减少尾气排放,而且对发动机无任何腐蚀副作用。

1) 抗爆剂

抗爆剂种类繁多,总体分为两大类:一类是金属抗爆剂,主要有四乙基铅、甲基环戊二烯三羰基锰等;另一类是非金属抗爆剂。由于非金属抗爆剂的添加量都比较大,不经济,所以通常将它作为提高汽油辛烷值的调和剂来使用。无公害抗爆剂是今后发展的方向。

2) 抗氧剂

抗氧剂是指一些能够抑制或者延缓高聚物和其他有机化合物在空气中热氧化的有机化合物。

重要的芳香胺类抗氧剂有二苯胺、对苯二胺和二氢喹啉等化合物及其衍生物或聚合物,可用于天然橡胶、丁苯橡胶、氯丁橡胶和异戊橡胶等制品中。这类抗氧剂价格低廉、抗氧效果显著,但由于它们能使制品变色,限制了它们在浅色或白色制品方面的应用。受阻酚类抗氧剂有 2,6-三级丁基-4-甲基苯酚、双(3,5-三级丁基-4-羟基苯基)硫醚等。这类抗氧剂的抗热氧化效果显著,不会污染制品,主要用于塑料、合成纤维、乳胶、石油制品、食品、药物和化妆品中。

3) 金属钝化剂

金属钝化剂是指抑制金属对油品的各种影响的添加剂。在石油工业方面,金属钝化剂主要有两方面的应用:

(1) 用于抑制活性金属离子(铜、铁、镍、锰等)对油品氧化的催化作用。常与抗氧剂复合用于汽油、喷气燃料、柴油等轻质燃料中,可提高油品的安定性,延长储存时间。常用的金属钝化剂为 N,N′-二亚水杨基丙二胺等。

(2) 在重油催化裂化中用于抑制油品中所含重金属(镍、钒、铜等)对催化剂活性的影响。常用的金属钝化剂为锑的化合物等。

4）防冻剂

防冻剂又称抗冻剂,是指能在低温下防止物料中水分结冰的物质。防冻剂分为冰点降低型和表面活性剂型两类。冰点降低型有低碳醇类、二元醇及酰胺类等。表面活性剂型有酸性磷酸酯胺盐、烷基胺、脂肪酸酰胺、有机酸酯、烷基丁二酰亚胺等,能使物料在表面形成疏水性吸收膜。

5）抗静电剂

抗静电剂(ASA)一般都具有表面活性剂的特征,结构上具有极性基团和非极性基团。常用的极性基团(即亲水基)有羧酸、磺酸、硫酸、磷酸的阴离子,胺盐、季铵盐的阳离子,以及—OH,—O—等,常用的非极性基团(即亲油基或疏水基)有烷基、烷芳基等,两者组合形成了纤维工业常用的五种基本类型的抗静电剂,即胺的衍生物、季铵盐、硫酸酯、磷酸酯以及聚乙二醇的衍生物。

6）抗磨防锈剂

随着炼油工艺的发展,喷气燃料深度精制日益广泛,这使喷气烯料质量日益提高的同时,随着不安定组分的脱除,也脱除了某些天然的微量级物质,使其抗磨性变坏。抗磨防锈剂一般是含有极性基团的有机物,可吸附在摩擦部件的表面,从而改善燃料的润滑性。

七、思考题

（1）燃料油调和的通用方法有哪些?

（2）高辛烷值汽油调和的方法有哪些?

（3）汽油添加剂的优点有哪些?

（4）汽油添加剂的种类有哪些?

参考文献

[1] 何耀春,张红静.石油工业概论[M].2 版.北京:石油工业出社,2015.

[2] 戴猷元.化工概论[M].2 版.北京:化学工业出版社,2012.

[3] 施代权,赵修从.石油化工安全生产知识[M].北京:中国石化出版社,2001.

[4] 《危险化学品生产企业从业人员安全技术培训教材》编委会.石油化工生产安全操作技术(常减压、催化)[M].北京:气象出版社,2006.

[5] 《危险化学品生产企业从业人员安全技术培训教材》编委会.石油化工生产安全操作技术(乙烯、丙烯)[M].北京:气象出版社,2006.

[6] 张海峰.常用危险化学品应急速查手册[M].北京:中国石化出版社,2006.

[7] 郭建新.油品销售企业员工安全培训教材[M].北京:中国石化出版社,2005.

[8] 朱兆华,徐丙根,徐德蜀,等.安全名句佳语集锦[M].2 版.北京:化学工业出版社,2012.

[9] 熊云,李晓东,许世海.油品应用及管理[M].北京:中国石化出版社,2004.

[10] 韩冬冰.化工工艺学[M].北京:中国石化出版社,2003.

[11] 周大军,揭嘉.化工工艺制图[M].北京:化学工业出版社,2005.

[12] 侯祥麟.中国炼油技术[M].2 版.北京:石油工业出版社,2001.

[13] 陈俊武,许友好.催化裂化工艺与工程[M].3 版.北京:中国石化出版社,2015.

[14] 徐承恩.催化重整工艺与工程[M].北京:中国石化出版社,2014.

[15] 李成栋.催化重整装置操作指南[M].北京:中国石化出版社,2001.

[16] 程丽华.石油炼制工艺学[M].北京:中国石化出版社,2007.

[17] 张瑞泉,康威,郭志东,等.原油分析评价[M].北京:石油工业出版社,2000.

[18] 蔺建民,夏鑫,陶志平.欧洲生物柴油产品标准体系发展对我国的启示[J].现代化工,2021,41(8):1-7.

[19] 李扬,代萌.从 2018 欧洲炼油技术年会透视 IMO 2020[J].炼油技术与工程,2019,49(8):1-4.

[20] 董秀成,皮光林.我国燃料油产业发展现状及建议[J].中国石油和化工经济分析,2013(8):35-37.

[21] 王哲,张乐,葛泮珠,等.柴油产品质量升级与清洁柴油生产技术应用进展[J].石油炼制与化工,2021,52(12):113-118.